国家级职业教育规划教材

人力资源和社会保障部职业能力建设司推荐

QUANGUO ZHONGDENG ZHIYE JISHU XUEXIAO JIANZHULEI ZHUANYE JIAOCAI

全国中等职业技术学校建筑类专业教材

暖通设备基础知识

（第二版）

人力资源和社会保障部教材办公室组织编写

李社虎　韩明明　主编

皮东海　主审

中国劳动社会保障出版社

简介

本教材主要内容包括：流体的性质、流体静压强、流传动力学基础、流体的流动阻力和能量损失、流体运动和静力学方程的应用、热力学基本原理、传热学基础、水蒸气和换热器、水泵与风机、制冷技术。本教材参照国家相关职业标准和行业岗位技能鉴定规范要求，以满足学生初次上岗需要、职业发展需要为目标，在保证基本概念、基本理论和基本方法够用的基础上，更注重实际应用及实用计算，为学生学习建筑管道施工类相关岗位技能、考取相关职业资格证书提供必要的学习资源。

本教材由李社虎、韩明明任主编，张琦、马振民、欧润学、姚远、孙爱东、常庭毓、袁战旗、张琳参加编写；由皮东海任主审。

图书在版编目(CIP)数据

暖通设备基础知识/李社虎，韩明明主编. —2 版. —北京：中国劳动社会保障出版社，2015

全国中等职业技术学校建筑类专业教材

ISBN 978－7－5167－1598－7

Ⅰ. ①暖…　Ⅱ. ①李…②韩…　Ⅲ. ①采暖设备-基本知识②通风设备-基本知识　Ⅳ. ①TU83

中国版本图书馆 CIP 数据核字(2015)第 055534 号

中国劳动社会保障出版社出版发行

（北京市惠新东街 1 号　邮政编码：100029）

*

北京宏伟双华印刷有限公司印刷装订　　新华书店经销

787 毫米×1092 毫米　16 开本　14.75 印张　324 千字

2015 年 3 月第 2 版　　2015 年 3 月第 1 次印刷

定价：27.00 元

读者服务部电话：（010）64929211/64921644/84643933

发行部电话：（010）64961894

出版社网址：http://www.class.com.cn

出版说明

本套教材共计 27 种，分为“建筑施工”“建筑设备安装”和“建筑装饰”三个专业方向。教材的编审人员由教学经验丰富、实践能力强的一线骨干教师和来自企业的专家组成，在对当前建筑行业技能型人才需求及学校教学实际调研和分析的基础上，进一步完善了教材体系，更新了教材内容，调整了表现形式，丰富了配套资源。

教材体系 补充开发了《建筑装饰工程计量与计价》《建筑装饰材料》《建筑装饰设备安装》等教材；将《建筑施工工艺》与《建筑施工工艺操作技能手册》合并为《建筑施工工艺与技能训练》。调整后，教材体系更加合理和完善，更加贴近岗位与教学实际。

教材内容 根据建筑行业的发展和最新行业标准，更新了教材内容。按照目前行业通行做法，将“建筑预算与管理”的内容更新为“建筑工程计量与计价”；为重点培养学生快速表现技法能力，将“建筑装饰效果图表现技法”的内容更新为“室内设计手绘快速表现”；《室内效果图电脑制作（第二版）》，以 3DS MAX 10.0 版本作为教学软件载体；新材料、新设备在相关教材中也得到了体现。

表现形式 根据教学需要增加了大量来源于生产、生活实际的案例、实例、例题以及练习题，引导学生运用所学知识分析和解决实际问题；加强了图片、表格的运用，营造出更加直观的认知环境；设置了“想一想”“知识拓展”等栏目，引导学生自主学习。

配套资源 同步修订了配套习题册；补充开发了与教材配套的电子课件，可登录 www.class.com.cn 在相应的书目下载。

目　录

绪论

暖通设备工程是人们对建筑给水、排水、供暖、燃气供应与通风空调工程的统称。暖通设备是为建筑物的使用者提供舒适、安全、健康的工作和生活环境的各种设施和系统的总称，它与国民生活保障、工业生产、基础设施建设、新型能源发展与应用等行业关联度很高，暖通设备的优良与否已成为衡量建筑物使用性能的重要指标。

一、本课程的主要内容

从事建筑暖通设备安装专业的人员需要掌握和了解流体力学、热工学、水泵与风机以及制冷技术四个方面的内容。下面通过几个生产和生活实例进行介绍。

实例 1：室内采暖与给水管道系统

室内采暖与给水管道系统，如图 0—1 所示。

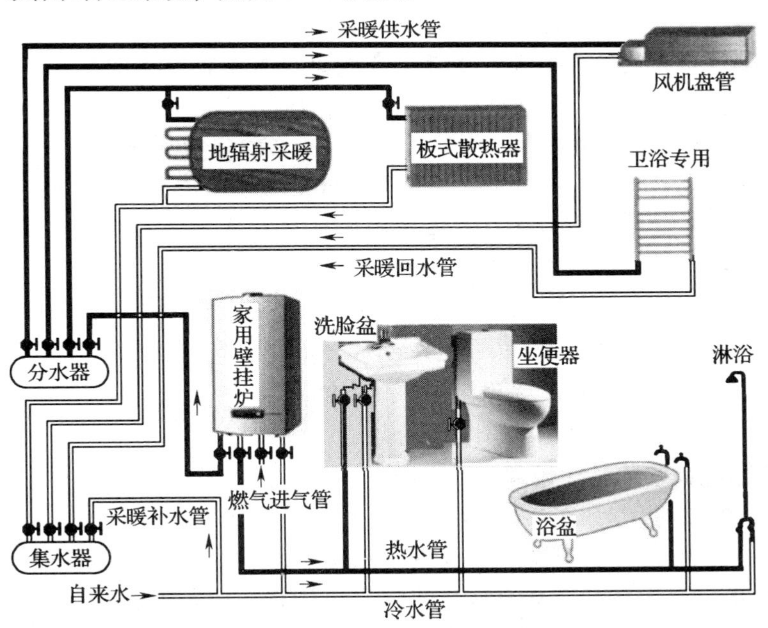

图 0—1　室内采暖与给水管道系统

从图 0—1 中可以看出，冷水和热水（坐便器冲洗用水也可用中水）通过管道输送到洗脸盆、坐便器、浴盆等卫生设备以及采暖设备中，满足人们生活的需要。家用壁挂炉的作用是将自来水加热使其成为生活热水和采暖热水，采暖系统中设置分水器和集水器的目的是便于控制房间供暖。采暖方式可以是地辐射采暖、散热器采暖和风机盘管采暖等。

家用壁挂炉实际就是一台微型锅炉，当一幢或多幢建筑物都需要生活热水和采暖热水时，就要设置锅炉供应。

水在管内流动是需要动力的，因此，给水管道系统还需要水的加压（如水泵）及储存（如水箱）等设备。

为了保证生产和生活的安全，建筑物内部须按需要安装消火栓等消防设备。

现根据对图 0—1 的理解，并结合生活中的实际，对下面的问题进行思考和讨论。

（1）图 0—1 中所采用的管子大小（即管子规格）是否一样？为什么？

（2）水在管内流动时，其流动能量的消耗是什么原因引起的？

（3）水是怎样将热量从家用壁挂炉（或锅炉）输送到房间内的？水在输送热量的过程中所起的作用是什么？

知识链接

给水系统：通过管道及辅助设备，按照建筑物和用户的生产、生活和消防的需要，把水有组织地输送到用水地点的网络。

排水系统：通过管道及辅助设备，把屋面雨水及生活和生产过程所产生的污水、废水及时排放出去的网络。

热水供应系统：为了满足人们生活和生产过程中对水温的某些特定要求而由管道及辅助设备组成的输送热水的网络。

卫生器具：用来满足人们日常生活中各种卫生要求，收集和排放生活及生产中的污水、废水的设备。

中水：“中水”起名于日本，是对应给水、排水的内涵而得名，其定义有多种解释，在污水工程方面称为“再生水”，工厂方面称为“回用水”，一般以水质作为区分的标志。其主要是指城市污水或生活污水经处理后达到一定的水质标准，可在一定范围内重复使用的非饮用水。

建筑中水系统：以建筑物的冷却水、沐浴排水、盥洗排水、洗衣排水等为水源，经过物理、化学方法的工艺处理，用于厕所冲洗坐便器、绿化、洗车、道路浇洒、空调冷却及水景等的供水系统称为建筑中水系统。

实例 2：家用电冰箱的工作过程

家用电冰箱的工作过程如图 0—2 所示。

当水从蒸汽状态变成液体状态时需要放出热量，而从液体状态变成蒸汽状态时需要吸收热量。家用冰箱就是根据物质状态变化伴随有热量交换而达到制冷的目的，只不过其管道内流动的不是水，而是一种特殊的物质（可以在 0℃以下蒸发的物质）——制冷剂。

如图 0—2 所示，从蒸发器中出来的气态制冷剂，被制冷压缩机吸入并压缩后，成为高温高压过热蒸汽进入冷凝器，在冷凝器中被放热冷凝成为液体状态，液态制冷剂再经毛细管（或节流阀）扩容减压降温后进入蒸发器，在蒸发器中制冷剂吸收热量成为气态制冷剂再进入压缩机，开始循环。

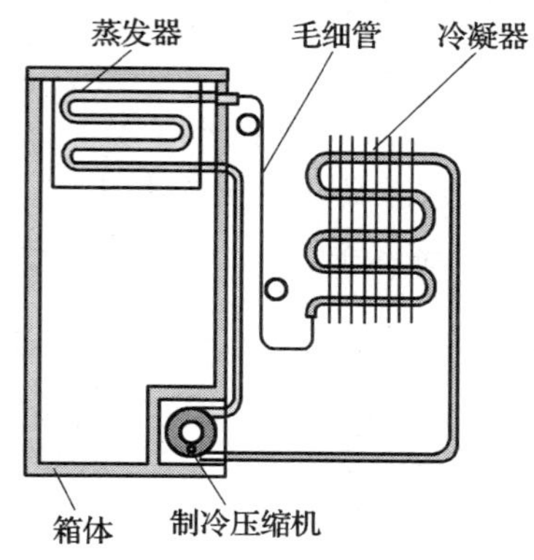

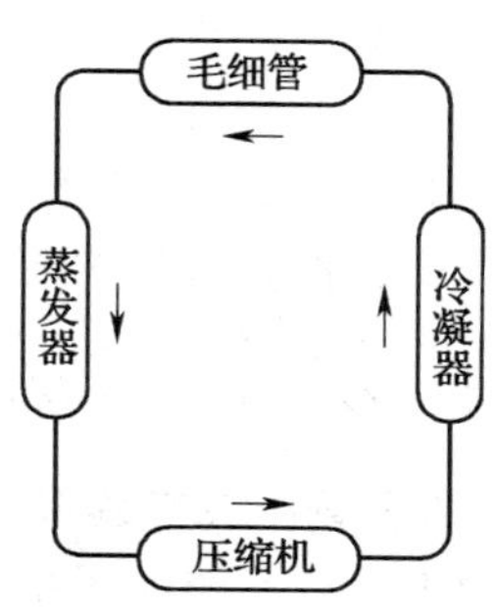

图 0—2　电冰箱的工作过程

同样，对下面的问题进行思考和讨论。

（1）把冰箱放在房间内，同时打开冰箱的冷藏和冷冻箱门，房间的温度是否可以降下来？

（2）制冷剂如何吸收冰箱内储藏食物的热量从而使食物保持低温状态？

（3）常温下，若冰箱管道发生渗漏是否可以用眼睛观察到？

知识链接

电冰箱：保持恒定低温的一种制冷设备。1910 年世界上第一台压缩式制冷的家用冰箱在美国问世。1925 年瑞典丽都公司开发了家用吸收式冰箱。1927 年美国通用电气公司研制出全封闭式冰箱。1930 年采用不同加热方式的空气冷却连续扩散吸收式冰箱投放市场。1931 年研制成功新型制冷剂氟利昂 12。20 世纪 50 年代后半期开始生产家用热电冰箱。我国从 20 世纪 50 年代开始生产电冰箱。

压缩式电冰箱：由电动机提供机械能，通过压缩机对制冷系统做功。制冷系统是利用低沸点的制冷剂蒸发汽化时吸收热量的原理制成的。目前世界上 91% ~95% 的电冰箱属于这一类。

吸收式电冰箱：利用热源（如燃气、燃油、电等）作为动力。利用氨—水—氢混合溶液在连续吸收—扩散过程中达到制冷的目的。

半导体电冰箱：利用对 PN 型半导体通以直流电，在结点上产生帕尔贴效应的原理来实现制冷的电冰箱。

化学冰箱：利用某些化学物质溶解于水时强烈吸热而获得制冷效果的冰箱。

电磁振动式冰箱：利用电磁振动机作为动力来驱动压缩机的冰箱。其原理、结构与压缩式电冰箱基本相同。

太阳能电冰箱：利用太阳能作为制冷能源的电冰箱。

绝热去磁制冷电冰箱：利用磁制冷作为制冷能源的电冰箱。磁制冷是利用磁性物质的磁热效应来完成磁制冷循环的。

辐射制冷电冰箱：利用辐射制冷作为制冷能源的电冰箱。

固体制冷电冰箱：利用固体吸附剂作为制冷能源的电冰箱。

冰箱星级：根据我国《家用电冰箱耗电量限定值及能源效率等级》标准，冰箱按能耗分为A、B、C、D、E五个等级，这个级别在冰箱的面板上面会注明：A级表示最高节能水平，B级表示一般节能水平，C级表示普通水平，D、E级则属于国家将要强制性淘汰的产品水平。

实例3：风机盘管中央空调系统

风机盘管中央空调系统如图0—3所示。

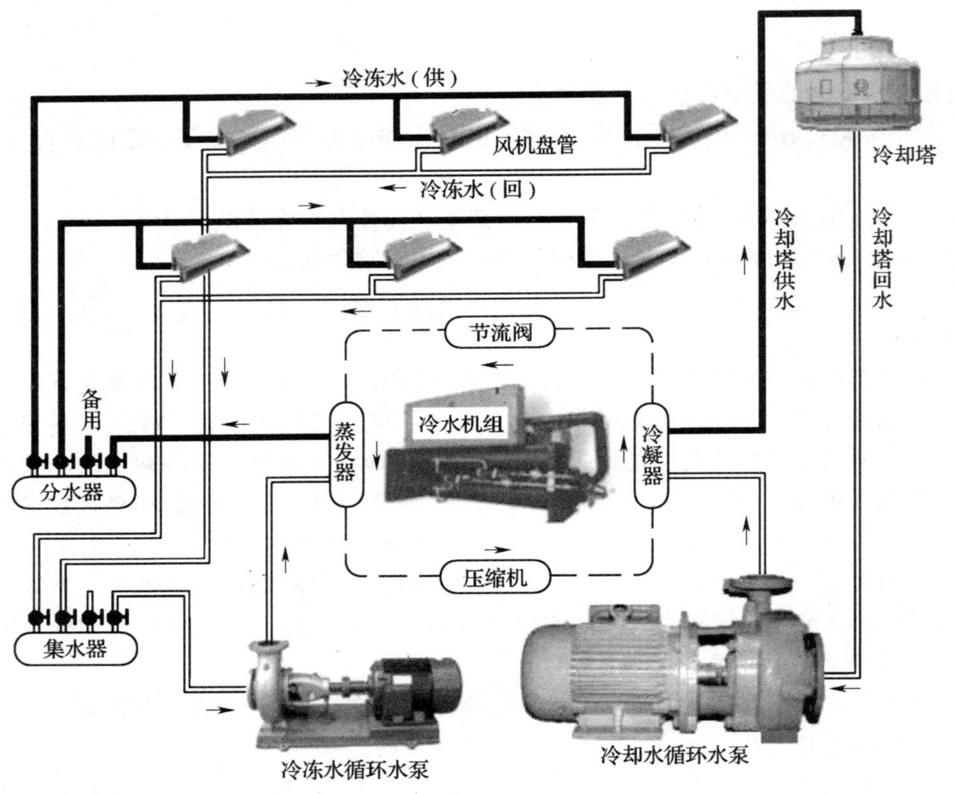

图0—3　风机盘管中央空调系统

如图0—3所示为典型的风机盘管中央空调系统，中央空调系统的特点是将空气处理设备集中于一体，这样便于控制和管理。冷水机组提供空调用冷冻水（见图0—3中虚线部分）。

冷水机组的蒸发器吸收水的热量制取冷冻水。冷凝器散发的热量由冷却循环水带入到冷却塔，再由冷却塔向大气散热。在冷冻水和冷却水循环的管路中安装循环水泵，为水流动提供循环动力。

风机盘管中央空调系统的工作过程：冷水机组制取的冷冻水，进入分水器后，按要求分配进入各空调空间的供水管路，供水在各房间的风机盘管中向空调空间释放冷量后，各用户风机盘管返回的冷冻水在集水器中混合，经冷冻水循环水泵加压送入蒸发器中，冷水机组蒸发器制取的冷冻水再次进入分水器中，进入下一个循环。

同样，对下面的问题进行思考和讨论。

（1）冷凝器散发的热量为什么要借助冷却塔散热？

（2）图0—3中所示的两台水泵你见过吗？在何地见过？

（3）图0—1和图0—3所示的风机盘管外形不同，其工作过程是否相同？

知识链接

空气调节：空气调节的意义在于“使空气达到所要求的状态”或“使空气处于正常状态”。

空气调节技术：空气调节技术的形成是在20世纪初开始的，它随着工业发展和科学技术水平的提高日趋完善。现在，以热力学、传热学和流体力学为主要理论基础，综合建筑、机械、电工和电子等工程学科的成果，形成了一个独立的现代空气调节技术学科分支，它专门研究和解决各类工作、生活、生产和科学实验所要求的内部空气环境问题。

集中式空调系统：将冷（热）源设备集中设置，空气处理设备集中或相对集中设置，空调房间内设有末端处理设备或风口，这种系统称为集中式空调系统。

风机盘管：风机盘管是中央空调的末端装置，广泛应用于宾馆、办公楼、医院、商住、科研机构。风机将室内空气或室外混合空气通过风机盘管进行冷却或加热后送入室内，使室内气温降低或升高，以满足人们的舒适性要求。

通过对上述几个实例的分析和理解，结合对问题的思考和讨论可以发现，制冷剂、冷却水、冷冻水、空气、水等流体的流动都与流体的物理性质、流动阻力的大小、能量消耗的多少、所需输送机械（如水泵、制冷压缩机、风机等）的类型、型号以及管径的选择和管路的安装等方面的知识密切相关。制冷剂的蒸发和冷凝以及空气调节系统中空气的加热和冷却则与相关换热设备类型、传热面积的大小、换热器的选用以及设备和管道的保温方法等方面的知识密切相关。

二、本课程的学习任务及目标

（1）通过对流体力学的学习，运用流体的运动规律，分析解决暖通工程中的实际问题。例如，根据流量和流速选取管径，根据流体性质和压力变化规律选取管材，采用节能降耗的设计方法等。

（2）根据泵与风机的工作原理及运行特点，研究泵与风机的选择、使用及最佳运行工况的调节。

(3) 通过工程热力学与传热学的学习，运用热能与机械能之间相互转换的规律以及热量传递的规律，研究提高能量利用效率的方法或途径。

(4) 通过对制冷技术的学习，分析和研究制冷循环的特点及其应用。例如，制冷机组故障的判断与排除方法，空调机组的运行管理方法等。

三、本课程的学习方法

1. 积极思考

本课程是一门专业理论性较强的课程，不应满足于背诵结论和公式，要善于思考，着重理解其意义和应用范围。

2. 注重联系实际

暖通设备工程与每个人的生活紧密相关，人们每天都在享受着暖通设备工程带来的便利以及舒适的环境，因此，应密切联系生产和生活中的实例，加深理论知识的理解和掌握。

例如，用水塔高度总是高于建筑物的高度来理解静压强的概念，用管道系统采用不同的管径来理解流量及流速的概念等。

3. 注重学以致用

学习的目的在于应用，利用所学的知识解释实际的技术问题，要会应用、会创新。必要时进行一些基本的计算，提出自己的观点。

复习思考题

1. 观察图0—4中的图片，思考与讨论汽车、火车、飞机和轮船四种常见的运输工具为什么外形都是一定的曲线？

图0—4 汽车、火车、飞机和轮船

2. 观察图0—5中的图片，思考与讨论管道系统常用的管件，为什么在流体（如水和空气）流动方向改变时，管件采用圆滑过渡？

3. 观察图0—6中的图片，思考与讨论喷泉水的高度怎样控制？

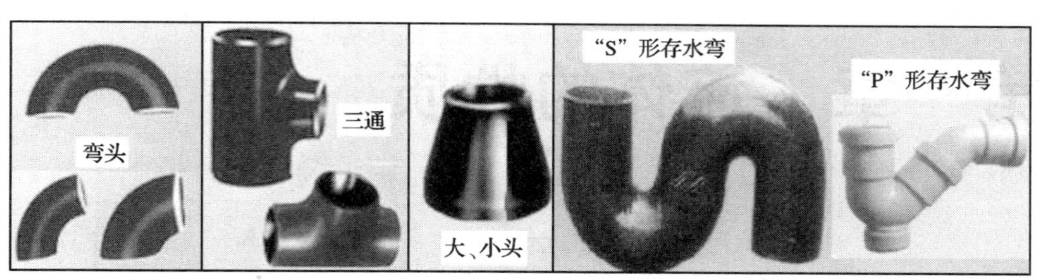

图 0—5　管道系统常用管件

图 0—6　喷泉

第一章　流体的性质

第一节　流体的基本性质

学习目标

1．掌握流体的概念。
2．掌握流体的基本性质。

一、流体的概念

自然界的物质通常有三种形态：固体、液体和气体。

固体有一定的形状和体积，它们具有抗拉、抗压、抗切的性质；液体没有固定的形状，但有固定的体积，并能形成自由表面，不能承受拉力和抵抗拉伸变形，但可以承受压力，并对压缩变形产生很大的抵抗力；气体没有固定的形状和体积，不能承受拉力和抵抗拉伸变形，不能承受压力，在外力作用下，很容易被压缩。

液体和气体统称为流体。流体易于流动，没有固定的形状，在外力的作用下，通过管道可连续输送到指定的地点。例如，在暖通设备工程中，水和空气都可利用管道被输送到需要的地点。

二、流体的基本性质

1. 流体的黏滞性

（1）流体黏滞性的概念

小实验：从瓶里向外倒水和倒油时，可以发现油比水流得慢，这是因为油的黏性比水的黏性大造成的。

流体黏滞性是指流体内部各质点间或流层间因存在速度差而相对运动时产生的内摩擦力。由于它的存在而阻碍流体的运动，从而引起流体流动时能量的损耗。

当流体静止时，其黏滞性是显示不出来的。因此，黏滞性与运动有关，黏滞性对流体运动起着阻碍作用。

如图1—1所示，当流体在管内缓慢流动时，紧贴管壁的流体质点黏附在管壁上，速度为零；位于管中心轴线上的流体质点，离管壁的距离最远，受管壁摩擦力影响最小，因而流速最大；位于管壁与管中心线之间的流体质点，将以不同的流速向前运动；各流层的质点流速自管壁到管中心线，由零逐渐增加至最大流速。

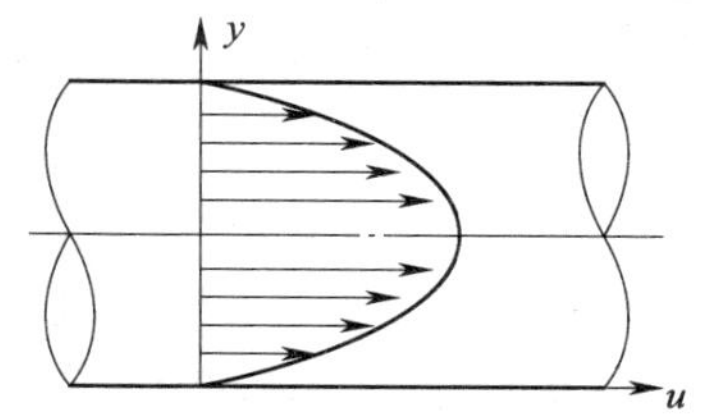

图1—1 管内流体速度分布示意图

这是由于各流层的流速不同，使流体各质点间产生了相对运动。其中流速较大的流层对流速较小的流层产生一个拖力；相反流速较小的流层对流速较大的流层也产生一个阻挠拖动的阻力。根据作用力与反作用力的原理，拖力和阻力是大小相等、方向相反的一对力，分别作用在相邻两流层的表面上，这一对力称为黏滞力或者内摩擦力。流体运动时能够产生黏滞力的性质称为流体的黏滞性。

(2) 影响流体黏滞性的因素

实验证明，压力对同一流体的流速影响小，而温度对流速的影响大。如水的黏度随温度的升高而减小；空气的黏度随温度的升高而增大。

流体的黏度大小对流体流动的影响很大，它对流体的流动做负功，不断损耗流体流动的能量。

2. 流体的压缩性和膨胀性

小实验：烧开水时，如果将冷水盛得满满的，随着水温的升高，会发现水壶内的水会溢出来，而且，温度越高，溢出的水越多。这种现象说明，水的体积随温度的升高而增加。

流体体积的变化是随外界条件（压强、温度）而变化的。当温度不变、压强增大时，流体体积被压缩而减小，密度增大，这一性质称为流体的压缩性。当压强不变、温度升高时，体积增大，而密度减小，这一性质称为流体的膨胀性。

水在压力为100 kPa、不同温度下的密度见表1—1。

表1—1 水在各种温度下的密度（压力为100 kPa）

温度/℃	密度/（kg/m^3）	温度/℃	密度/（kg/m^3）	温度/℃	密度/（kg/m^3）
0	999.9	35	994.1	70	977.8
4	1 000.0	40	992.2	71	977.2
10	999.9	45	990.2	72	976.7
15	999.1	50	988.1	73	976.1
20	998.2	55	985.7	74	975.5
25	997.1	60	983.2	75	974.8
30	995.7	65	980.6	76	974.3

续表

温度/℃	密度/（kg/m³）	温度/℃	密度/（kg/m³）	温度/℃	密度/（kg/m³）
77	973.7	85	968.7	93	963.3
78	973.1	86	968.0	94	962.6
79	972.5	87	967.3	95	961.9
80	971.8	88	966.7	96	961.2
81	971.2	89	966.0	97	960.5
82	970.6	90	965.3	98	959.8
83	970.0	91	964.7	99	959.1
84	969.3	92	964.0	100	958.4

空气在标准大气压 101.325 kPa 下，不同温度时的密度见表 1—2。

表 1—2　空气在标准大气压 101.325 kPa、不同温度下的密度

温度/℃	密度/（kg/m³）	温度/℃	密度/（kg/m³）	温度/℃	密度/（kg/m³）
0	1.293	25	1.185	60	1.060
5	1.270	30	1.165	70	1.029
10	1.248	35	1.146	80	1.009
15	1.220	40	1.128	90	0.973
20	1.205	50	1.093	100	0.947

水的膨胀性和压缩性是很小的，在通常情况下均可以不考虑。但是在特殊状况下，例如，在热水供应和热水采暖系统中，不能忽视水的膨胀性，否则有造成系统内设备破裂的危险。为保证系统正常运行，就需在系统中设置膨胀水箱，用来容纳水膨胀后增加的体积。

气体与液体不同，具有显著的压缩性和膨胀性。当温度不太低、压强不太高时，可以把空气看作理想气体，其状态变化遵循理想气体定律。

复习思考题

1. 流体与固体有哪些区别？液体具有哪些特性？液体和气体有哪些区别？

2. 什么是流体的黏滞性？影响黏滞性的因素有哪些？

3. 将一个 1.2 m×0.8 m×1.0 m 的水箱用 15℃水充满，然后将其水温加热到 60℃，试求有多少 kg 的水溢出来？

4. 某热水机械采暖系统内水的总体积为 10 m³，采暖运行时水温最大升高 75℃，若水的体积膨胀系数为 0.000 5（L/℃），试求膨胀水箱最少应有多大的体积？

第二节　工　　质

学习目标

1. 掌握工质的概念。
2. 掌握工质的基本状态参数。

一、工质的性质

凡是用于实现热能和机械能相互转化的媒介物质称为工质。

在热力传递过程中，实现热能的传递或把热能转换为机械能，要借助于能够携带热能的工作物质，这样的工作物质称为工质。什么样的物质能够充当工质呢？在采暖和空调系统中，水和空气就充当了工质。

采暖系统（见图1—2）运行时，水（流体）通过管道将锅炉（或其他热源）的热量“运载”到散热器内，热量从散热器散发到房间后，水再回到锅炉（或其他热源）“运载”热量，如此连续不断地将热量“运载”到散热器内，供给房间保持一定温度所需要的热量。

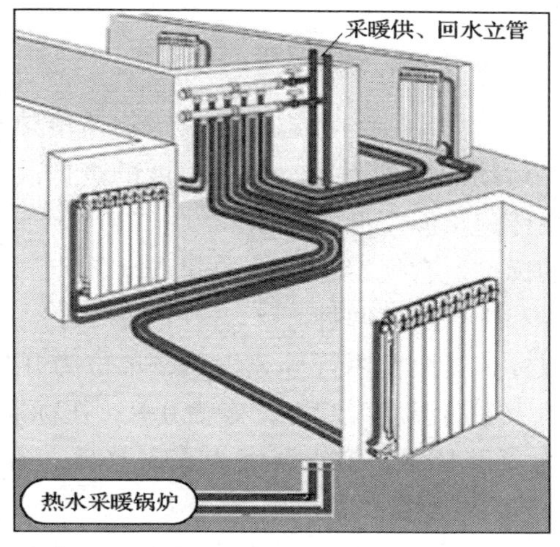

图1—2　采暖系统示意图

在这一过程中，水只是传递热量的中间媒介物，其本身性质没有发生任何变化，水只是充当了采暖系统中的工作介质。

在空调系统（见图1—3）中，空调房间的热量（或冷量）及空气中的水蒸气等均由空气“运载”到空气处理室，再把空气处理室处理后的空气“运载”到空调房间内。在这一过程中，空气只是传递热量或水分等的中间媒介物，其本身性质没有发生任何变化，空气只是充当了空调系统中的工作介质。

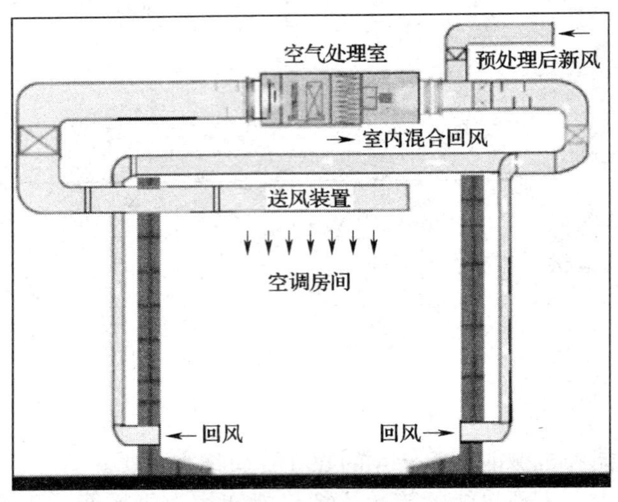

图 1—3　空调系统示意图

二、工质的基本状态参数

工质的基本状态参数有温度、温标、压力、比容、密度、内能和焓等。

1. 温度和温标

温度是物体内部分子运动平均动能的标志，是表示物体冷热程度的物理量。温度的高低实质上反映了大量分子热运动的剧烈程度。物质温度的高低决定了热能传递的方向，温度高的物体会自发地把热量传递给温度低的物体。

温标是衡量温度高低的标尺，它规定了温度的起点（零点）和温度测量的单位。国际上常用的温标有热力学温标和摄氏温标两种。

热力学温标也叫绝对温标，其温度用符号 T 表示，单位为开尔文（K）。这种温标规定以气体分子运动平均动能趋于零的温度为起点，定为 0 K；在标准大气压 101. 325 kPa 下纯水结成冰的温度（冰点）为 273. 16 K，沸点温度为 373. 16 K，在冰点与沸点之间等分 100 份，每一份就是 1 K。热力学温度没有负数。

摄氏温标的温度用符号 t 表示，单位为摄氏度（℃）。摄氏温标规定：在标准大气压 101. 325 kPa 下纯水冰点为 0℃，沸点为 100℃，在 0 ~ 100℃之间划分 100 等份，每一份就是 1℃。0℃以上为正，0℃以下为负。

摄氏温度和绝对温度之间的关系为：

$$T = t + 273.16\ \text{K}$$

式中　T——绝对温度，K；

t——摄氏温度，℃。

在工程计算中，为了方便计算常近似地取

$$T = t + 273\ \text{K}$$

注意：上述公式只是表示单一温度时，摄氏温度和绝对温度之间的换算关系；而在表示温度差或温度间隔时，摄氏温度差和绝对温度差两者在数值上是相等的，即 $\Delta T = \Delta t$。

2. 压力

工程上把物理学中的压强称为压力，即单位面积上所受的垂直力叫作压力，用符号 P 表示。压力的单位为帕斯卡，简称帕（Pa），即牛/平方米（N/m^2）。通常使用的压力单位还有千帕（kPa）和兆帕（MPa），它们之间的换算关系：

$$1\ \text{kPa} = 10^3\ \text{Pa} \qquad 1\ \text{MPa} = 10^6\ \text{Pa}$$

大气层（空气）的重力作用在地球表面上而造成的压力叫作大气压。大气压力值可用气压计测定，其数值随所在地的纬度、高度和季节等条件的不同而不同。

通常把纬度为45°海平面上测得的全年平均大气压，用水银柱高度来表示，数值为760 mmHg，用压力单位表示时，其数值为101.325 kPa，称为标准大气压，用atm表示。

在工程计算中，常常把大气压近似地按98.07 kPa计算。把压强等于98.07 kPa定为1个工程大气压，用at表示。

3. 密度和比容

单位体积工质所具有的质量称为密度，用符号 ρ 表示。对于均质流体，密度等于流体的质量与它所占有的体积的比值，即

$$\rho = \frac{m}{V}$$

式中　ρ——流体的密度，kg/m^3；

m——流体的质量，kg；

V——流体的体积，m^3。

液体的密度在一般情况下，可以认为不随温度或压强而变化；但气体的密度则随温度和压强而发生很大的变化。常见流体的密度见表1—3。

表1—3　　常见流体的密度

液体		气体（在通常情况下）	
物质	密度/（kg/m^3）	物质	密度/（kg/m^3）
水	1×10^3	空气	1.29
水银（汞）	13.6×10^3	氮气	1.25
酒精	0.8×10^3	氧气	1.43
柴油	0.85×10^3	氢气	0.09
海水	1.03×10^3	一氧化碳	1.25
98%的浓硫酸	1.84×10^3	二氧化碳	1.98

工质的容积通常因所处的温度和压力的不同而不同，反映定量工质容积大小的状态参数就是比容，用符号 v 表示。比容就是指单位质量的工质所占有的容积，即

$$v=\frac{V}{m}$$

式中　v——流体的比容，m^3/kg。

故比容与密度互为倒数，即

$$\rho=\frac{1}{v}\quad 或\quad v=\frac{1}{\rho}$$

由于工质的比容随温度和压力而变化，实际中往往需要规定某一状况为标准状态。国际上把压力为101.325 kPa、温度为0℃（273 K）的工质状态称为标准状态。

4. 内能

工质内部所具有的分子动能（内动能）与分子位能（内位能）的总和称为内能。每1 kg质量工质的内能称为比内能，用符号 u 表示，单位为kJ/kg。

内动能通常表现为显热，它随温度的升高而升高。内位能通常表现为潜热，只有当物态变化时，内位能才有明显的改变，而温度并不随之改变。

对于气体来说内能基本上只有分子的动能，内能的变化实际上就是分子动能的变化。温度是分子运动平均动能的标志，所以对于气体内能的变化主要看温度的变化。

5. 焓

焓又叫作热焓，用符号 H 表示，单位为kJ 。焓是指流体所含的全部热能。实质上焓是流体内部分子内能和流动压力能的总和。

质量为1 kg的工质在某一状态下，压力为 p，比容为 v，此工质具有的压力能为 pv，内能为 u，这两项能量之和称为工质的比焓，习惯上比焓也简称为焓，用符号 h 表示，单位是kJ/kg，即

$$h=u+pv$$

工质的状态保持一定，即温度、压力、比容有确定的数值，则工质的焓也一定，即焓仅由状态决定，所以焓也是工质的状态参数。

复习思考题

1. 国际通用的温标有哪两种？两种温标的区别是什么？
2. 什么是比容？什么是密度？比容和密度的关系是什么？
3. 什么是内能？什么是焓和比焓？焓和比焓的区别是什么？
4. 某容器容积为0.8 m^3，其中储有0.64 kg的空气，求此空气的比容和密度。
5. 热力学温度与摄氏温度的换算。

(1) CO_2气体变成－50℃的液体。(2) －22℃的制冷剂气体。(3) 液氨沸点是－33℃。(4) 某物质在65 K时超导。(5) 空气从273 K变为573 K。

第三节　流体的其他性质

学习目的

1. 了解流体的其他性质。
2. 熟悉流体其他性质在暖通设备系统中的特性。

液体除具有前面所讲的性质外，还有不可忽视的其他性质。

1. 浊点

冷冻机油中含有很少量的石蜡，当温度降低到某一值时，冷冻机油分离出的石蜡会使冷冻机油变得混浊，把冷冻机油开始析出石蜡的温度称为浊点。

冷冻机油中的石蜡会积存在节流阀孔而堵塞阀孔，积存在蒸发器内表面而影响传热效果。

2. 凝固点

当液体冷却到停止流动的温度，就是该液体的凝固点。凝固点比浊点低。冷冻机油的凝固点应比制冷设备的蒸发温度低，才不会有被冷冻而凝固的可能，这样可以避免节流阀孔被堵塞以及蒸发器内积存冷冻油的危险。

冷冻机油在低温下流动特性的指标是倾点，倾点是指油品在试验条件下能够连续流动的最低温度，在标准中规定它不能高于某一个温度。测量仪表有倾点表。

3. 闪点

加热冷冻机油，直到所蒸发出来的油蒸气与火焰接触时能发生闪火的最低温度，称为冷冻机油的闪点。测量仪表有闪点表。

制冷机用的冷冻机油的闪点应比排气温度高 15 ~ 30℃，这样可以避免冷冻机油的燃烧和结焦，又不影响排气阀的正常工作。

为了安全操作，重油在输送时，加热温度一般控制在比闪点温度低 20℃为宜。

4. 化学稳定性

冷冻机油在高温和金属的催化作用下，会引起化学反应，生成沉积物和焦炭；冷冻机油分解后产生的酸会腐蚀电气绝缘材料；冷冻机油应与系统中所用的材料相容，才不会引起这些材料（如橡胶、分子筛等）的损坏。

对冷冻机油的化学稳定性的要求有标准《在制冷剂系统中冷冻机油的化学稳定性试验法（密封玻璃管法）（SH/T 0698—2000）》。

5. 空气溶解量

热水采暖系统中的空气是最有害的。当管道中有空气积存时，往往要影响热水的正常循环，造成某些部分时冷时热，产生噪声，空气中含有氧气会造成金属腐蚀，所以一般采用排气装置（如自动排气阀）将空气排放出来。

在热水采暖系统中，所充入的常温水总是含有一定量的空气。当系统运行升温后，空气总是要分离出来，空气在水中的溶解量与温度、压力有关。压力越大，温度越低，空气溶解量就越大；反之，压力越低，温度越高，空气溶解量就越小。凡是空气溶解量低于原始空气溶解量的地方都能使空气分离出来或排放出来。

6. 水分

冷冻机油含水后易引起毛细管的冰堵，机械杂质也会使通道堵塞并使零件磨损。含水的冷冻机油和氟利昂制冷剂的混合物能够溶解铜。当溶解铜的润滑油混合物与钢或铸铁零件接触时，被溶解的铜又会析出，沉积在钢、铁零件表面上，形成铜膜，这就是“镀铜”现象。“镀铜”会破坏制冷机的正常运行。

复习思考题

1. 什么是闪点？重油的输送温度有何要求？
2. 水中溶解的空气有何危害？
3. 冷冻机油中的水分有何危害？

第二章　流体静压强

第一节　作用于流体上的力

学习目标

掌握作用在流体上力的特点。

力是造成机械运动的原因，因此研究流体机械运动的规律，就要从分析作用于流体上的力入手。作用于流体上的力包括质量力与表面力两大类。

一、质量力

质量力是某种力场作用在全部流体质点上的力，其大小和流体的质量或体积成正比，故称为质量力或体积力。在生活中，常见的质量力有重力、直线运动惯性力、离心惯性力。

质量力的大小用单位质量力表示。设均质流体的质量为 m，所受质量力为 F_B，则单位质量力为

$$f_B = \frac{F_B}{m}$$

单位质量力的单位为 m/s^2，与加速度的单位相同。

二、表面力

表面力是指作用在所研究流体表面上的力，其大小与受力表面的面积成正比。表面力有垂直于表面的力和平行于表面的力，前者为压力，后者为剪力（切力）。

表面力可以是周围流体对所研究流体作用的摩擦力（切力）和压力，也可以是周围壁面对流体作用而产生的摩擦力（切力）和压力。静止流体只受到压力的作用，而流动流体则同时受到两类表面力的作用。

复习思考题

1. 如果作用在流体上的质量力只有重力，那么单位质量力为多少？
2. 装满水的水杯静止放在桌面上，则水杯内的水受到哪些力的作用？

第二节 流体静压强的特性

学习目的

1. 掌握流体静压强的基本特性。
2. 熟悉流体连续性的特点。

一、流体的连续性

液体和气体统称为流体。流体由大量分子组成，分子间有间隙，每个分子都在不断地、杂乱无章地运动，因此从分子角度来看，流体是不连续的，运动是无规则的。

在实际工程应用中，人们关心的是大量流体分子总的宏观运动结果，也就是取大量分子组成的流体质点为最小单位来研究流体的机械运动。流体质点是保持流体宏观力学性能的最小单元，这样就可以认为流体是由无数彼此相连的流体质点组成，是一种连续性介质，因此，流体的物理性质和运动参数也相应是连续分布的。

流体处于静止状态时，流体的质点之间、流层之间没有相对运动。流体静力学主要研究流体处于静止状态下的力学规律及其在工程上的应用。

流体的连续性和处于静止状态可用图 2—1 进一步说明。

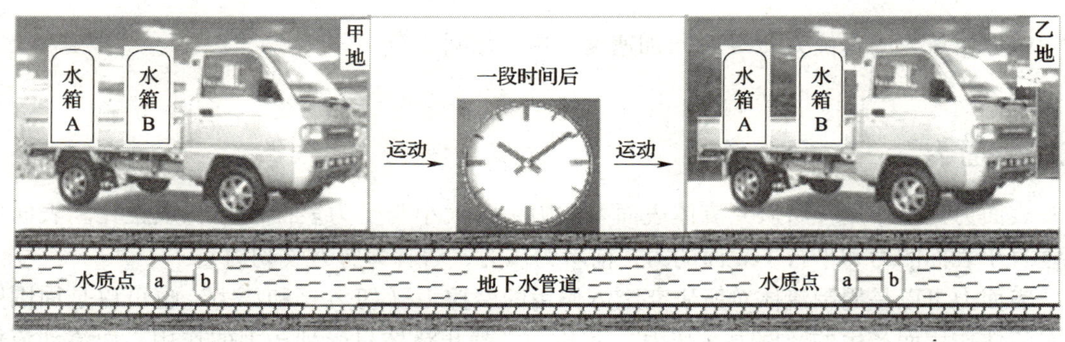

图 2—1　水的宏观运动与相对静止

在图2—1中，汽车经过一段时间后，从甲地运行到乙地，汽车上的水箱A和水箱B也从甲地运行到乙地。但是，水箱A和水箱B的距离却没有改变，仍然处于相对静止的状态。同样地，水箱A和水箱B中的水在宏观上产生了运动，但水箱A和水箱B中的水却是相对静止的。

同样道理，地下水管道中的水质点a和水质点b经过一段时间后，从甲地运动到乙地。但是，水质点a和水质点b却是连续运动的，其间没有相对运动，处于相对静止状态。

二、流体静压强的基本特性

静止流体一般受到两种力的作用，一种是表面力，一种是质量力。其中表面力为静压力，质量力为重力。静止流体不承受拉力和切力的作用。

流体静压强的概念和物理学中压强的概念一样，是指单位面积上的流体所承受的静压力。液体对容器壁有压强，已得到验证，流体静压强具有两个特性。

（1）流体静压强的方向永远垂直于作用面，并指向作用面。

（2）流体中某一点的静压强在各方向的大小相等，且与作用面的方位无关。

工程上利用流体静压强特性，修复压扁的密闭小容器，方法是将水注入小容器中，逐渐加大水压，可以使压扁的小容器恢复原来的形状。

夏季游泳潜水时，潜到一定深度，耳膜里就感到疼痛，不论怎样改变姿势都不会使疼痛消失。这是因为水的压力始终是垂直于耳膜，并指向耳膜。

复习思考题

1. 怎样理解流体的连续性？
2. 流体静压强的特性是什么？
3. 液体中任一点的压力在各方向上都相等，对吗？为什么？

第三节 流体静压强的基本方程式

学习目标

1. 掌握并理解流体静压强基本方程式的意义。
2. 掌握等压面的概念，能够识别等压面。
3. 掌握绝对压强、相对压强和真空度的概念及三者之间的关系。
4. 掌握压强的表示单位，并能进行换算。

一、流体静压强的基本方程式

如图2—2所示，深度为h处液体的静压强，经过分析液体在重力作用下其静压强的基本规律，推导出流体静压强的基本方程式为：

$$\begin{aligned} p &= p_0 + \rho gh \\ &= p_0 + \gamma h \end{aligned}$$

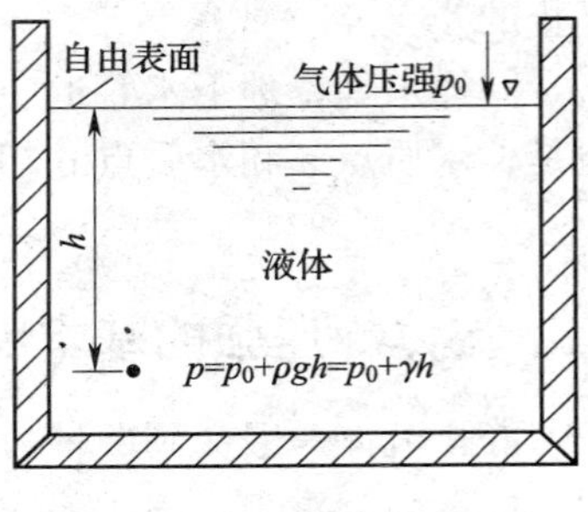

图2—2　静压强基本方程式

式中　p——深度为h处液体的静压强，Pa（N/m^2）；

p_0——液体表面的压强，Pa（N/m^2）；

ρ——液体的密度，kg/m^3；

γ——液体的容重（又称重力密度，$\gamma=\rho g$），N/m^3；

h——液体表面下的深度，m；

g——重力加速度，$g=9.81\ m/s^2$。

由液体静压强基本方程式可以得出以下推论。

（1）静压强的大小与液体的体积无直接关系。

（2）两点的压强差等于两点间竖向单位面积液体的重量。

（3）平衡状态下，液体内（包括边界上）任意点压强的变化，等值地传递到其他各点。即某点压强的变化，等值地传递到其他各点。

需要注意：流体静压强的基本方程式是在连续流体、同类流体、静止流体中导出的，所以用上面公式解题或分析流体静压强规律时，必须同时满足这三个条件，否则，流体静压强方程式不能直接使用。

流体静压强的基本方程式也称为流体静力学基本方程，简称流体静力学方程。

现实生活中可以发现，水塔的高度总是高于所供水的建筑物高度，根据流体静压强的基本方程式可知，水塔的高度越高，水塔塔底产生的压力越大，这样就可以将水压到建筑物中。

流体静压强的基本方程式同样适用于气体。但是，由于气体具有密度很小的特点，在高度差不大的情况下，气柱产生的压强值很小，因而可以忽略ρgh的影响，故气体静压强为：

$$p = p_0$$

上式表示空间各点气体压强相等。

液体容器、测压管、锅炉上部的气体空间，还有静压气箱、煤气储罐等，都可认为各点的压强是相等的。

在应用静压强公式求解问题时，应该注意在盛装不同流体的容器中求某点的压强时，不能简单用静压强方程求解，而要考虑容器中不同流体对压强的影响。比如水和油，它们有一个分界面，在求解中，要把分界面作为压强关系的联系面来求某点或某一个等压面的压强。

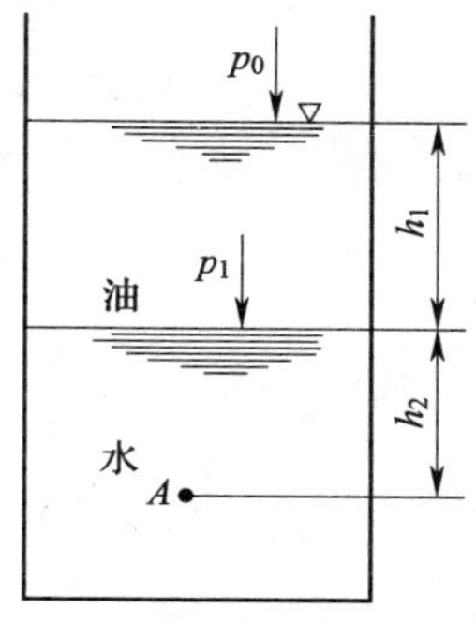

图 2—3 不同液体的压强

【例题 2—1】 如图 2—3 所示为一敞口容器。$h_1=1$ m，$h_2=0.5$ m，油的容重 $\gamma=8\ 000$ N/m^3，水的容重 $\gamma=9\ 800$ N/m^3，求 A 点的压强。

【解】 根据静压强的计算公式：

$$p=p_0+\gamma h$$

敞口容器中液面的相对压强 $p_0=0$。

所以 $$p=\gamma h$$

但此时不能直接用上述公式求 A 点的压强。因为 A 点压强 $p\neq\gamma_{油}(h_1+h_2)$，同样 $p\neq\gamma_{水}(h_1+h_2)$，只能通过分界面来求。可先求出分界面的压强，然后再求 A 点的压强。

即分界面的压强：

$$p_1=\gamma_{油}h_1=8\ 000\times1=8\times10^3\ \text{Pa}$$

A 点的压强：

$$p_A=p_1+\gamma_{水}h_2=8\times10^3+9\ 800\times0.5=12.9\ \text{kPa}$$

二、流体的等压面

1. 分界面

两种密度不同且互不混合液体之间的接触面称为分界面。如水和油的接触面就是分界面。

2. 自由表面

液面和气体的交界面称为自由表面。在重力作用下，静止液体的自由表面是水平面。如平静的湖面，水池、水箱的水面等。

作用于自由表面上的气体压强称为表面压强。如果自由表面上是大气，则表面压强就是大气压强，用 p_a 表示。

3. 等压面

把深度相同的液体质点连接起来所组成的面，在这个面上所有液体质点的静压强都相等，这个面称等压面。即流体中由压强相等的各点组成的面叫作等压面。

由等压面的概念可知以下几点。

(1) 液体的自由表面是等压面。

(2) 液体的水平面是等压面。

(3) 液体的分界面是等压面。

静止流体在重力作用下，分界面和自由表面既是等压面，又是水平面，这一规律只适用于满足同类、静止和连续三个条件的流体。

如图2—4a所示，玻璃管中的水与容器中的水是连通的，因此任何一个水平面都是等压面。如图2—4b所示，$A—A$虽是水平面，但由于此平面通过两种液体，不满足三个条件中同类液体的条件，就不能应用上述规律，因而$A—A$不是等压面，只有$A'—A'$平面以下的水平面，才是等压面。

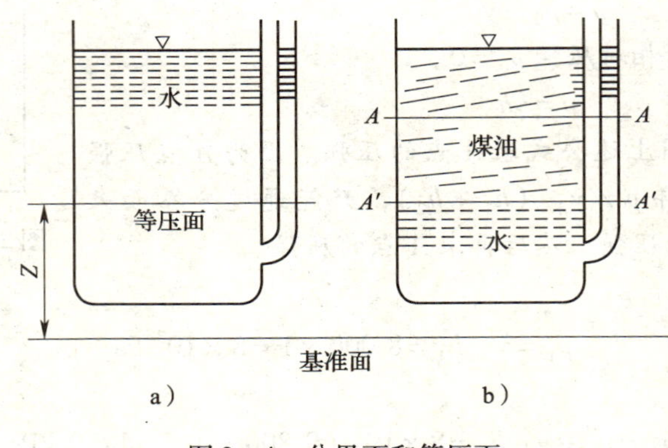

图2—4　分界面和等压面

三、流体静压强的表示方法

流体静压强有两种表示方法：绝对压强和相对压强。真空度是相对压强中的一种。

1. 绝对压强

绝对压强是以无气体存在的绝对真空为零点起而计的压强，用p_j来表示。绝对压强的数值是以完全真空为基准线来衡量的。绝对压强为零的基准线就是绝对真空处，即$p_j=0$，以它为零点而计算压强的大小。绝对压强是真实压强值，不存在负值，只能是正值。

2. 相对压强

如果在实际计算中不考虑大气压，把大气压看作零值，这样所表示出来的压强称为相对压强。即相对压强的数值是以当地大气压为基准线来衡量的。绝对压强和相对压强之间相差一个当地大气压。

相对压强可能是正值（绝对压强大于大气压时），也可能是负值（绝对压强小于大气压时）。相对压强的数值为正，则指高于大气压的数值；相对压强的数值为负，则指低于大气压的数值。

相对压强以符号p来表示，大气压强以符号p_a来表示。根据相对压强的概念，可以得出绝对压强和相对压强的关系为：

绝对压强=相对压强（表压）+大气压强

$$p_j=p+p_a$$

在工程中，由于压力表是在大气压中工作的，故压力表测得的压强值为相对压强，所以相对压强也可称为表压强（即表压力）。一般情况下，如果没有特别说明，工程上所说的压强都指相对压强。

3. 真空度

当绝对压强小于大气压强时，则相对压强是负值，称之为负压。流体某点的相对压强为负，则称某点处于真空状态。把绝对压强小于大气压的数值叫作此点的真空度。真空度以符号 p_v 来表示，真空度和大气压强的关系为：

$$真空度 = 大气压强 - 绝对压强$$

$$p_v = p_a - p_j = |-p|$$

绝对压强、大气压强和真空度之间的关系如图2—5所示。

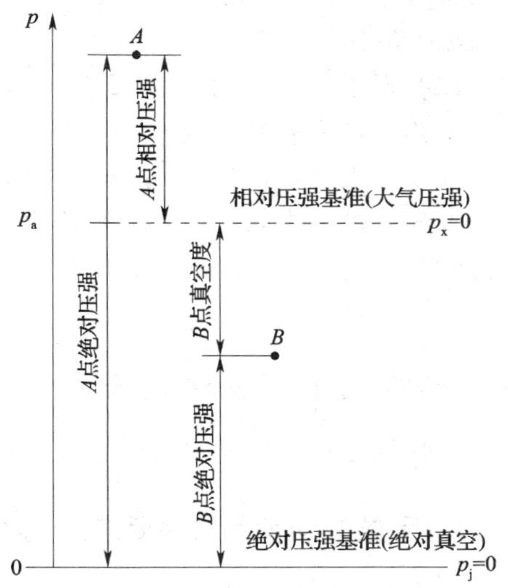

图2—5 绝对压强、相对压强与真空度的关系

【例题2—2】 测得某点液体的真空度为50 kPa，此地大气压强为98 kPa，求某点的绝对压强和相对压强。

【解】 根据公式：$p_v = p_a - p_j$

得：$p_j = p_a - p_v = 98 - 50 = 48$ kPa

根据公式：$p_j = p + p_a$

得：$p = p_j - p_a = 48 - 98 = -50$ kPa

需要注意：虽然压力可以用表压力和真空压力来表示，但在热力学中作为工质的状态参数的实际压力显然是绝对压力。而表压力与真空压力仅仅是用压力表和真空表测得的读数，是绝对压力与大气压力的差值，故称为工作压力，它们在计算时只能作辅助量。因为大气压力随时随地都可能发生变化，所以，即使工质的绝对压力不变，表压力和真空压力仍可能有变化，因而它们不是工质的状态参数。

在实际工程中，常用到一些容器中的工质压力较高，此时可近似地取大气压为100 kPa，这样计算结果的误差可以忽略不计。当计算公质的压力较低时，特别是计算处于负压状态的工质压力时，若取大气压为100 kPa，则会引起较大误差。此时应采用实际的大气压数值。

【例题2—3】 某容器上的压力表读数为400 kPa，某蒸发器上的真空表读数为96 kPa，此时的大气压力为97.98 kPa。

(1) 试计算容器与蒸发器中的绝对压力。

(2) 当大气压力近似地取100 kPa，与原计算结果相比，误差为多少？

(3) 当大气压力变为99.3 kPa时，容器和蒸发器中的绝对压力各为多少？

【解】 (1) 计算大气压力为97.98 kPa时两设备中的绝对压力，根据 $p_j = p + p_a$ 可得：

容器中的绝对压力 $p_{容j} = p_{容} + p_a = 400 + 97.98 = 497.98$ kPa

蒸发器中的绝对压力 $p_{蒸j}=p_a-p_{v蒸}=97.98-96=1.98\ \text{kPa}$

（2）计算大气压力近似取 100 kPa 时两设备中的绝对压力，根据 $p_j=p+p_a$ 可得：

容器中的绝对压力 $p'_{容j}=p_{容}+p'_a=400+100=500\ \text{kPa}$

蒸发器中的绝对压力 $p'_{蒸j}=p_a-p_{v蒸}=100-96=4\ \text{kPa}$

与原计算结果相比，相对误差为

$$\Delta_{容}=\frac{p'_{容j}-p_{容j}}{p_{容j}}=\frac{500-497.98}{497.98}=0.4\%$$

$$\Delta_{蒸}=\frac{p'_{蒸j}-p_{蒸j}}{p_{蒸j}}=\frac{4-1.98}{1.98}=102\%$$

由此可以看出，在真空状态下把大气压近似取作 100 kPa 误差是很大的，故真空状态下不宜近似取用。

（3）计算大气压力为 99.3 kPa 时，压力表与真空计的读数，根据 $p_j=p+p_a$ 可得：

容器上压力表的读数 $p'_{容}=p_{容j}-p''_a=497.98-99.3=398.68\ \text{kPa}$

蒸发器上真空计读数 $p'_{蒸v}=p''_a-p_{蒸j}=99.3-1.98=97.32\ \text{kPa}$

上面的结果表明，虽然两容器中的绝对压力没有变，只是大气压力不同，压力表和真空计的读数就不同，故表压力与真空度不能视为状态参数。

四、压强的单位及换算关系

压强的度量单位通常有以下三种表达形式。

1. 用单位面积上所承受的压力来表示

压强的法定单位是 N/m^2 或称为 Pa。也可采用 kPa 或 MPa 来作为压强的单位。法定单位是国际通用单位，也是我国规定使用的单位。

2. 用大气压来表示

（1）标准大气压单位

1 标准大气压 = 101.325 kPa。把 101.325 kPa 的压强定为 1 个标准大气压强单位，记作 atm。

（2）工程大气压单位

1 工程大气压 = 98.07 kPa，把 98.07 kPa 的压强定为 1 个工程大气压强单位，记作 at。

3. 用液柱高度来表示

由流体静压强方程式可将压强转换为某种液体的液柱高度来表示，即 $h=p/\gamma$，单位为 m 或 mm。压强越大，液体所上升的高度就越高。

如 1 个工程大气压为 98.07 kPa 时，用水柱高度表示为：

$$h=\frac{p}{\gamma}=\frac{1\text{个工程大气压}}{\text{水的容量}}=\frac{98.07}{9.807}=10\ \text{mH}_2\text{O}\ (\text{米水柱高})$$

如果用汞柱（水银柱）高度表示为：

$$h=\frac{98.07}{133.3}=735.6\ \text{mmHg}\ (\text{毫米汞柱高})$$

上述三种压强单位的换算关系见表2—1。

表2—1　　**压强单位换算关系**

压强单位	Pa (N/m^2)	MPa ($10^6\ N/m^2$)	mmH_2O	at	atm	mmHg
换算关系	9.807	9.807×10^{-6}	1	10^{-4}	9.678×10^{-5}	0.073 56
	9.807×10^{4}	9.807×10^{-2}	10^4	1	9.678×10^{-1}	735.6
	101 325	0.101 325	10 332.3	1.033 23	1	760
	133.332	1.3333×10^{-4}	13.595	1.3595×10^{-3}	1.316×10^{-3}	1

复习思考题

1. 流体所受的静压力越大，其静压强也越大，此说法是否正确？为什么？

2. 流体静压强表示方法有哪几种？它们之间的关系如何？

3. 如图2—6所示为复式比压计，*A*—*A*、*B*—*B*、*C*—*C*、*D*—*D*、*C*—*E* 哪个是等压面，哪个不是等压面？为什么？

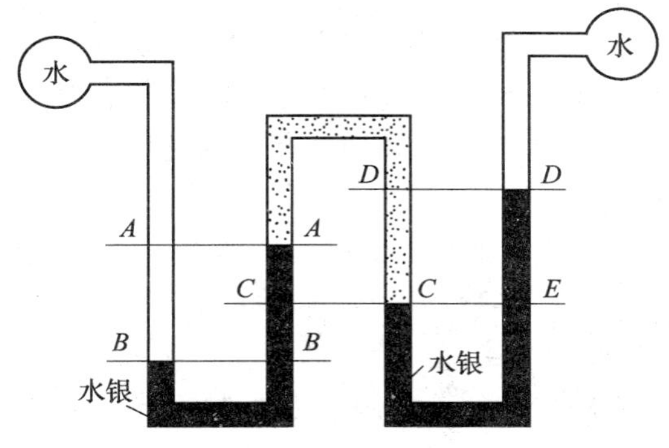

图2—6　复式比压计

4. 压强的度量单位有哪三种表达方式？通用单位是什么？

5. 如图2—7所示，四个容器中的底面积 *A* 相等，盛水高度 *h* 也相等，试比较它们底部所受的压强与总压力。

6. 大气压是绝对压强还是相对压强？为什么？

7. 土建人员使用塑料软管进行水平测量时，塑料软管为什么要灌满水而且不能有空气？

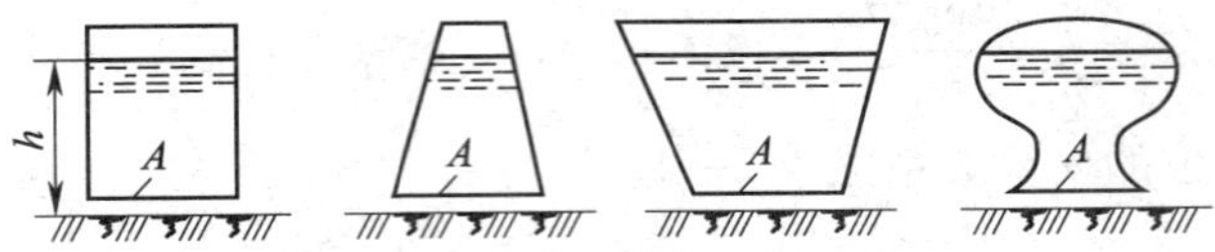

图 2—7　底面积和高度相等的容器

8. 某地大气压强为 98 kPa，某点的测定表压力为 $p=303.975$ kPa，求某点的绝对压强；并用压强的其他几种单位表示。

第四节　流体静压强的应用

学习目标

1. 掌握利用流体静压强方程式确定液面压强。
2. 掌握利用流体静压强方程式测量流体压强。

一、确定液面压强

在静压强的求解过程中，一个很重要的工作就是要找好等压面，通过等压面达到由已知条件求解未知数的目的。下面介绍如何通过等压面来确定液面压强。

一般对于敞开的容器，即大气与液面相通，其液面的压强为零，$p_0=0$。对于密闭的容器，通过例题 2—4 可以求出液面压强。

【例题 2—4】 一密闭水箱，水箱侧壁连接一玻璃管，玻璃管的上端与大气相通，如图 2—8 所示。$h_0=20$ m，$h=10$ m，水的容重 $\gamma=9\ 800\ \text{N/m}^3$，求液面的压强 p_0。

【解】 此密封水箱满足同种、连续、静止的条件，所以满足静压强方程的性质。即水平面为等压面。选取 1—1 水平面为等压面。

右边玻璃管一侧，其 1—1 截面的压强为：

$$p_{1右}=0+\gamma h_0$$

左面水箱 1—1 截面的压强为：

$$p_{1左}=p_0+\gamma h$$

根据等压面的原理：

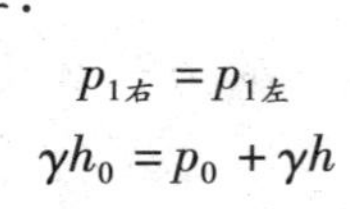

$$p_{1右}=p_{1左}$$

则 $$\gamma h_0=p_0+\gamma h$$

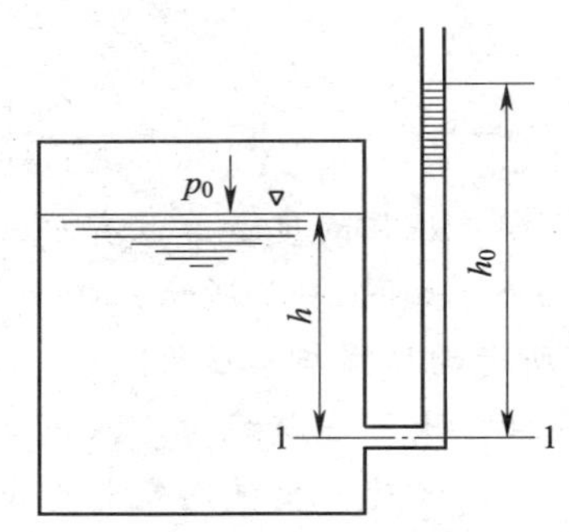

图 2—8　连有玻璃管的密闭水箱

$$p_0 = \gamma h_0 - \gamma h = \gamma\ (h_0 - h)$$
$$= 9\ 800 \times\ (20 - 10)\ = 98\ \text{kPa}$$

二、测量流体压强

测量流体的压强是工程上常遇到的问题，测量压强的仪表叫压强计。常用的压强计有弹簧式、电测式和液柱式三类。由于液柱式测压计直观、方便、经济、可靠，所以在工程上得到了较为广泛的应用。

在实际中常用U形玻璃管压强计来测定两点间或两管间的压强差，这种仪器叫作压差计。由于U形玻璃管压强计的液柱高度的限制，测压范围较小，所以工程上常用弹簧压力计（压力表）测压。

1. U形管压差计

（1）U形管压差计的结构原理

它的结构如图2—9所示，在U形的玻璃管内放有某种液体A作为指示液。指示液必须与被测流体不发生化学反应，不互溶且其密度大于被测流体的密度。

把U形管两端分别与两个测压点相连，由于U形管两端压强不等，则U形管两支管内指示液液面出现高度差 R。

在静止的指示液内取一等压面 a—a'，即 $p_a = p_{a'}$，根据静力学基本方程可得：

$$p_1 +\ (h + R)\ \rho g = p_2 + h\rho g + R\rho_A g$$

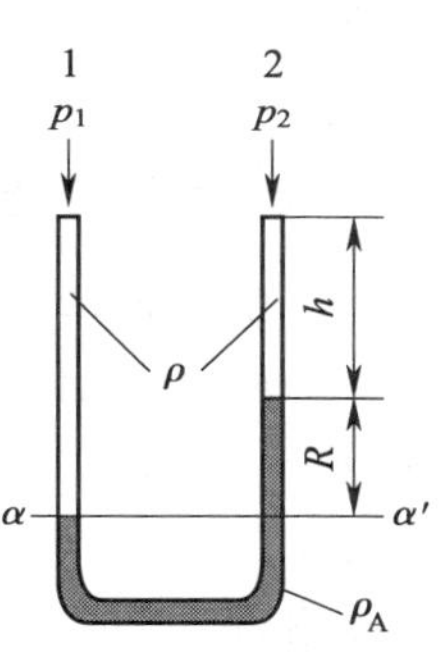

图2—9　U形管压差计

上式化简得：

$$p_1 - p_2 =\ (\rho_A - \rho)\ Rg$$

若被测流体是气体，ρ 远小于 ρ_A，则上式化简为

$$p_1 - p_2 = \rho_A Rg$$

若 p_2 为大气压时，p_1 即为1处的表压。

（2）U形管压差计的应用

使用U形管测压时，一端连接在需要测定的容器壁或管道壁孔口上，另一端开口直接和大气相通。与大气相接触的液面的相对压强为零。静压强可用水柱高度来表示（压强值较大时，用汞柱高度来表示），而这个水柱高度可从玻璃管或测压管旁的刻度板上显示出来。被测点的压强值越大，水柱将越高。这种测压管可以测出正压和负压，如图2—10所示。

在图2—10a中，测压管水面高于 A 点，p_A 为正值。即

$$p_A = \gamma h_A$$

在图2—10b中，测压管水面低于 A 点，以1—1为等压面，则：

$$p_A = -\gamma h'_A$$

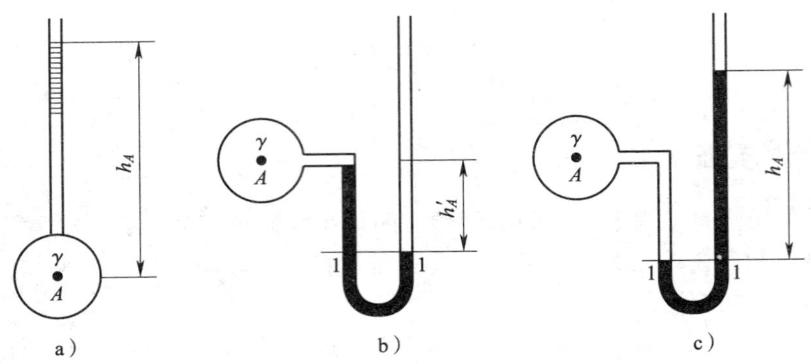

图 2—10　U 形管测量压力

故 A 点的压强为负值，具有真空度。

图 2—10c 为气体压强的测定。根据前面阐述过的原则，可忽略气体高度所产生的压强。则：

$$p_{\mathrm{A}}=p_1=\gamma h_{\mathrm{A}}$$

2. 压力测量仪表

(1) 金属弹簧压力表

小实验：自己制作一个端部有弯曲的纸管（或用塑料软管），然后用嘴向管内吹气，你会发现管端弯曲的部位在变化伸开，而且吹气越大，管端弯曲部位的伸开程度越大，如图 2—11a 所示。

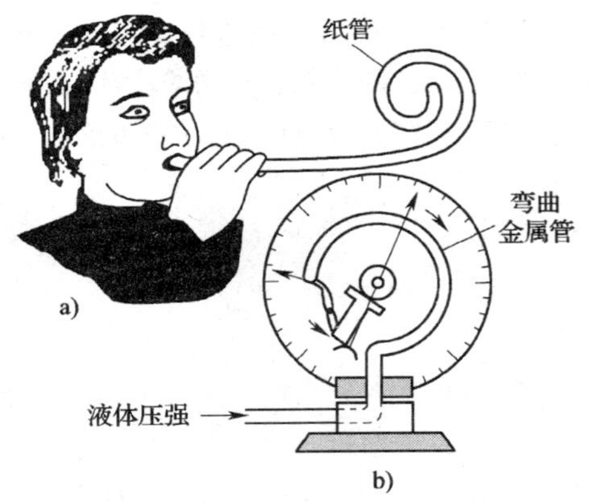

图 2—11　压力表工作过程示意图

金属弹簧压力表也称弹簧压力表。它有一根金属管，当具有一定静压力的流体通入此金属管内时，金属管产生变形。变形量大小与金属管内流体静压强大小成正比。通过一套机构把此种变形量转变为指针的转动，指针转动角度的大小就反映出被测量的流体的压强值，如图 2—11b 所示。

测量正压的弹簧压力表一般称为压力表，测量负压的弹簧压力表一般称为真空表。采用电接点弹簧压力表还可以实现自动控制。弹簧压力表安装时，在进口处应安装表弯，如图 2—12 所示。

由于弹簧压力表安装时，测压管内部存有压力为大气压力的空气，因此，金属弹簧压力表测量所得的压强值为相对压强，即表压强（简称表压）。

(2) U 形管测压计

当系统内压力较小时，工程上常采用 U 形管测压计测量压力。U 形管测压计如图 2—13 所示。

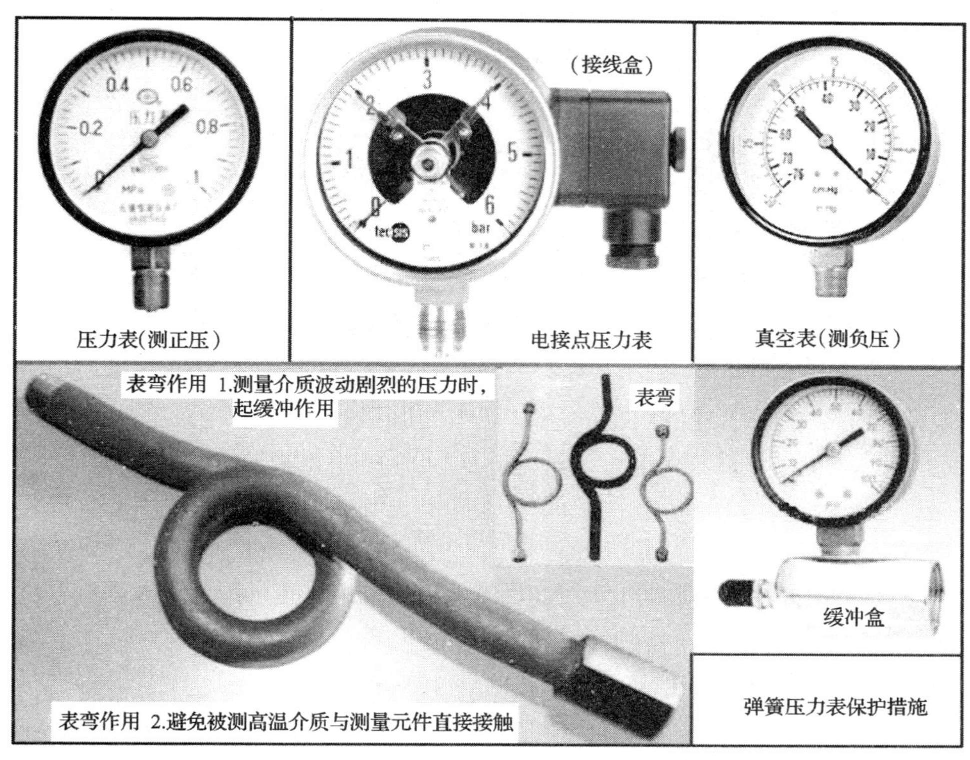

图 2—12　弹簧压力表与压力表保护措施

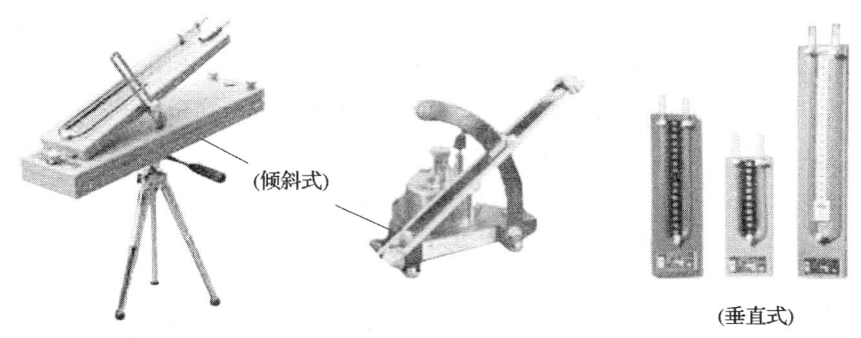

图 2—13　U 形管测压计

【知识应用】家用自然循环热水采暖系统

在一些没有集中采暖的地方常采用自然循环热水采暖系统。所谓自然采暖热水循环是指依靠供水与回水的密度差产生的压力差为动力进行的热水采暖循环（又称重力循环）。家用采暖系统的形式较多，根据实际经验，图 2—14 所示的系统使用较为普遍。

采暖系统循环实际动力为：

$$\Delta p = gh（\rho_{回} - \rho_{供}）- 采暖系统阻力$$

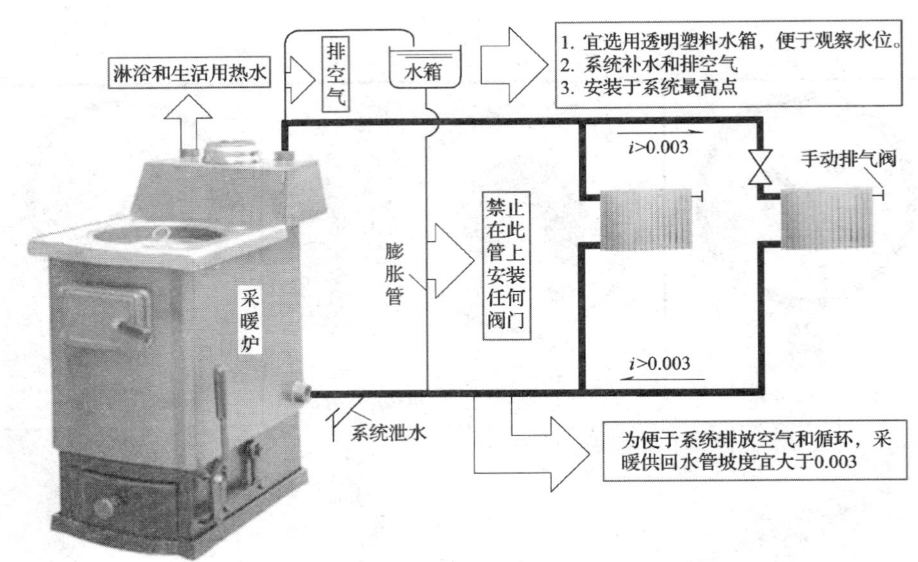

图 2—14　家用采暖示意图（自然循环）

式中，$\rho_{供}$和$\rho_{回}$分别为采暖供水温度和回水温度对应的密度，h 为散热器中心和采暖炉加热水套中心的高度差。

为了保证采暖系统正常、可靠地运行，采暖系统的实际循环动力是一个关键因素。从公式中可以看出，家用采暖系统在布置形式和安装时应注意以下几点。

（1）尽可能增大散热器和采暖炉的高度差。

（2）尽可能减少采暖系统的循环阻力。例如，选用内壁光滑的管子；采用较少的管配件和阀门；管径不宜小于 DN20 等。

（3）管道必须具有一定的坡度。

实际生活中可以发现人们使用各种各样的烟囱，但烟囱有一个共同的特点就是具有一定的高度，而且锅炉房的烟囱一般都很高，这是什么原因？

复习思考题

1．如图 2—15 所示，为什么拍摄出来的海面都是水平的？

图 2—15　海面照片

2．水平尺是暖通设备安装专业常用的工具，水平尺内的气泡为什么朝高的一端跑？

3．有人说“水位在上升的过程中水面是平静的，而在下降的过程中水面是动的”，这句话对吗？为什么？

4. 如图 2—16 所示，暖通工程中，水箱的水位常用水位计进行测量，在安装水箱和水位计时要求“水箱应水平安装，水位计应垂直安装”，这是为什么？

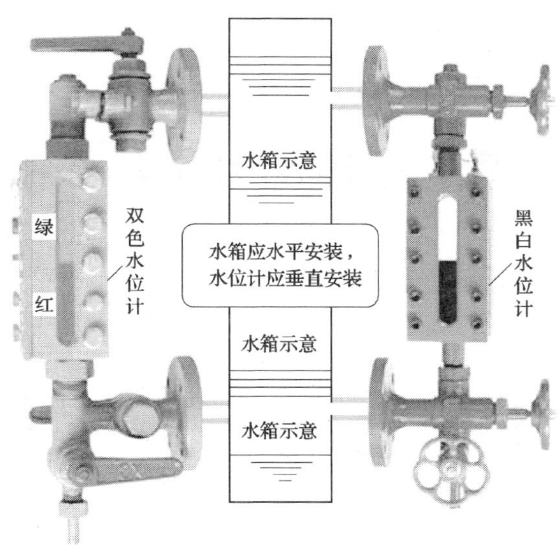

图 2—16 水位计的安装

5. 实际工程中，使用 U 形管测量气体压力时，通常在 U 形管内装水或酒精，而不装水银，为什么这样做？

6. 有一面积为 $A=1\ \mathrm{m}^2$，其上有重 $G=600\ \mathrm{N}$ 的物体压在上面，试求与活塞接触处水的压力有多大？可产生多大的水柱和水银柱高度？

7. 平常喝饮料时可以使用吸管，为什么可以用吸管将饮料喝到嘴里？假定饮料瓶口是密封的，还能用吸管喝饮料吗？为什么？

8. 观察生活实际，用实例说明流动的连续液体也产生静压强。

9. 如图 2—17 所示，两个盛水容器，其测压管中的液面分别高于和低于容器中液面高度 $h=3\ \mathrm{m}$，试求这两种情况下的液面绝对压强和相对压强，如有真空度其值为多少？

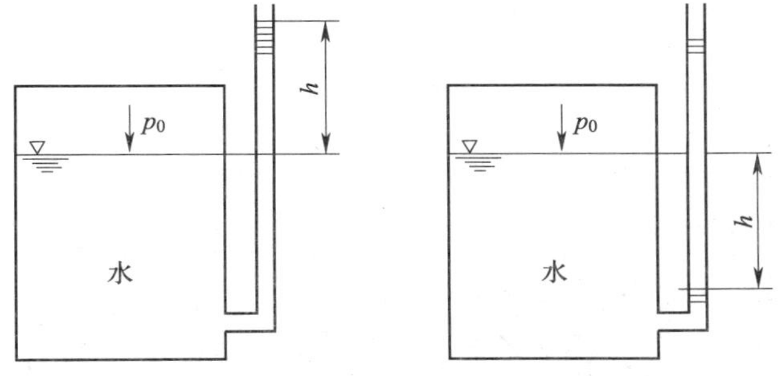

图 2—17 测压管中液面不等高的容器

第三章　流体动力学基础

第一节　流体动力学基本概念

学习目标

1. 掌握压力流、无压流、稳定流、非稳定流、理想流体、流量、流速的基本概念。
2. 掌握流量的基本计算方法。

一、流体流动的种类

1. 压力流与无压流

当流体运动时，流体充满整个流动空间并依靠压力作用而流动的流体，称为压力流，供热、通风和给水管道中的流体运动，一般都是压力流，而其相应的管道称压力管道。

当液体流动时，凡是具有与气体相接触的自由表面，并只依靠流体本身的重力作用而流动的流体，称为无压流。排水管道中的流体一般都是无压流，排水管道则称无压管道。

2. 稳定流与非稳定流

小实验：观察图 3—1 中 a、b 两水箱的出水情况。

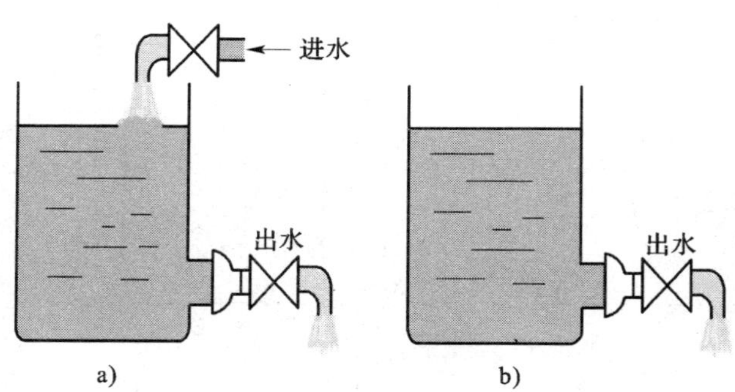

图 3—1　稳定流动和非稳定流动

对于 a 水箱，由于连续进水，在出水的同时水箱也在进水，这样可以保持水箱的水位不变。那么，随着时间的变化，出水管中的压力和速度将保持不变，这种流动就属于稳定流动。

对于 b 水箱，由于水箱出水，水箱的水位将下降，这样，随着时间的变化，出水管中的压力和速度将发生变化，这种流动就属于非稳定流动。

当流体运动时，流体任意一点的流速、压力、密度等状态参数不随时间发生变化的流动，称为稳定流（或称恒定流动）。

反之，当流体运动时，流体任意一点的流速、压力、密度等状态参数随时间而发生变化的流动，称为非稳定流（或称非恒定流动）。

在建筑设备工程中，严格来讲，流体的流动都不是稳定流，但工程上认为，在连续操作相当长的一段时间内，只要流体的流速、压力等状态参数变化不大，都可近似按稳定流处理。

例如，调节阀门、开动水泵或风机，在短暂的时间内，管道中流体的速度、压力随时间迅速变化，故为非稳定流。但是在调节阀门之后，以及水泵或风机开动后的相当长时间内，管道中流体的流速及压力不随时间而发生变化，则仍然是稳定流。由于稳定流在上述过程中占主导地位，非稳定流占次要地位，因而可以把上述整个过程视为稳定流。

3. 均匀流和非均匀流

均匀流是流体运动时流线是平行直线的流动，如等截面长直管中的流动。非均匀流是流体运动时流线不是平行直线的流动，如流体在收缩管、扩大管或弯管中的流动。非均匀流又可分为渐变流和急变流。渐变流是流体运动中流线接近于平行线的流动，如图 3—2 中的 *A* 区；急变流是流体运动中流线不能视为平行直线的流动，如图 3—2 中的 *B*、*C* 和 *D* 区。

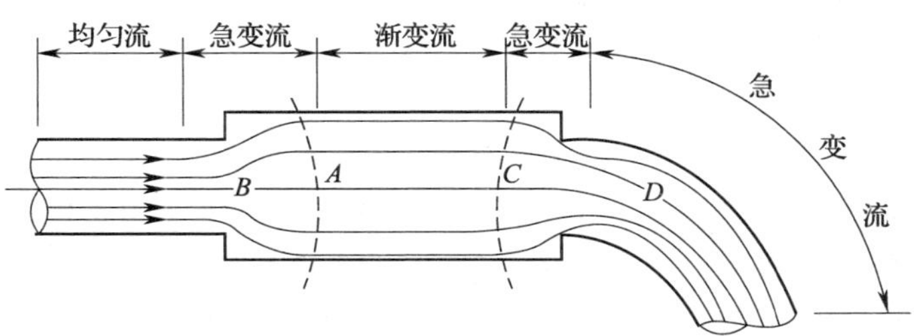

图 3—2 均匀流和非均匀流

二、理想流体

流体运动时，由于流体本身黏滞性的存在，而且黏滞性只是在流体运动时才表现出来，因此在研究流体流动时必须考虑黏性的影响。流体的黏性非常复杂，为了分析和计算问题的方便，开始分析时可先假设流体没有黏性，然后再考虑黏性的影响，并通过实验验证等办法对上述结论进行补充或修正。对于流体的可压缩性的问题，也可用同样的方法来处理。

为此，引入理想流体的概念。

所谓理想流体，是指不考虑黏性作用的流体，而实际流体，则是指客观存在的具有黏性的流体。理想流体虽然在客观上是不存在的，但是它的提出，简化了流体的物理性质。当流体的黏性不起作用或不起主要作用时，可以忽略其影响，按理想流体处理。而对另外一些黏性作用较大，不能忽略其影响的流体，可先按理想流体分析，得出主要结论后，再考虑黏性加以必要的修正。这样的分析方法比直接研究实际流体要简单些。

三、流动流体的参数

1. 过流断面

过流断面是指与流体运动方向相垂直的流体横剖面，如图3—3所示。过流断面是流体的断面，而不是管道的断面。

圆管的横剖面为一圆形，矩形管的横剖面为一矩形。过流断面的面积用符号 A 表示，单位是 m^2。对于圆管，过流断面的面积为

$$A=\frac{\pi}{4}d^2 \quad (d\text{ 为圆管的内径})$$

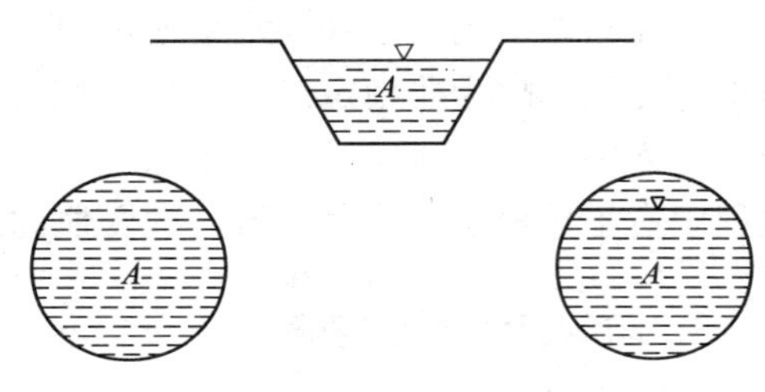

图3—3　过流断面

2. 流速

流体在单位时间内流过的距离称为流速。用符号 u 表示，单位是 m/s。由于流速在管道横剖面上的数值不一样，这里的流速指的是平均速度。

3. 流量

流量分为体积流量和质量流量。在工程上，如果没有特别注明，流量均指体积流量。

流体在单位时间内通过某一过流断面的流体体积，称为体积流量，用符号 Q 表示，单位是 m^3/s。体积流量等于流速与过流断面面积的乘积，计算公式为：

$$Q=uA$$

流体在单位时间内通过某一过流断面的流体质量，称为质量流量，用符号 Q_m 表示，单位是 kg/s。质量流量等于流体的密度与流速、过流断面面积的乘积，计算公式为：

$$Q_m=\rho uA$$

体积流量和质量流量的关系为：

$$Q_m=\rho Q$$

式中　Q——体积流量，m^3/s；

u——流体的平均速度，m/s；

A——过流断面的面积，m^2；

ρ——流体的密度，kg/m^3；

Q_m——质量流量，kg/s。

4. 流量与管道直径的关系

根据流量计算公式，可得：

$$Q=\frac{\pi}{4}d^2u \quad 或 \quad Q_m=\frac{\pi}{4}d^2u\rho$$

则

$$d=\sqrt{\frac{4Q}{\pi u}} \quad 或 \quad d=\sqrt{\frac{4Q_m}{\pi u\rho}}$$

【例题3—1】　有一矩形通风管道，其断面尺寸为 $h=0.3$ m，宽 $b=0.5$ m，若管道内断面平均流速 $u=7$ m/s，试求空气的体积流量和质量流量（空气的密度 $\rho=1.29\ kg/m^2$）。

【解】（1）根据体积流量公式，空气的体积流量为

$$Q=uA=7\times0.3\times0.5=1.05\ m^3/s$$

（2）根据质量流量公式，空气的质量流量为

$$Q_m=\rho uA=1.29\times7\times0.3\times0.5=1.35\ kg/s$$

或

$$Q_m=\rho Q=1.29\times1.05=1.35\ kg/s$$

【例题3—2】　已知某蒸气管道的质量流量 $Q_m=2$ kg/s，蒸气密度 $\rho=2.8\ kg/m^3$，管道断面平均流速 $u=25$ m/s，试求蒸气管道的内径。

【解】　根据流量与管道直径的关系，该蒸气管道内径为

$$d=\sqrt{\frac{4Q_m}{\pi u\rho}}=\sqrt{\frac{4\times2}{3.14\times25\times2.8}}=190.78\ mm$$

【例题3—3】　已知某输水管道内径为 150 mm，水的体积流量 $Q=0.028\ m^3/s$，试求水管内水流的平均流速。

【解】　根据体积流量公式，水管内的平均流速为

$$u=\frac{Q}{A}=\frac{0.028}{\frac{\pi}{4}\times0.15^2}=1.59\ m/s$$

复习思考题

1. 什么是压力流和无压流？举例说明。
2. 什么是稳定流和非稳定流？举例说明。
3. 过流断面是流体的断面还是管道的断面？
4. 什么是流速？什么是体积流量？什么是质量流量？
5. 有一自来水管，内径为 150 mm，管内平均流速为 1.0 m/s，求管内体积流量和质量流量（水的密度为 1 000 kg/m^3）。
6. 有一蒸气管道，其质量流量为 0.56 kg/s，蒸气的密度是 2.6 kg/m^3，平均流速为 25 m/s，试确定蒸气管道的直径。

第二节　流体运动的连续性方程

学习目标

1. 掌握流体连续性方程表达式。
2. 掌握流体连续性方程的基本应用。

一、流体连续性方程

不可压缩流体且其状态为稳定流时，流体在管道内任何截面的流量应相等。从图 3—4 可以看出，其流入断面 1 的流量应等于流出断面 2 的流量，即

$$Q_1 = Q_2$$

则　　$u_1A_1 = u_2A_2$　或　$\frac{A_1}{A_2} = \frac{u_2}{u_1}$

式中　u_1、u_2——1、2 断面的流速，m/s；

A_1、A_2——1、2 过流断面的面积，m^2。

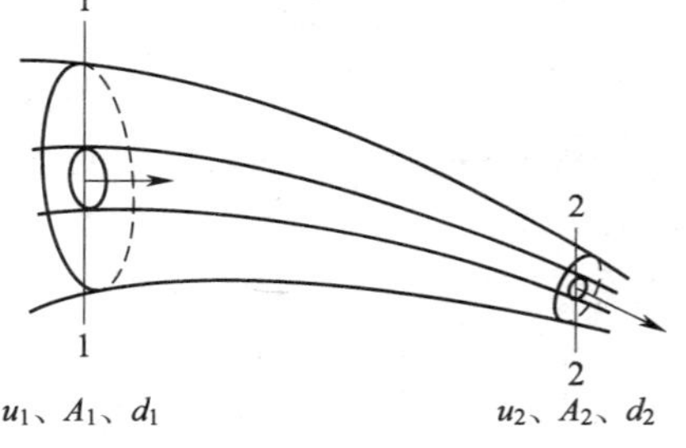

图 3—4　连续性方程示意图

公式 $u_1A_1 = u_2A_2$ 在流体力学中称连续性方程，是流体运动的基本方程之一。对于压缩流体，连续性方程可写成质量流量相等的形式：

$$\rho_1A_1u_1 = \rho_2A_2u_2$$

从流体连续性方程可以看到流速与过流断面面积之间的关系。在流量不变且流体不能压缩时，过流断面面积越大，流速就越小；过流断面面积越小，流速就越大。例如，常见的河流，河道越宽，水流越缓慢；河道越窄，水流越湍急。其原因就是流速与断面间的反比关系。在图 3—4 中，$A_1 > A_2$，所以 $u_2 > u_1$（或 $u_1 < u_2$）。

二、连续性方程的应用

应用连续性方程，可以很方便地求得管道内的流速或通过各过流断面的流量。同时可得到不同管径与其流速间的关系，即管径小的地方流速大，管径大的地方流速小。

【例题 3—4】　如图 3—5 所示为某一管段图，图中各管段的内径分别是 $d_1 = 25$ mm，$d_2 = 50$ mm，$d_3 = 100$ mm。

（1）当管段流量为 4×10^{-3} m^3/s 时，计算各管段的流速。

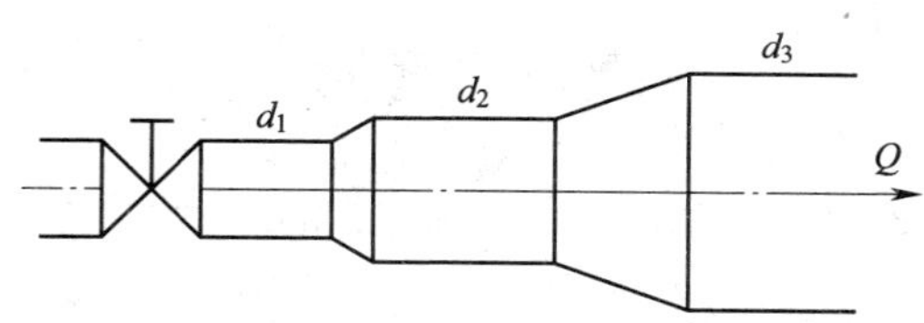

图 3—5　管段直径不同的管道

（2）开启阀门，使管段流量增加至 8×10^{-3} m³/s 或使流量减少到 2×10^{-3} m³/s 时，流速怎样变化？

【解】（1）根据流体运动连续性方程

$$Q=A_1u_1=A_2u_2=A_3u_3$$

则

$$u_1=\frac{Q}{A_1}=\frac{4\times10^{-3}}{\frac{\pi}{4}\times(25\times10^{-3})^2}=8.15\ \mathrm{m/s}$$

$$u_2=u_1\frac{A_1}{A_2}=u_1\left(\frac{d_1}{d_2}\right)^2=8.15\times\left(\frac{25}{50}\right)^2=2.04\ \mathrm{m/s}$$

$$u_3=u_1\frac{A_1}{A_3}=u_1\left(\frac{d_1}{d_3}\right)^2=8.15\times\left(\frac{25}{100}\right)^2=0.51\ \mathrm{m/s}$$

（2）根据流体运动连续性方程，管道各断面的面积比例保持不变，各断面流速比例也将保持不变，流量增加至 8×10^{-3} m³/s 时，即流量增加至两倍，各管段流速也增加至两倍。即

$$u_1=2\times8.15=16.3\ \mathrm{m/s}$$

$$u_2=2\times2.04=4.08\ \mathrm{m/s}$$

$$u_3=2\times0.51=1.02\ \mathrm{m/s}$$

流量减小至 2×10^{-3} m³/s 时，即流量减少了一半，各管段的流速也为原值的一半。即

$$u_1=4.075\ \mathrm{m/s}$$

$$u_2=1.02\ \mathrm{m/s}$$

$$u_3=0.255\ \mathrm{m/s}$$

【应用连续性方程应注意的问题】

在应用稳定流连续性方程式时，应注意以下几点。

1. 流体必须是稳定流。对于非稳定流不能应用连续性方程式。

2. 流体必须是连续的。当流体产生汽化（如水中有气泡）现象，其连续性遭到破坏，也不能应用连续性方程式。

3. 要分清是可压缩流体还是不可压缩流体，以便采用相应的公式进行计算。若在工程中遇到可压缩流体，连续性方程式采用质量流量进行计算。

4. 对于流量沿程有分支的管道（如通风管道、供水管网等），根据质量守恒定律，仍可应用稳定流不可压缩流体连续性方程，但方程的表达形式要根据具体情况而定。

复习思考题

1. 如图3—6所示，水从水箱经直径为 $d_1=100$ mm，$d_2=50$ mm，$d_3=25$ mm 的管道流入大气中。当出口流速 $u=10$ m/s 时，计算：(1) 各管段的体积流量和质量流量。(2) 各管段的流速。

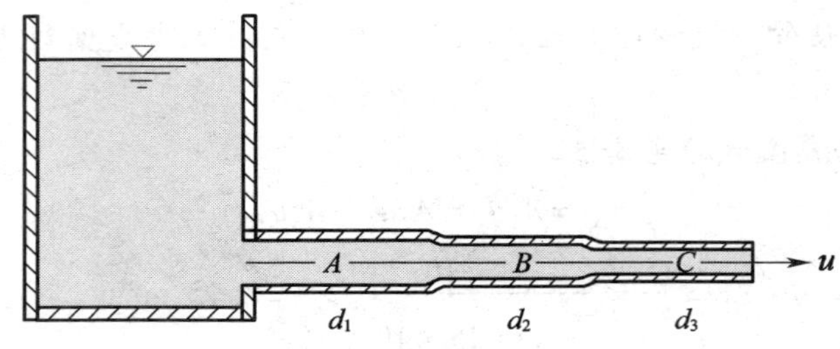

图3—6 水从水箱流入不同管段示意图

2. 如图3—7所示，有一分支给水管，已知管径为 $d_1=150$ mm，$d_2=200$ mm，$Q=0.14$ m^3/s，若 d_1 处断面的平均流速 $u_1=0.6$ m/s，求 d_2 处断面的平均流速 u_2。(提示：总流量不变)

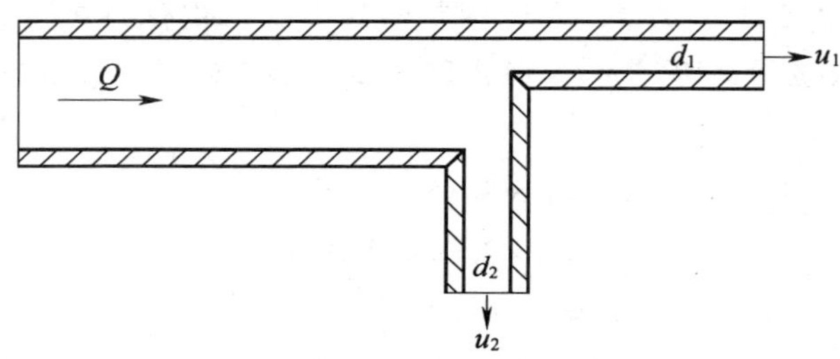

图3—7 三通管连接两支管

第三节 伯努利方程及其应用

学习目标

1. 掌握理想流体伯努利方程的表达式。
2. 掌握实际流体伯努利方程的表达式。
3. 初步了解伯努利方程的应用。

一、理想流体的伯努利方程

当作用在理想流体上的质量力只有重力，则有

$$gz+\frac{p}{\rho}+\frac{1}{2}u^2=C\text{（常数）}\qquad\text{或}\qquad z+\frac{p}{\gamma}+\frac{1}{2g}u^2=C\text{（常数）}$$

这就是著名的伯努利（Bernoulli）方程（又称能量方程），在水力学和流体力学中，有其重要的理论分析意义和极其广泛的实际运算作用。应用伯努利方程可以解决许多流体输送的工程问题。

当流体在如图3—8所示的管道中流动时，若将流体看作理想流体，利用伯努利方程，其能量守恒式为

$$gz_1+\frac{p_1}{\rho}+\frac{u_1^2}{2}=gz_2+\frac{p_2}{\rho}+\frac{u_2^2}{2}$$

或
$$z_1+\frac{p_1}{\gamma}+\frac{u_1^2}{2g}=z_2+\frac{p_2}{\gamma}+\frac{u_2^2}{2g}$$

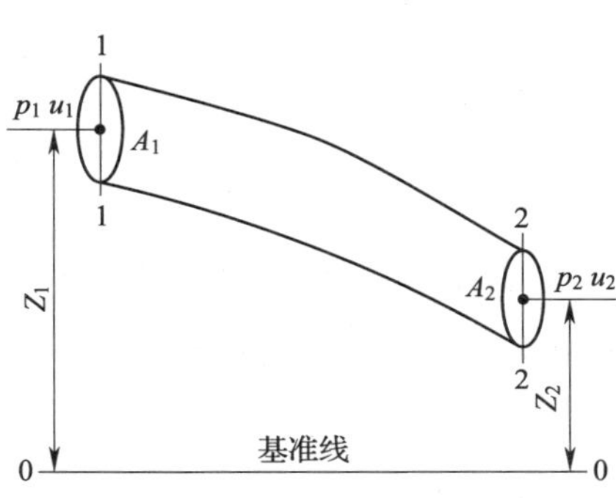

图3—8　能量方程式推证简图

若流体处于静止，又无外功时，则伯努利方程就简化成静力学基本方程

$$gz_1+\frac{p_1}{\rho}=gz_2+\frac{p_2}{\rho}=C\text{（常数）}$$

或
$$z_1+\frac{p_1}{\gamma}=z_2+\frac{p_2}{\gamma}=C\text{（常数）}$$

由此可见，流体静力学平衡是流体运动的一种特殊形式。

二、实际流体的伯努利方程

实际流体在管道中流动时，由于流体的黏性，会产生内摩擦力；管道形状和尺寸的变化与管道装置的局部均会使流体产生扰动，因而造成能量损失。能量可以从一种形式转化成另一种形式，但不能创造，也不能消灭，总能量是恒定的，这就是能量守恒定律。据此，设 h_w 为单位质量流体由过流断面1—1运动至过流断面2—2的机械能损失，也称为水头损失。根据能量守恒定律，可得到实际流体的能量方程

$$z_1+\frac{p_1}{\gamma}+\frac{\alpha_1u_1^2}{2g}=z_2+\frac{p_2}{\gamma}+\frac{\alpha_2u_2^2}{2g}+h_w$$

式中　z——过流断面上某点（所取计算点）单位质量流体的位能，位置高度或位置水头，m；

$\frac{p}{\rho g}$——过流断面某点（所取计量点）单位质量流体的压力能，测压管高度或压强水头，m；

α——动能修正系数，补偿平均流速代替实际流速引起的偏差；

$\frac{\alpha u^2}{2g}$——过流断面上单位质量流体的平均动能，平均流速高度或流速水头，m；

h_w——两过流断面间单位质量流体平均的机械能损失，m。

这一方程式在工程实际中得到广泛的应用，因此十分重要。

动能修正系数 α 的大小，取决于过流断面上的流速分布情况，流速分布越不均匀，α 值越大。工程上为了计算方便，常近似地取 $\alpha = 1$。

气体的密度较小，其重力做功可以忽略不计。而且气体在过流断面上的流速分布一般比较均匀，动能修正系数可以采用 $\alpha = 1$。由此可得

$$\frac{p_1}{\gamma} + \frac{u_1^2}{2g} = \frac{p_2}{\gamma} + \frac{u_2^2}{2g} + h_w$$

或写成

$$p_1 + \frac{u_1^2}{2g}\gamma = p_2 + \frac{u_2^2}{2g}\gamma + p_w$$

式中

$$p_w = \gamma h_w$$

在通风与空调工程中，把 p 称为静压，$\frac{u^2}{2g}\gamma$ 称为动压，$\left(p + \frac{u^2}{2g}\gamma\right)$ 称为全压，$p_w = \gamma h_w$ 称为压头损失。它们的单位为 Pa 或 mmH_2O。

三、伯努利方程式的意义

1. 物理学意义

从静压力基本方程式的物理学意义可知以下几点。

（1）z 表示单位质量流体相对于某一基准面具有的位置势能，简称位能。

（2）$\frac{p}{\gamma}$ 表示单位质量流体所具有的压力势能，简称压力能。

（3）$\left(z + \frac{p}{\gamma}\right)$ 表示单位质量流体的位能与压力能之和，简称单位势能。

（4）在伯努利方程式中，$\frac{\alpha u^2}{2g}$ 表示单位质量流体所具有的动能，简称单位动能。

（5）$\left(z + \frac{p}{\gamma} + \frac{\alpha u^2}{2g}\right)$ 表示单位质量流体的势能与动能之和，简称单位总机械能。

（6）h_w 表示单位质量流体从一断面流至另一断面，因克服各种阻力所引起的能量损失，简称单位能量损失。

因此，伯努利方程式的物理意义：单位质量流体从一个断面流至另一个断面时，具有压力能、势能和动能三种形式的能量，在任一截面上可以互相转换，但前一个断面上的总机械能应等于后一个断面上的总机械能与两断面间的能量损失之和。

2. 水力学意义

从静力学基本方程的水力学意义可知以下几点。

（1）z 称为位置水头。

（2）$\frac{p}{\gamma}$称为压力水头。

（3）$\left(z+\frac{p}{\gamma}\right)$是位置水头与压力水头之和，称测压管水头。

（4）在伯努利方程式中，$\frac{\alpha u^2}{2g}$称过流断面上流体的流速水头。如图 3—9 所示的流速水头分析，$\frac{\alpha u^2}{2g}$表示测速管与测压管之间的液面高度差，即

$$\frac{\alpha u^2}{2g}=\frac{p_1}{\gamma}-\frac{p}{\gamma}$$

（5）$\left(z+\frac{p}{\gamma}+\frac{\alpha u^2}{2g}\right)$是测压管水头与流速水头之和，称为总水头。

（6）h_w是两断面之间总水头的差值，称为水头损失。

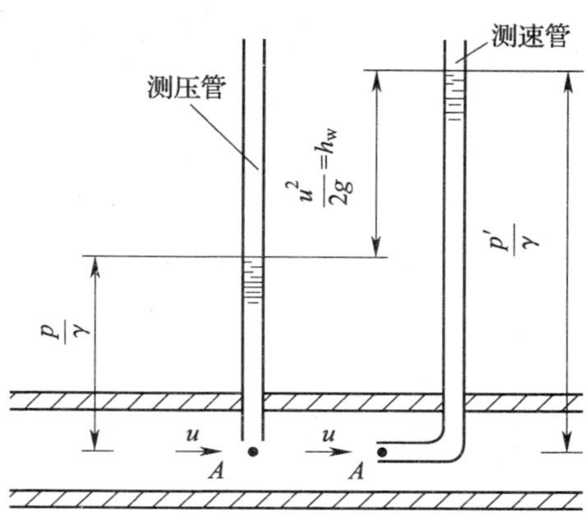

图 3—9　流速水头分析示意图

因此，伯努利方程式的水力学意义：单位质量流体从一个断面流至另一断面时，断面上的位置水头、压力水头、流速水头可以相互转换，但前一个断面上的总水头应等于后一个断面上的总水头与两断面间的水头损失之和。

3. 几何意义

从静力学基本方程式的几何意义可知以下几点。

（1）z 称为位置高度。

（2）$\frac{p}{\gamma}$称为测压管高度。

（3）$\left(z+\frac{p}{\gamma}\right)$表示测压管液面到基准面的垂直高度。

（4）在伯努利方程式中，$\frac{\alpha u^2}{2g}$表示流体质点以 u_0 为初速，垂直向上射流所能达到的理论高度的平均值。如图 3—10 所示，$\frac{\alpha u^2}{2g}$表示水流喷射的高度，即

$$\frac{\alpha u^2}{2g}=H$$

（5）$\left(z+\frac{p}{\gamma}+\frac{\alpha u^2}{2g}\right)$是三种高度之和，即测速管液面到基准面的垂直高度。

（6）h_w 表示两断面上测速管的液柱差。

因此，伯努利方程式的几何意义：单位质量流体从一个断面流至另一个断面时，断面上的位置高度、测压管高度、垂直向上射流所达到的理论高度可以相互转换，但前一个断面的三种高度之和应等于后一个断面的三种高度与两断面上的测速管液柱差之和。

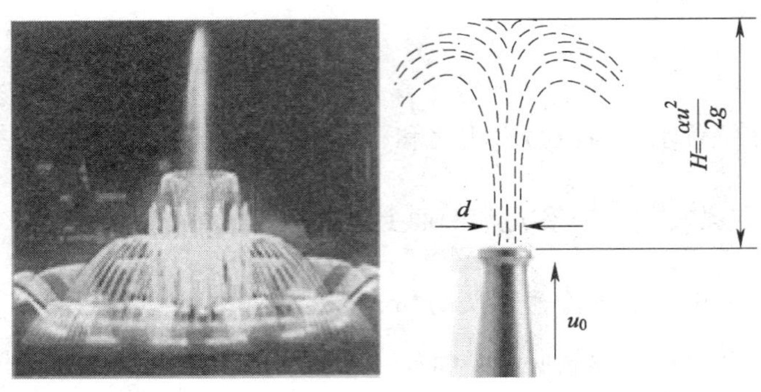

图 3—10　喷嘴垂直向上喷射示意图

四、伯努利方程的几何图示

在建筑暖通设备工程中，为了分析流体压力在管道及设备中的变化情况而绘制的水压图，就是以伯努利方程式（能量方程）几何图示中的测压管水头线为基础的。

如图 3—11 所示，伯努利方程式的几何图示是伯努利方程式中的各项能量及其沿程的变化。一般可以用下面五条线段表示。

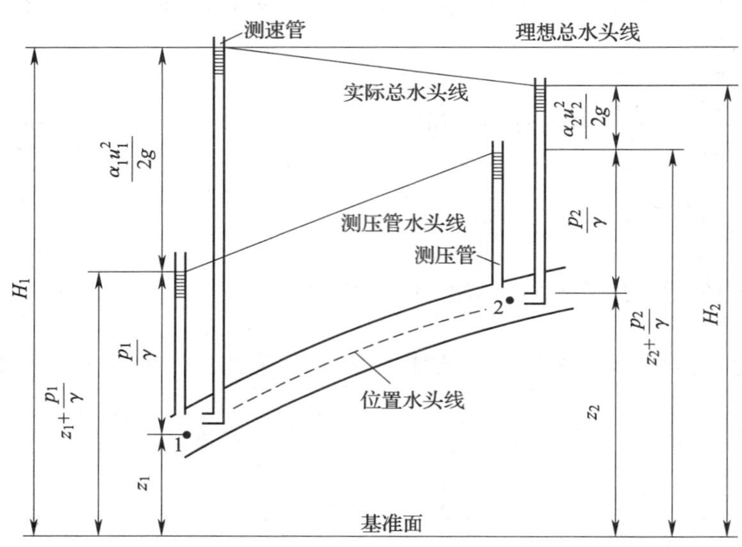

图 3—11　伯努利方程式的几何表示

1. 理想总水头线

理想总水头线是指理想流体各断面总水头的连线。它反映理想流体在各断面上流体总机械能的守恒。由于理想流体不计能量损失，各断面总水头相等，所以该线为一水平线。

2. 实际总水头线

实际总水头线是指实际流体各断面总水头的连线，反映实际流体总机械能的沿程变化。由于实际流体运动时要克服流动阻力，致使流体总机械能不断衰减，所以该线沿程下降。实际总水头线与理想总水头线的垂直距离反映流体各断面间的能量损失。

3. 测压管水头线

测压管水头线是指流体各断面上测压管水头的连线，反映流体势能的沿程变化。

4. 管道轴线（位置水头线）

管道轴线是指管道中流体各断面中心的连线。它与测压管水头线的垂直距离反映流体各断面的压力水头。

5. 基准线或基准面

基准线或基准面是可任意选取的一水平线或水平面，以此作为分析各断面各项能量的统一基准。基准线与管道轴线的垂直距离反映流体各断面中心的位置水头。

实际流体总能量方程式的几何图示，不仅表示出了沿程各断面、各种高度之间的关系，同时也表示了各种能量（或各种水头）沿程的转换关系及能量损失（或水头损失）的大小。

五、伯努利方程的适用条件和应用中应注意的问题

1. 伯努利方程式的适用条件

（1）流体流动是稳定流。

（2）流体是不可压缩的。

（3）建立方程式的两断面必须是渐变流断面（但两断面之间可以是急变流）。

（4）建立方程式的两断面间无能量的输入与输出。

若两断面有水泵、风机等流体机械输入机械能或有水轮机输出机械能时，能量方程式应改写为

$$z_1 + \frac{p_1}{\gamma} + \frac{\alpha_1 u_1^2}{2g} \pm H = z_2 + \frac{p_2}{\gamma} + \frac{\alpha_2 u_2^2}{2g} + h_w$$

或

$$\gamma z_1 + p_1 + \frac{u_1^2}{2g}\gamma \pm \gamma H = \gamma z_2 + p_2 + \frac{u_2^2}{2g}\gamma + p_w$$

式中 $+H$——单位质量流体获得的能量；

$-H$——单位质量流体失去的能量。

(5) 建立方程的两断面间无流量的输入与输出。

2. 应用伯努利方程应注意的问题

(1) 基准面的选取，虽然可以是任意的，但是为了计算方便起见，基准面一般应选在下游断面的中心、管流轴心或其下方，这样可使位置水头 z 不出现负值。但是对于不同的计算断面，必须选取同一基准面。

(2) 压力基准的选取，可以是相对压力，也可以是绝对压力，但方程式两边必须选取同一基准。工程上一般选取相对压力。当问题涉及流体本身的性质时，则必须采用绝对压力。

(3) 计算断面（即所列能量方程式的两个断面）的选取，一般应选在压力或压差已知的断面上，并使所求的未知量包含在所列方程之内。这样，可简化运算过程。

(4) 在计算过流断面的测压管水头$\left(z+\dfrac{p}{\gamma}\right)$时，可以选取过流断面上的任意一点来计算。

(5) 方程式中的能量损失（h_w 或 p_w）一项，应加在流动的末端断面即下游断面上。

六、伯努利方程式的应用实例

伯努利方程式是解决工程中流体问题的最基本方程之一，解决问题时常和连续性方程结合起来运用。下面通过几个例题来说明其应用。

【例题 3—5】 如图 3—12 所示的管路中，设管径均匀一致，水槽的液面高度维持不变，水在管中的流动阻力不计。试求：

(1) 管路中 A、B、C、D 点所在截面的流速。

(2) 管路中 A、B、C 各点的压强。

(3) 比较 A、B、C 各点处的各种机械能。

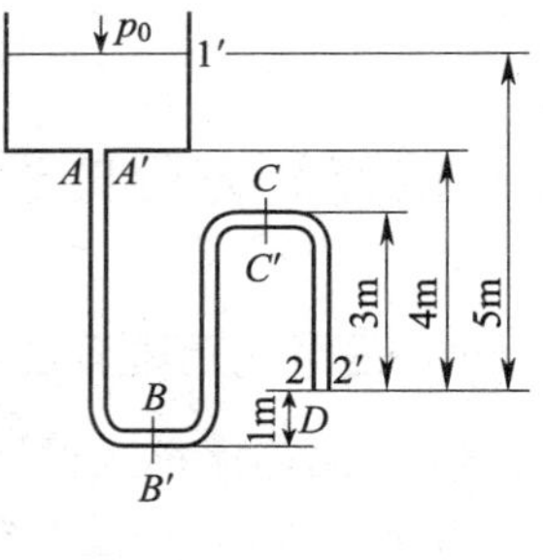

图 3—12

【解】 (1) 依题意，可用伯努利方程

$$z_1+\frac{p_1}{\gamma}+\frac{u_1^2}{2g}=z_2+\frac{p_2}{\gamma}+\frac{u_2^2}{2g}=\text{常数}$$

取水槽液面为截面 1，管出口为截面 2。且取截面 2 作为基准水平面，则

$u_1=0$，$z_1=5$ m，$p_1=0$（表压），$z_2=0$ m（基准面），$p_2=0$（表压）

将这些数据代入上式得

$$u_2=\sqrt{2gz_1}=\sqrt{2\times 9.81\times 5}=9.9\ \text{m/s}$$

根据连续性方程：因管径均匀不变，则

$$u_A=u_B=u_C=u_D=9.9\ \text{m/s}$$

(2) 把 1 截面取在 A 点所在处，则

$u_A=9.9$ m/s，$z_1=4$ m，$u_2=9.9$ m/s，$z_2=0$ m（基准面），$p_2=0$（表压）

代入伯努利方程得

$$p_A = -z_1\gamma = -4\times9.81\times10^3 = -3.924\times10^4\ \text{Pa}\ (\text{真空度})$$

把 1 截面取在 B 点处：$z_1 = -1$ m，则

$$p_B = -z_1\gamma = 1\times9.81\times10^3 = 9.81\times10^3\ \text{Pa}\ (\text{表压})$$

把 1 截面取在 C 点处：$z_1 = 3$ m，则

$$p_C = -z_1\gamma = -3\times9.81\times10^3 = -2.943\times10^4\ \text{Pa}\ (\text{真空度})$$

（3）水槽液面无动能，但有位能，而管出口处位能等于零，但动压头为$\dfrac{u_2^2}{2g}=5$ m，这是位能向动能转化的例子。

A、B、C 处与管出口处相比，动能相等，但位能不同，所以静压能也不同，这是位能与静压能之间相互转换的例子。

由于在流动过程中，无阻力也无外功，所以上述转换过程总机械能不变，则

$$E_1 = E_A = E_B = E_C = E_D = 5\times9.81 = 49.05\ \text{J/kg}$$

【例题 3—6】 如图 3—13 所示为射流泵装置简图，它是利用喷嘴处的高速水流产生真空，将容器中的流体吸入泵内，与射流一起送至下游。若要在喷嘴处产生 2.5 m 水柱的真空，其余尺寸见图，试求上游液面应多高？（阻力不计）。

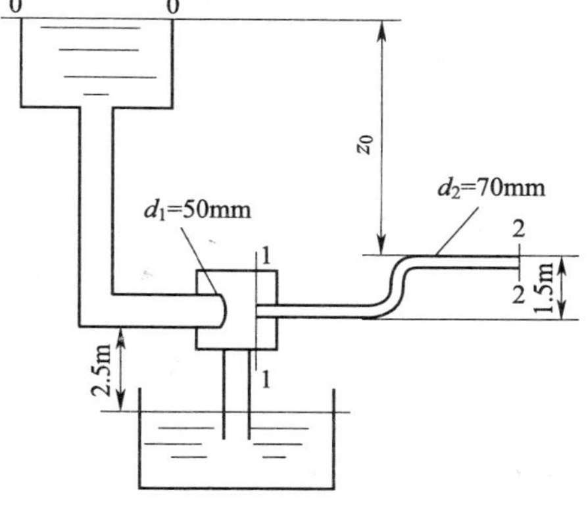

图 3—13　射流泵装置简图

【解】 因高位水槽液面 0—0 与出口 2—2 截面的相对高度 z_0 及出口处动能均不知，所以不能直接在 0—2 截面之间列伯努利方程。

先在喷嘴截面 1—1 与出口截面 2—2 之间应用伯努利方程

$$z_1 + \frac{p_1}{\gamma} + \frac{u_1^2}{2g} = z_2 + \frac{p_2}{\gamma} + \frac{u_2^2}{2g} = \text{常数}$$

取基准水平面通过喷嘴截面，则

$$z_1 = 0,\ z_2 = 1.5\ \text{m},$$

$$\frac{p_1}{\gamma} = -2.5\ \text{m},\ \frac{p_2}{\gamma} = 0\ (\text{表压})$$

带入上式得：

$$\frac{u_1^2 - u_2^2}{2g} = z_2 - \frac{p_1}{\gamma} = 1.5\ \text{mH}_2\text{O} + 2.5\ \text{mH}_2\text{O} = 4\ \text{mH}_2\text{O}$$

根据连续性方程：$u_2 = u_1\left(\dfrac{d_1}{d_2}\right)^2 = \left(\dfrac{50}{70}\right)^2 u_1$，代入上式得

$$\frac{u_1^2}{2g} = \frac{4}{1-\left(\dfrac{d_1}{d_2}\right)^4} = 5.4\ \text{mH}_2\text{O}$$

$$\frac{u_2^2}{2g}=\frac{u_1^2}{2g}-4=5.4-4=1.4\ \mathrm{mH_2O}$$

再对0—0截面与2—2截面应用伯努利方程

$$z_0+\frac{p_0}{\gamma}+\frac{u_0^2}{2g}=z_2+\frac{p_2}{\gamma}+\frac{u_2^2}{2g}$$

取基准面通过2—2截面，则

$$z_2=0,\ p_0=p_2=0\ （表压）,\ u_0\approx 0$$

由此可得：

$$z_0=\frac{u_2^2}{2g}=1.4\ \mathrm{mH_2O}$$

请读者回答一下，若存在阻力时，z_0 是增大还是减少？

【例题3—7】 如图3—14所示，已知在制冷装置的高压储液器中，液面压力为0.8 MPa（绝对），现采用直接供液方式，欲将液态制冷剂节流降压后供至压力为0.25 MPa（绝对）的低压系统，若限定液态制冷剂的最大流速为1 m/s，供液管的能量损失为2 m氨液柱，氨液的容重为6 360 N/m³，试确定其最大压送高度。

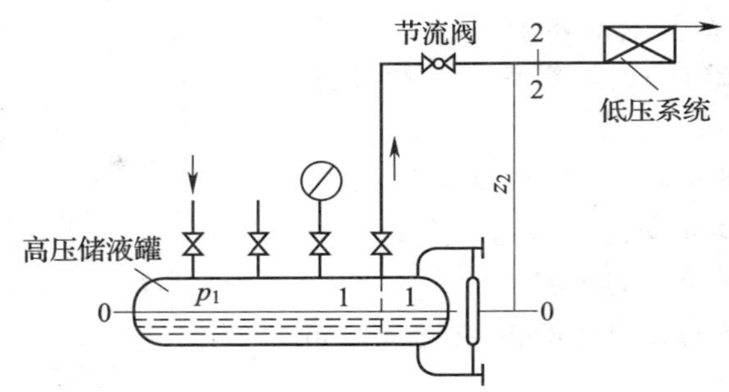

图3—14　某制冷装置简图

【解】 以高压储液器液面1—1为基准面0—0，以低压系统氨蒸发排管进液口为2—2断面，列出断面1—1和断面2—2之间的能量方程

$$z_1+\frac{p_1}{\gamma}+\frac{\alpha_1 u_1^2}{2g}=z_2+\frac{p_2}{\gamma}+\frac{\alpha_2 u_2^2}{2g}+h_w$$

由于1—1断面与基准面0—0重合，$z_1=0$；高压储液器液面较大，$u_1=0$；取 $\alpha_1=\alpha_2=1.0$，所以液态制冷剂被压送的高度为

$$z_2=\frac{p_1-p_2}{\gamma}-\frac{u_2^2}{2g}-h_w=\frac{(0.8-0.25)\times 10^6}{6\ 360}-\frac{1}{2\times 9.81}-2=84.43\ \mathrm{m}\ 氨液柱$$

【例题3—8】 在某制冷系统中，有一水泵将冷却水送到楼顶的冷凝器，经喷水头喷出作冷却介质使用，如图3—15所示。已知泵的吸水管径为D108×4.5 mm，管内冷却水的流速为1.5 m/s，泵的出水管径为D76×2.5 mm。冷却水池的水深为1.5 m，喷水头至冷却水池底面的垂直高度为20 m，输送系统中管路的能量损失 $h_w=3\ \mathrm{mH_2O}$，冷却水在喷头前的表压力为2 9400 Pa，水的容重为9 810 N/m³，泵的总效率0.6，试求泵所提供的机械能及功率。

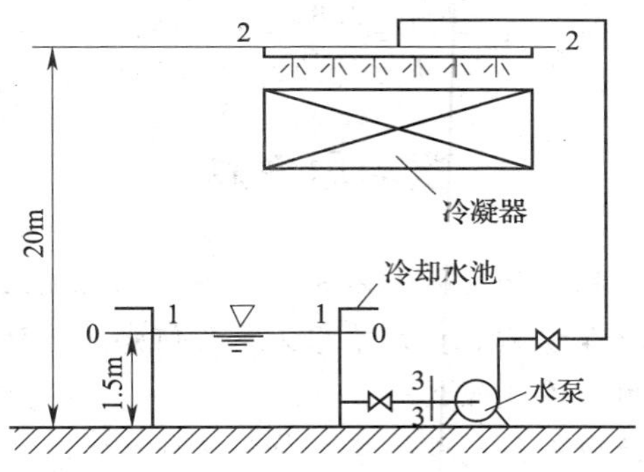

图3—15 某制冷系统简图

【解】 (1) 先求泵所提供的机械能

以水池水面为1—1断面，喷头上方管口处为2—2断面，通过1—1断面选取基准面0—0，列出能量方程式

$$z_1+\frac{p_1}{\gamma}+\frac{\alpha_1 u_1^2}{2g}+H=z_2+\frac{p_2}{\gamma}+\frac{\alpha_2 u_2^2}{2g}+h_w$$

整理后得：

$$H=(z_2-z_1)+\left(\frac{p_2-p_1}{\gamma}\right)+\left(\frac{\alpha_2 u_2^2-\alpha_1 u_1^2}{2g}\right)+h_w$$

式中 $z_1=0$，$z_2=20-1.5=18.5$ m，所以 $z_2-z_1=18.5$ m。

1—1断面与大气接触，按相对压力计算，$p_1=0$，所以

$$\frac{p_2-p_1}{\gamma}=\frac{29\ 400}{9\ 810}=3\ \text{m}$$

因水池水面较大，$u_1\approx0$。在泵吸水管段上取断面3—3，其 $u_3=1.5$ m/s。根据连续性方程可得泵出水管内的流速

$$u_2=u_3\left(\frac{d_3}{d_2}\right)^2=1.5\times\left(\frac{108-4.5\times2}{76-2.5\times2}\right)^2=1.5\times\left(\frac{99}{71}\right)^2=2.92\ \text{m/s}$$

取动能修正系数 $\alpha_1=\alpha_2=1.0$，则

$$\left(\frac{\alpha_2 u_2^2-\alpha_1 u_1^2}{2g}\right)=\frac{u_2^2}{2g}=\frac{(2.92)^2}{2\times9.81}=0.43\ \text{m}$$

管路能量损失 $h_w=3\ \text{mH}_2\text{O}$，因此，水泵所提供的机械能

$$H=18.5+3+0.43+3=24.93\ \text{m}$$

(2) 求泵所提供的功率

冷却水的流量

$$Q=u_3A_3=u_3\frac{\pi d_3^2}{4}=1.5\times\frac{3.14\times(99\times10^{-3})^2}{4}=11.54\times10^{-3}\ \text{m}^3/\text{s}$$

泵所提供的有效功率或输出功率为

$$N_T=\gamma QH=9\ 810\times11.54\times10^{-3}\times24.93=2.82\ \text{kW}$$

当泵的总效率 $\eta=0.6$ 时，泵的轴功率或输入功率为

$$N_e = \frac{N_T}{\eta} = \frac{2.82}{0.6} = 4.7\ \text{kW}$$

复习思考题

1. 理想流体的伯努利方程式和实际流体的伯努利方程式相比有什么不同？

2. 伯努利方程式中的物理意义、水力学意义及几何意义是什么？

3. 伯努利方程式的适用条件是什么？

4. 伯努利方程几何图示中五条线段的含义分别是什么？

5. 如图3—16所示，有一水平变径管道，流量 $Q=0.12\ \text{m}^3/\text{s}$，直径 $d_1=200$ mm，$d_2=400$ mm，断面1—1中心处的压强 $p_1=157$ kPa，若不考虑能量损失，试求断面中心处的压强 P_2。

6. 如图3—17所示，有一虹吸管，管径 $d=150$ mm，高度 $h_1=2$ m，$h_2=4$ m，若不考虑能量损失，试求：

(1) 虹吸管出口处的流速和流量。

(2) 最高处 C 点的压强。

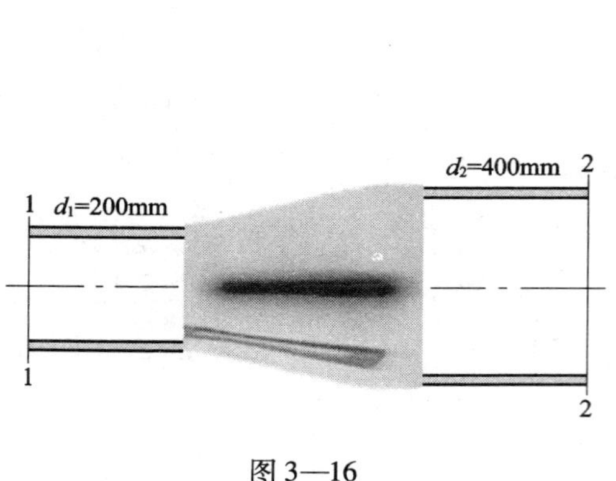

图3—16

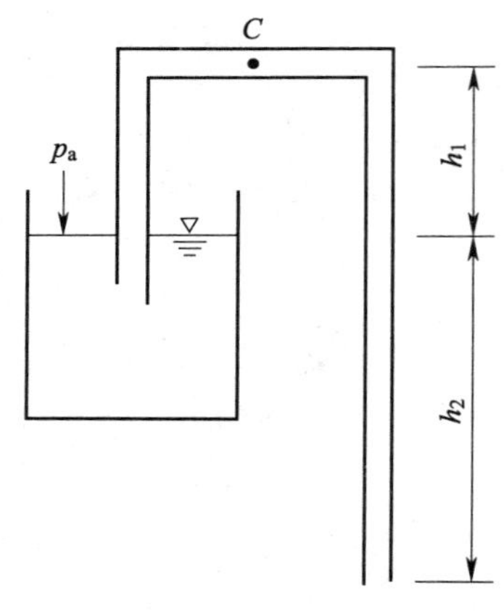

图3—17

第四章　流体的流动阻力和能量损失

流体在流动过程中会产生阻力并引起能量的损失。例如，水塔总是比所供水的建筑物高；天然气输送管道总是在一定的距离内设置加压站；室外输水管网也总是在一定距离内设置加压水泵站。这一切均表明水和天然气在输送过程都存在能量损失。

早在 19 世纪，人们通过对流体的研究发现流体具有黏滞性，在流动过程中会产生流动阻力，克服流动阻力就要消耗一部分机械能。流动阻力是造成能量损失的主要原因，因此能量损失的变化规律必然是流体阻力变化规律的反映。产生阻力的内因是流动的黏滞性和惯性；外因是固体壁面对流体的阻滞作用和扰动作用。

流体流动的阻力和能量损失比较复杂，为了计算上的方便，在流体力学中，根据流体运动时与流体接触的边壁条件和流体本身阻滞作用的影响，将流体的阻力和能量损失分为两类：沿程阻力和局部阻力；沿程损失和局部损失。

第一节　黏性流体的两种流态

学习目标

1. 掌握流体流动的形态种类及其概念。
2. 掌握雷诺数的物理意义。

一、两种流态——层流和紊流

自然现象：在河边游玩时，会发现水的流态是不一样的。有的地方水流得很急，有的地方水流得平缓，这就是水的流态。如果往水中扔一片树叶，会发现水流急的地方树叶会沉没或随水翻滚，而在平稳的地方树叶会漂浮在水的表面，这是水的不同流态对树叶的冲击不同。

流体由于存在黏性，运动时产生黏性应力，黏性应力的大小不仅与流体的性质有关，还与流动状态有关。

1883 年英国科学家雷诺（Reynolds）首次在实验中观察到两种截然不同的流动形态。

如图 4—1 所示为雷诺实验装置原理图。在透明水箱中浸没一根入口为喇叭形的玻璃管，管的出口有一阀门，用于调节流量。水槽上方有一装有着色指示液（红色）的小瓶，并通过导管引入玻璃管入口中心与管内的水一起流动。打开阀门，红色水就可以经过导管注入玻璃管中。从红色液体的运动状况可观察到管中水流质点的运动状况。

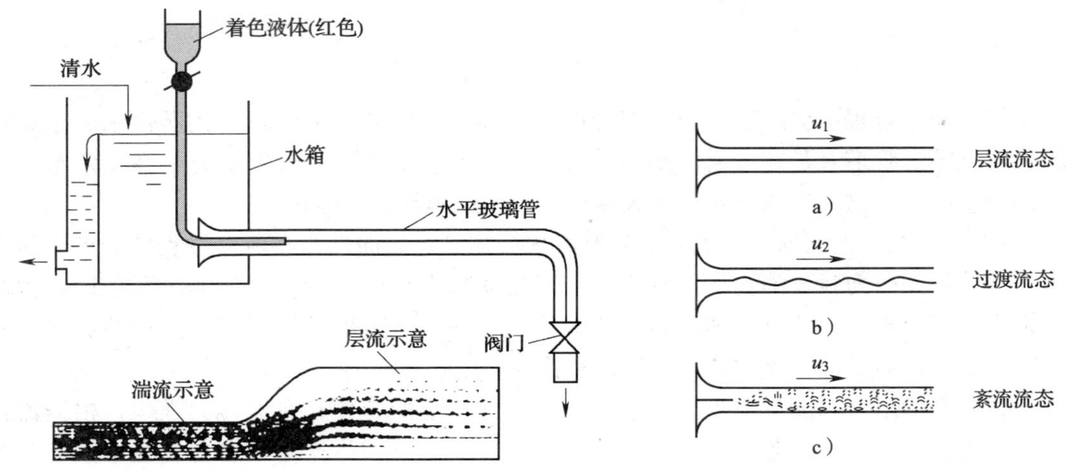

图 4—1　雷诺实验装置原理图

实验时保持水箱内水位恒定，稍许开启玻璃管上阀门，使玻璃管内保持低流速。再打开导管上的阀门，红色水经导管流出。这时可见玻璃管内的红色水成一条界线分明的纤流细线，与周围清水不相混合（见图 4—1a）。表明玻璃管内的水，一层套着一层呈层状流动，各层质点互不掺混，这种流态称为层流。

逐渐开大玻璃管上的阀门，玻璃管内水的流速随之增大，当增大到某一临界值 u_c'时，红色细线开始抖动成为波浪形细线（见图 4—1b）。再开大阀门，红色细线抖动加剧而断裂，并形成涡流向四周扩散，很快使玻璃管中水的颜色均匀一致，玻璃管的整个断面都带颜色（见图 4—1c）。表明此时质点的运动轨迹及不规则，各层质点相互掺混，这种流态称为紊流（湍流）。

由层流转变为紊流的临界流速 u_c'称为上临界流速，由紊流转变为层流的临界流速 u_c 称为下临界流速。实验发现，上临界流速 u_c'不稳定，受起始扰动的影响很大。下临界流速 u_c 是稳定的，不受起始扰动的影响。实际流动中，扰动难以避免，实际应用时，把下临界流速 u_c 作为流态转变的临界流速。

二、雷诺数

1. 圆管流雷诺数

因为流态不同沿程阻力水头损失的规律不同，所以计算水头损失之前，需对流态做出判断。大量实验表明：影响流体流动形态的主要因素有流速 u、管道几何尺寸 d、流体密度

ρ 及流体黏度。雷诺发现，可将这些因素组合成一个无量纲的数，这个数就是雷诺数，用符号 Re 表示。

$$Re=\frac{ud}{\nu}$$

式中 u——管中流速，m/s；

d——管道内直径，m；

ν——流体运动黏性系数，m^2/s。

与下临界流速 u_c 对应的雷诺数 $Re_c=\frac{u_c d}{\nu}$ 称下临界雷诺数，一般称其临界雷诺数。雷诺实验及后来的实验都得出，临界雷诺数 Re 稳定在 2 000 左右，其中以希勒的实验值 $Re=2\ 300$ 得到公认。

实验表明：可以根据雷诺数的数值来判断流体在管路系统中的流动形态。

（1）当 $Re<2\ 300$ 时，流体为层流状态，流域为层流区。

（2）当 $Re>4\ 000$ 时，流体为紊流状态，主流区域为紊流区。

（3）当 $2\ 300<Re<4\ 000$ 时，流体处于过渡状态，此为过渡区。

上述以雷诺数为判据将流动划分为三个区：层流区、过渡区和紊流区。但只有两种稳定流动形态，即层流或紊流，过渡流并非一种稳定的流动形态，它总是要向层流或紊流转变。

在管道工程中，绝大多数管中流体流动为紊流状态。只有在流速很小、管径很小、流体黏度很大的流体流动中才有可能出现层流运动。

【例题 4—1】 某一管内径为 20 mm 的管流，水流平均流速为 80 mm/s，运动黏性系数 $\nu=0.011\ 4\times10^{-4}\ m^2/s$。

（1）试确定管中水流形态。

（2）如果管中雷诺数 $Re=8\ 000$，此时水流速度为多少？

【解】（1）确定流态，须先求出雷诺数，根据公式

$$Re=\frac{ud}{\nu}$$

得

$$Re=\frac{ud}{\nu}=\frac{8\times10^{-2}\times20\times10^{-3}}{0.011\ 4\times10^{-4}}\approx1\ 404$$

因为 $Re<2\ 300$，所以流体的流动状态属于层流。

（2）求流速 u

根据雷诺数公式：

$$u=Re\frac{\nu}{d}=8\ 000\times\frac{0.011\ 4\times10^{-4}}{20\times10^{-3}}\approx0.456\ m/s$$

从上述计算中可以看出，在其他条件不变的情况下，雷诺数越大，其流速也越大，说明流体的运动越剧烈。

雷诺数中 ν 为运动黏性系数，一般运动黏性系数越大的流体，它的黏性越大，流体越稠，运动起来就较缓慢。比如机油和水，机油较稠，它的运动黏性系数就比水大，所以机油就不容易流动。因此，流体的运动黏性系数是反映流体流动性强弱程度的一个物理量。ν

越大，流动性就越差，反之就越好。

2. 非圆管流雷诺数

对于明渠水流和非圆断面管流，同样可以用雷诺数判别流态。

雷诺数中的 d 代表了圆管的特征尺寸。非圆形管道的直径用当量直径 d_e 表示。对于非圆形管道，要引用一个综合反映断面大小和几何形状对流动影响的特征长度，这个特征长度是水力半径。参照圆管直径含义，可用下式计算

$$d_e = 4R = 4\frac{A}{\chi}$$

式中　R——水力半径；

A——过流断面面积；

χ——过流断面上流体与固体接触的周界，称为湿周。

如图 4—2 所示，分别为圆管、矩形管、矩形断面明渠水流的水力半径。

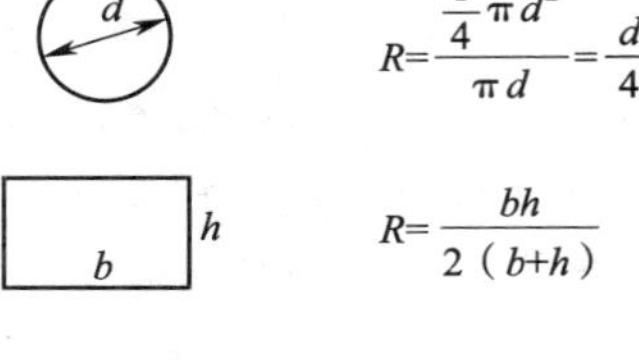

图 4—2　水力半径

非圆断面管流以水力半径为特征长度，相应的临界雷诺数为

$$Re_c = \frac{uR}{\nu}$$

【例题 4—2】　有一矩形通风管道，其断面净尺寸为 500 mm×400 mm，该风管的风量为 1 m^3/s（3 600 m^3/h），求风管内空气的流速、水力半径和当量直径。

【解】（1）求风管内空气的流速。根据流量计算公式可得

$$u = \frac{1}{0.5 \times 0.4} = 5 \text{ m/s}$$

（2）求矩形风管的水力半径。根据水力半径计算公式可得

$$R = \frac{bh}{2(b+h)} = \frac{0.5 \times 0.4}{2 \times (0.5 + 0.4)} = 111 \text{ mm}$$

（3）求矩形风管的当量直径。根据当量直径的计算公式可得

$$d_e = 4R = 4 \times 111 = 444 \text{ mm}$$

复习思考题

1. 层流和紊流的物理现象有什么不同？

2. 若外径为 d_1 的圆管外套一根内径为 d_2 的圆管构成的环形通道，其当量直径为多少？

3. 判断下列两种情况下的流态。

（1）某管路的直径 $d = 100$ mm，通过流量 $Q = 4$ L/s 的水，其运动黏性系数 $\nu = 1 \times 10^{-6}$ m^3/s。

（2）条件与上相同，但管中流过的是重燃油，其运动黏性系数 $\nu = 150 \times 10^{-6}$ m^3/s。

4. 有一矩形通风管道，其断面净尺寸为 400 mm × 300 mm，该风管的风量为 0.8 m^3/s（2 880 m^3/h），求风管内空气的流速和当量直径。

第二节　沿程水头损失和局部水头损失

学习目标

1. 掌握沿程阻力和沿程水头损失的概念和形成的原因。
2. 掌握局部阻力和局部水头损失的概念和形成的原因。

一、沿程阻力和沿程水头损失

在边界沿程无变化的均匀流段上，流体流动时由于本身的黏滞性及其与管壁间的摩擦而产生的阻力称沿程阻力，克服沿程阻力引起的能量损失称沿程水头损失。沿程水头损失是沿管段均匀分布，作用在整个管段的流程上。沿程损失与管段的长度成正比，所以也称为长度损失。流体在等直径的直管中流动的水头损失就是沿程水头损失，用符号 h_f 表示。

如图 4—3 所示，图中的 ab、bc、cd 各段只有沿程阻力，相应的 h_{fab}、h_{fbc}、h_{fcd}是各管段的沿程水头损失。

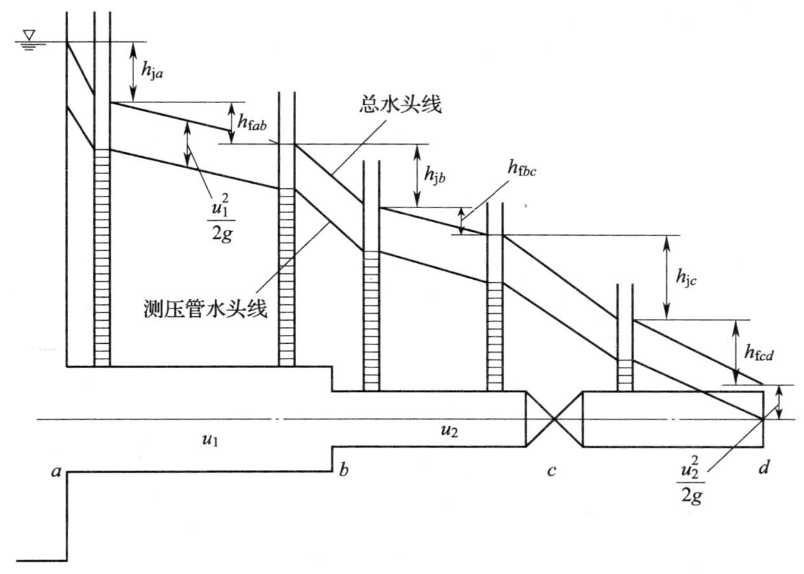

图 4—3　流体运动的阻力和能量损失

二、局部阻力和局部水头损失

流体在流动过程中，经过管道中的管件及设备时，由于流速的大小和方向变化以及产生涡流造成比较集中的流动阻力称为局部阻力，克服局部阻力引起的能量损失称为局部水头损失，用符号 h_j 表示。发生在管道入口、异径管、弯管、三通、阀门等各种管件处的水头损失都是局部水头损失。

如图 4—4 所示，在管道突然扩大处，流束离开管壁成一射流注入扩大的管道中，并逐渐扩大到整个截面，流速减小，压力增大，导致边界层分离，在射流与壁面之间的空间产生旋涡，消耗机械能，造成能量损失。这里的能量损失就是局部水头损失。

如图 4—5 所示，流体流过管道收缩口时，在惯性的作用下，会继续收缩，在缩口下游 1 处流束截面收缩到最小，然后又逐渐扩大，充满小管截面。经过最小截面后，流束逐渐扩大，流速减小，压力增大，因而产生边界层分离，消耗机械能，造成能量损失。这里的能量损失也是局部水头损失。

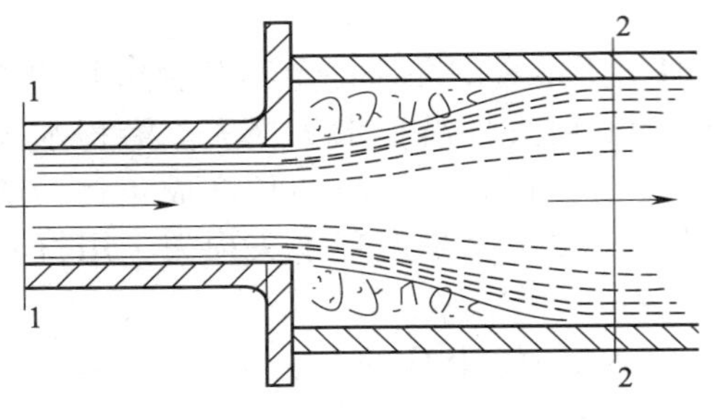

图 4—4　突然扩大示意图

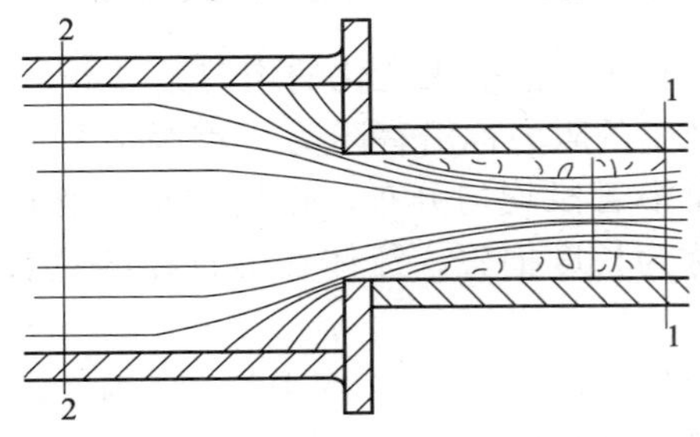

图 4—5　突然缩小示意图

在图 4—3 中，管道入口、管径突然缩小及阀门处产生局部阻力，h_{ja}、h_{jb}、h_{jc}是各处的局部水头损失。

整个管道水头损失用 h_w 表示，等于各管段的沿程水头损失和所有局部水头损失的总和，即

$$h_w = \sum h_f + \sum h_j = h_{fab} + h_{fbc} + h_{fcd} + h_{ja} + h_{jb} + h_{jc}$$

气体管道流动的机械能损失用压强损失计算，即

$$p_w = \sum p_f + \sum p_j$$

压强损失与水头损失的关系为

$$p_w = \rho g h_w \qquad p_f = \rho g h_f \qquad p_j = \rho g h_j$$

流体流动阻力和能量损失是一个理论性较强的概念，可以通过下列小实验和对日常现象的分析，进一步加深对其的理解和掌握。

小实验：准备几根粗细不等（管径不同）、长度相等及不等的小塑料管，用嘴向塑料管内吹气，并在塑料管的另一端用手感觉出口气流的强度。实验的条件是嘴的吹力基本不变，吹力大小由个人自己决定、自己控制。

方法1：先用嘴吹一下手，再用塑料管吹一下手。

方法2：取相同长度、粗细不等的塑料管进行实验。

方法3：取长度不等、粗细相等的塑料管进行实验。

方法4：对方法2和方法3再进行实验。这次的条件是人为地使塑料管的某一部位弯曲或变径（用手将塑料管的某一部位压扁即可）。

回答一下，上述实验中，手的感觉是否一样？如果不一样，想一想是为什么？

实验分析：实验的结果就是四种方法中的不同操作，手感到塑料管出口的气流强度是不一样的，而且塑料管的任何改变，都会引起塑料管出口气流强度的改变。

试验方法1的结果：用塑料管吹气时，塑料管出口气流强度减弱。

试验方法2的结果：管径大的塑料管出口气流强度大，管径小的塑料管出口气流强度小。

试验方法3的结果：长度长的塑料管出口气流强度小，长度短的塑料管出口气流强度大。

试验方法4的结果：直管的塑料管出口气流强度大，有弯曲或变径的塑料管出口气流强度小。

如果把吹力的大小用能量表示，塑料管出口气流强度也用能量表示，通过实验和分析得知这两种能量是不相等的。但根据能量守恒定律得知：这两种能量肯定是要相等的。

那么，问题就出来了：少的那一部分能量在什么地方？吹气的能量为什么经过塑料管后就要"跑掉"？

答案很简单，能量是不会消失的，也不会"跑掉"的，它只能从一种形式转变为另外一种形式。吹气的能量经过塑料管后，有一部分能量被消耗掉了（克服阻力做功）。而且通过实验和分析，得出塑料管消耗的能量大小与塑料管的长度、管径、弯曲、变径有关。

现象：当对某人进行静脉注射时可以发现护士用输液管上的压轮来调节输液的速度（相当于输液管内流量的调节）。而在护士进行操作的过程中，输液瓶的高度是不变的，即输液管内液体的压力是不变的（回想一下流体静压强的有关知识）。

想一想：压轮为什么可以调节输液管速度的大小（流量）？

现象分析：输液瓶的高度不变，说明液体在输液管中流动的总能量不会改变。护士调节输液管的压轮，只是使输液管出现了一个变径处，这个变径处消耗了一部分能量。自然，即使没有压轮，液体在塑料管中流动时也要消耗一部分能量（上面的试验已经得到了证明）。压轮的出现，只是多增加一个能量消耗的地方。

复习思考题

1. 把一根大约5 m长的塑料软管插入水龙头上，水龙头开启一定程度后，将塑料软管任意弯曲，观察塑料软管出水口的水流状况，并对现象进行分析。

2. 举例说明流体流动存在阻力和能量损失。

3. 什么是沿程阻力和沿程水头损失？
4. 什么是局部阻力和局部水头损失？
5. 观察图 4—6 所示图片，想一想为什么火箭和汽车的头部都制造成圆滑曲线形？

图 4—6　火箭和汽车的曲线头部

第三节　沿程水头损失的计算

学习目标

1. 熟悉沿程水头损失的计算公式。
2. 掌握沿程阻力系数的意义。
3. 了解沿程阻力系数的确定方法。

一、沿程水头损失的计算公式

由于流体在运动过程中，影响流体能量损失的因素很多，目前还不可能用纯理论的方法来解决能量损失计算的全部问题。经前人的观察和长期工程实践的经验总结、归纳出沿程水头损失计算公式。

在流体力学中，把能量损失称为水头损失，损失的大小以水柱高度表示。沿程水头损失计算公式如下：

$$h_f = \lambda \times \frac{l}{d} \times \frac{u^2}{2g}$$

式中　h_f——用水柱高度表示的沿程能量损失，mH_2O；

l——管子的长度，m；

d——管径，mm；

u——流速，m/s；

g——重力加速度，m/s^2；

λ——沿程阻力系数。

用压强表示水头损失时，沿程水头（压头）损失计算公式如下：

$$p_f = \lambda \times \frac{l}{d} \times \frac{\rho u^2}{2}$$

式中 p_f——用压强表示的沿程能量损失，Pa；

l——管子的长度，m；

d——管径，mm；

u——流速，m/s；

λ——沿程阻力系数；

ρ——流体的密度，kg/m^3。

二、沿程阻力系数

从沿程水头损失的计算公式中可以看到，该公式把求能量损失的问题转化为求沿程阻力系数的问题。那么，怎样才能得到沿程阻力系数呢？

由于影响流体运动能量损失的因素较多，沿程阻力系数在理论上精确计算比较困难，其数值多数靠实验和经验或半经验方法获得。

1. 影响沿程阻力系数的因素——粗糙度

实验证明，沿程阻力系数与流体的流态和流体通过的管道的粗糙度有关。所谓粗糙度是指管壁凸凹不平的平均高度，称绝对粗糙度，简称粗糙度。

层流时，流体层覆盖了管壁上的凸凹物，故管壁粗糙度对层流能量损失无影响；紊流时层流底层薄，流体层不能覆盖管壁上的凸凹物，管壁上凸出部分会伸入紊流区域，与流体质点直接碰撞，产生不可忽略的能量损失。若管壁的粗糙度很小，对流动能量损失无影响时，这种管道称为光滑管。新管子的粗糙度与管子的材料、加工方法等有关，在使用过程中因腐蚀、结垢等原因，管子的粗糙度还会增大。表4—1给出一些常见管道的粗糙度。

表4—1　　常见管道的粗糙度

材料	粗糙度/mm	材料	粗糙度/mm
镀锌钢管	0.15	塑料板风管	0.01
钢管	0.05～0.2	矿渣石膏板风管	1.0
铜管、玻璃管、铅管	0.01	表面光滑砖风道	4.0
铸铁管	0.25	胶合板风道	1.0
涂沥青铸铁管	0.12	墙内砖砌风道	5～10
混凝土管	0.3～3.0	矿渣混凝土板风道	1.5
钢板风管	0.15	木条拼合圆管	0.18～0.19

2. 沿程阻力系数的计算

沿程阻力系数计算的公式较多，下面给出一些常见的计算公式。

（1）层流沿程阻力系数计算公式：

$$\lambda = \frac{64}{Re}$$

它表明流体层流时，沿程阻力系数仅与雷诺数有关，且与雷诺数成反比，而与管道的粗糙度无关。

（2）在通风和空调系统中，下面列出的公式适用范围较大，目前得到较广泛的采用。

$$\frac{1}{\sqrt{\lambda}} = -\log\left(\frac{K}{3.7d} + \frac{2.51}{Re\sqrt{\lambda}}\right)$$

式中 K——风管内壁粗糙度，mm；

d——风管直径。

为了避免烦琐的计算，工程人员绘制了沿程阻力系数 λ 的计算曲线图。此图反映了 Re、$\frac{K}{d}$和 λ 的对应关系，在图上可根据 Re 和$\frac{K}{d}$直接查出 λ 值。

（3）一般气体输送管道可按下式计算沿程阻力系数：

$$\lambda = k\left(0.0125 + \frac{0.011}{d}\right)$$

管道内壁光滑时取 $k=1.0$，新焊接管取 $k=1.3$，旧焊接管取 $k=1.6$。

（4）在给水工程中，对于钢管和铸铁管，可采用下面公式计算沿程阻力系数：

1）当 $u<1.2$ m/s 时，
$$\lambda = \frac{0.0179}{d^{0.3}}\left(1 + \frac{0.867}{u}\right)^{0.3}$$

2）当 $u \geqslant 1.2$ m/s 时，
$$\lambda = \frac{0.021}{d^{0.3}}$$

（5）在供热工程中，采用下面综合的经验公式计算沿程阻力系数：

$$\lambda = 0.11\left(\frac{k}{d} + \frac{68}{Re}\right)^{0.25}$$

【例题 4—3】 有一天然气管道，管径 $d=15$ mm，天然气流量 $Q=2\ \text{m}^3/\text{h}$，管内天然气的运动黏滞系数 $\nu=26.3\times10^{-6}\ \text{m}^2/\text{s}$，管道长度 $l=50$ m，试求该管道的沿程水头（能量）损失。

【解】
$$Q = \frac{2}{3600} = 5.6\times10^{-4}\ \text{m}^3/\text{s}$$

管内天然气流速为

$$u = \frac{Q}{\frac{\pi}{4}d^2} = \frac{5.6\times10^{-4}}{\frac{3.14}{4}\times0.015^2} = 3.17\ \text{m/s}$$

求雷诺数

$$Re = \frac{u \cdot d}{\nu} = \frac{3.17 \times 0.015}{26.3 \times 10^{-6}} = 1\ 808$$

$Re < 2\ 000$，故为层流。

采用
$$\lambda = \frac{64}{Re}$$

$$\lambda = \frac{64}{1\ 808} = 0.035\ 4$$

采用
$$h_f = \lambda \cdot \frac{l}{d} \cdot \frac{u^2}{2g}$$

$$h_f = 0.035\ 4 \times \frac{50}{0.015} \times \frac{3.17^2}{2 \times 9.81} = 60\ mH_2O$$

【例题4—4】 一条长 $l = 500$ m 的铸铁输水管道，输水量 $Q = 200$ m^3/h，管径 $d = 200$ mm，试求该管道的沿程能量损失。

【解】
$$Q = \frac{200}{3\ 600} = 0.056\ m^3/s$$

$$u = \frac{Q}{\frac{\pi}{4}d^2} = \frac{0.056}{\frac{3.14}{4} \times 0.2^2} = 1.78\ m/s$$

因为
$$u > 1.2\ m/s$$

采用
$$\lambda = \frac{0.021}{d^{0.3}}$$

$$\lambda = \frac{0.021}{0.2^{0.3}} = 0.034$$

采用
$$h_f = \lambda \cdot \frac{l}{d} \cdot \frac{u^2}{2g}$$

$$h_f = 0.034 \times \frac{500}{0.2} \times \frac{1.78^2}{2 \times 9.81} = 14\ mH_2O$$

复习思考题

1. 有一管径 $d = 200$ mm 的给水管段，流量 $Q = 30$ L/s，沿程阻力系数 $\lambda = 0.03$，管道全长 $l = 75$ m，试求管中水流的沿程水头损失。

2. 由薄钢板制作的通风管道，直径 $d = 400$ mm，流量 $Q = 400$ m^3/s，若管道全长 $l = 20$ m，沿程阻力系数 $\lambda = 0.021\ 9$，空气的密度 $\rho = 1.2$ kg/m^3，试求风道的沿程压头损失。又问，当其他条件不变时，将上述风管改为矩形风道，断面尺寸为高 $h = 300$ mm，宽 $b = 500$ mm，其沿程压头损失为多少？

3. 有一圆管，在管内通过运动黏性系数 $\nu = 0.013$ cm^2/s 的水，测得通过的流量为 $Q = 35$ cm^3/s，在管长 15 cm 的管段上测得水头损失为 2 cm，试求该圆管内径为多少？

第四节　局部水头损失的计算

学习目标

1. 熟悉局部水头损失的计算公式。
2. 掌握局部阻力系数的意义。
3. 了解局部阻力系数的确定方法。

一、局部水头损失的计算公式

同样，局部水头损失计算公式是经前人的观察和长期工程实践的经验总结、归纳出来的。局部水头损失计算公式如下：

$$h_j = \zeta \cdot \frac{u^2}{2g}$$

式中　h_j——用水柱高度表示的局部能量损失，mH_2O；

u——流速，m/s；

g——重力加速度，m/s^2；

ζ——局部阻力系数。

用压强表示水头损失时，局部水头（压头）损失的计算公式如下：

$$p_j = \zeta \cdot \frac{u^2}{2} \cdot \rho$$

式中　p_j——用压强表示的局部能量损失，Pa；

u——流速，m/s；

ζ——局部阻力系数；

ρ——流体的密度，kg/m^3。

二、局部阻力系数

局部阻力系数在理论上精确计算比较困难，其数值多数靠实验和经验或半经验方法获得。

局部损失的种类繁多，形状各异。边壁变化也比较复杂，同时不同的流态遵循不同的规律。如图 4—7 所示为几种常见的局部阻力形状。

各种局部阻力系数的值，除了少数可用理论推导的公式计算外，多数均通过实验确定。并由此编制成专用计算图、表，供计算时查用。表 4—2 是常用几种管件的局部阻力系数。

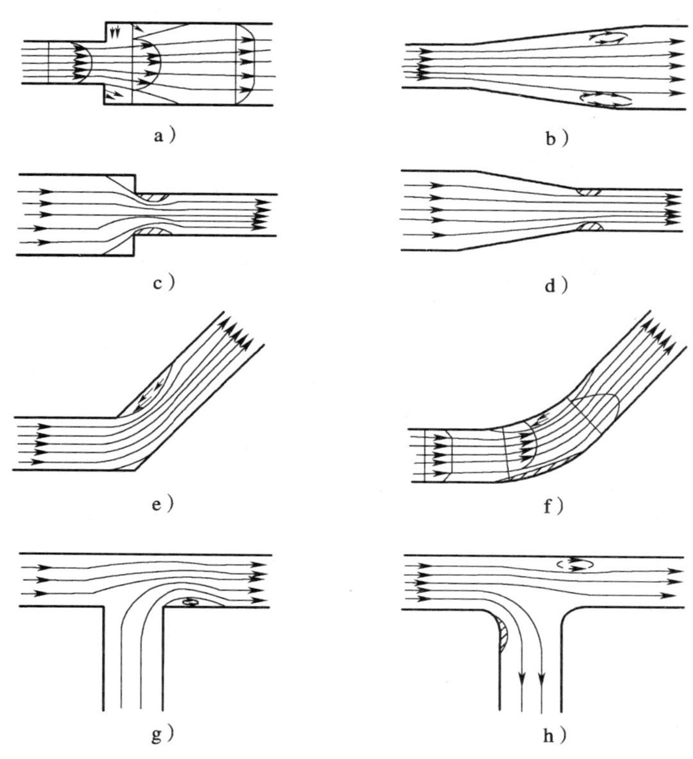

图 4—7　几种典型的局部阻碍

a）突扩管　b）渐扩管　c）突缩管　d）渐缩管　e）折弯管

f）圆弯管　g）锐角合流三通　h）圆角分流三通

表 4—2　　几种常用管件的局部阻力系数

序号	管件名称	示意图	局部阻力系数								
1	突然扩大		$\frac{A_1}{A_2}$	0.01	0.1	0.2	0.4	0.6	0.8	0.9	1.0
			ξ	0.93	0.81	0.64	0.36	0.16	0.04	0.01	0
2	突然缩小		$\frac{A_1}{A_2}$	0.01	0.1	0.2	0.4	0.6	0.8	0.9	1.0
			ξ	0.5	0.47	0.45	0.34	0.25	0.15	0.09	0
3	管子入口		边缘尖锐时　$\xi=0.50$ 边缘光滑时　$\xi=0.20$ 边缘极光滑时　$\xi=0.05$								

续表

<table>
<tr><th>序号</th><th>管件名称</th><th>示意图</th><th colspan="12">局部阻力系数</th></tr>
<tr><td>4</td><td>管子出口</td><td></td><td colspan="12">$\xi=1.0$</td></tr>
<tr><td rowspan="2">5</td><td rowspan="2">转心阀门</td><td rowspan="2"></td><td>α</td><td>10°</td><td>15°</td><td>20°</td><td>25°</td><td>30°</td><td>35°</td><td>40°</td><td>45°</td><td>50°</td><td>55°</td><td>60°</td></tr>
<tr><td>ξ</td><td>0.29</td><td>0.75</td><td>1.56</td><td>3.10</td><td>5.47</td><td>9.68</td><td>17.3</td><td>31.2</td><td>52.6</td><td>106</td><td>206</td></tr>
<tr><td>6</td><td>带有滤网底阀</td><td></td><td colspan="12">$\xi=5\sim10$</td></tr>
<tr><td>7</td><td>直流三通</td><td></td><td colspan="12">$\xi=1.0$</td></tr>
<tr><td>8</td><td>分流三通</td><td></td><td colspan="12">$\xi=1.5$</td></tr>
<tr><td>9</td><td>合流三通</td><td></td><td colspan="12">$\xi=3.0$</td></tr>
<tr><td>10</td><td>渐缩管</td><td></td><td colspan="12">当 $\alpha\leqslant45°$ 时，$\xi=0.01$</td></tr>
<tr><td rowspan="5">11</td><td rowspan="5">渐扩管</td><td rowspan="5"></td><td colspan="2" rowspan="2">α</td><td colspan="10">A_2/A_1</td></tr>
<tr><td colspan="2">1.50</td><td colspan="2">1.75</td><td colspan="2">2.00</td><td colspan="2">2.25</td><td colspan="2">2.50</td></tr>
<tr><td colspan="2">10°</td><td colspan="2">0.02</td><td colspan="2">0.03</td><td colspan="2">0.03</td><td colspan="2">0.05</td><td colspan="2">0.06</td></tr>
<tr><td colspan="2">15°</td><td colspan="2">0.03</td><td colspan="2">0.05</td><td colspan="2">0.05</td><td colspan="2">0.08</td><td colspan="2">0.10</td></tr>
<tr><td colspan="2">20°</td><td colspan="2">0.05</td><td colspan="2">0.07</td><td colspan="2">0.10</td><td colspan="2">0.13</td><td colspan="2">0.15</td></tr>
</table>

续表

序号	管件名称	示意图	局部阻力系数					
12	折管		α	20°	40°	60°	80°	90°
			ξ	0.05	0.14	0.36	0.74	0.90
13	90°弯头		d /mm	15	20	25	32	40	≥50
			ξ	2.0	2.0	1.5	1.5	1.0	1.0
14	90°煨弯		d /mm	15	20	25	32	40	≥50
			ξ	1.5	1.5	1.0	1.0	0.5	0.5
15	止回阀		$\xi=1.70$						
16	闸阀		DN /mm	15	20	25	32	40	≥50
			ξ	1.5	0.5	0.5	0.5	0.5	0.5
17	截止阀		DN /mm	15	20	25	32	40	≥50
			ξ	16.0	10.0	9.0	9.0	8.0	7.0

【例题4—5】 有一输水管道，沿途有三个阀门，每个阀门的局部阻力系数$\xi=0.5$，管中水的平均流速$u=1.13$ m/s，求管路的局部能量损失。

【解】 采用

$$h_j=\zeta\cdot\frac{u^2}{2g}$$

$$h_j=(0.5+0.5+0.5)\times\frac{1.13^2}{2\times9.81}=0.098\ mH_2O$$

第五节　总水头损失的计算

学习目标

1. 熟悉整个管路总水头损失的计算方法。
2. 掌握水头损失简化后总水头损失的计算方法。

以上讨论了管路的沿程水头损失和局部水头损失的计算问题。在实际工程中，一个管路系统往往是由许多规格不同的管子及一些必要的局部阻碍组成。在计算管路中流体的总水头损失时，应分别计算各管段的沿程水头损失及局部水头损失，然后按能量叠加的原则进行计算。

一、总水头损失的计算公式

整个管路的总水头损失等于各管段的沿程水头损失和所有局部水头损失之和。总水头损失的计算公式如下：

$$h_{总} = \sum h_f + \sum h_j \quad 或 \quad p_{总} = \sum p_f + \sum p_j$$

式中　h_f——用水柱高度表示的沿程能量损失，mH_2O；

h_j——用水柱高度表示的局部能量损失，mH_2O；

p_f——用压强表示的沿程能量损失，Pa；

p_j——用压强表示的局部能量损失，Pa。

【例题 4—6】　如图 4—8 所示，水由管道中的 A 点流向 D 点，管中流量 $Q = 0.02\ m^3/s$，各管段的沿程阻力系数均为 $\lambda = 0.02$，B 处的阀门 $\xi = 2.0$；C 处的渐缩管 $\xi = 0.5$。已知各管段的长度为 $L_{AB} = 100$ m，$L_{BC} = 200$ m，$L_{CD} = 150$ m。各管段的管径为 $d_{AB} = d_{BC} = 150$ mm，$d_{CD} = 125$ mm，若 A 点的总水头为 $H_A = 20$ m，试求 D 点的总水头。

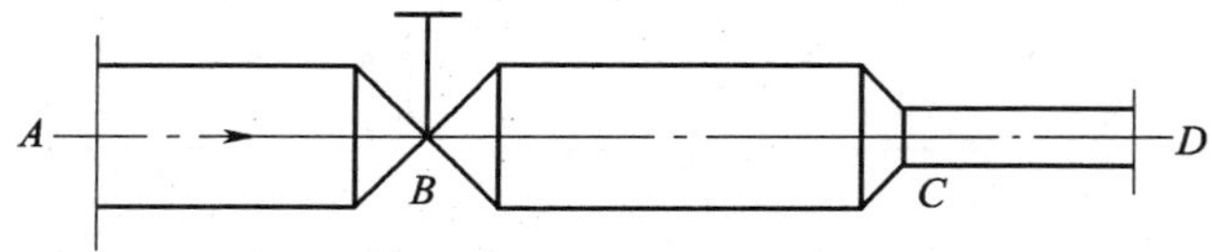

图 4—8　能量损失计算示意图

【解】　从图 4—8 中可以看出，D 点的总水头 = A 点的总水头 − AD 管路的总能量损失。由于整个管路管径不等，计算水头损失时，AC 段与 CD 段需要分别计算。

AC 管段：

$$u_{AB}=u_{BC}=u_{AC}=\frac{Q}{\frac{1}{4}\pi d_{AC}^2}=\frac{0.02}{\frac{1}{4}\times3.14\times0.15^2}=1.13\ \text{m/s}$$

$$h_{fAB}=\lambda\cdot\frac{L_{AB}}{d_{AB}}\cdot\frac{u_{AB}^2}{2g}\ \text{(AB 段沿程水头损失)}$$

$$h_{fBC}=\lambda\cdot\frac{L_{BC}}{d_{BC}}\cdot\frac{u_{BC}^2}{2g}\ \text{(BC 段沿程水头损失)}$$

$$h_{jAC}=\zeta_{AC}\cdot\frac{u_{AC}^2}{2g}\ \text{(AC 段局部水头总损失)}$$

显然，AC 段总水头损失 = （AB 段 + BC 段）沿程水头损失 + AC 段局部水头总损失。那么，AC 段总水头损失为

$$h_{AC总}=\left(\lambda\cdot\frac{L_{AC}}{d_{AC}}+\sum\zeta_{AC}\right)\frac{u_{AC}^2}{2g}$$

其中：$L_{AC}=L_{AB}+L_{BC}=100+200=300\ \text{m}$，$\sum\zeta_{AC}=\zeta_B=2.0$

所以 $$h_{AC总}=\left(0.02\times\frac{300}{0.15}+2\right)\frac{1.13^2}{2\times9.81}=2.73\ \text{mH}_2\text{O}$$

CD 管段： $$u_{CD}=\frac{Q}{\frac{1}{4}\pi d_{CD}^2}=\frac{0.02}{\frac{1}{4}\times3.14\times0.125^2}=1.63\ \text{m/s}$$

$$h_{CD总}=\left(\lambda\cdot\frac{L_{CD}}{d_{CD}}+\sum\zeta_{CD}\right)\frac{u_{CD}^2}{2g}$$

其中：$L_{CD}=150\ \text{m}$，$\sum\zeta_{CD}=\zeta_C=0.5$

所以 $$h_{CD总}=\left(0.02\times\frac{150}{0.125}+0.5\right)\frac{1.63^2}{2\times9.81}=3.32\ \text{mH}_2\text{O}$$

AD 管路的总能量损失为：$h_{AD总}=h_{AC总}+h_{CD总}=2.73+3.32=6.05\ \text{mH}_2\text{O}$

D 点总水头为： $h_{D总}=h_{A总}-h_{AD总}=20-6.05=13.95\ \text{mH}_2\text{O}$

二、水头损失简化后的计算公式

管路的能量损失除了采用公式计算外，还可采用其他一些方法，如查表法、查图法等。这些方法更直观、更方便，所以在工程上得到了大量、广泛的应用。

1. 沿程水头损失简化后的计算公式

为了方便计算，将沿程水头损失计算公式进行简化，简化后的计算公式为：

$$h_f=i\cdot L$$

式中 h_f——管路沿程水头损失，mH_2O；

i——每米管长的沿程水头损失（又称比摩阻），$\text{mH}_2\text{O/m}$，其值可通过计算或查水力计算表获得；

L——管路的长度，m。

如果管中流动的是气体，则上述公式中的 h_f 换成压强损失 p_f，i 换成每米管长的沿程压强损失就可以了。

2. 局部水头损失简化后的计算公式

在简化计算时，管路的局部水头损失可按沿程水头损失的 25% ~30% 进行估算，取百分比大一些就偏于保守一点，管网运行就安全些；取小一些，管网就显得经济些。

局部水头损失简化后的计算公式如下：

$$h_j = (25\% \sim 30\%)\ h_f = (25\% \sim 30\%)\ i \cdot L$$

复习思考题

1. 如图 4—9 所示，管路中有哪些流体流动阻力与能量损失？其计算公式分别怎样写？

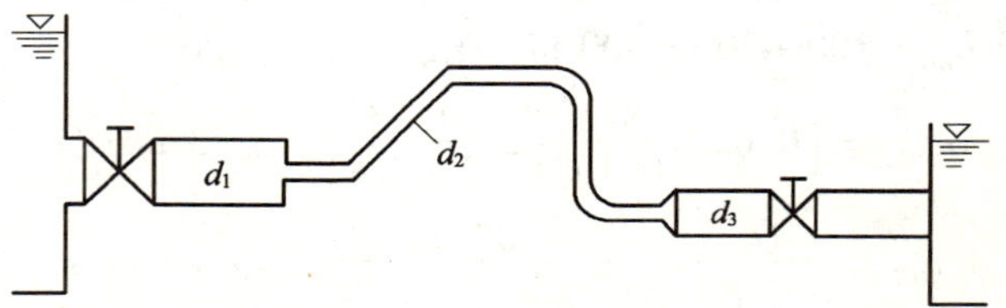

图 4—9　管道水流动示意图（管段直径不同）

2. 一管段长 50 m，每米管长的能量损失 $i = 500$ Pa/m，求该管段的总能量损失。

第六节　压力管路中的水击现象

学习目标

1. 掌握水击现象的概念和形成的原因。
2. 掌握防止水击现象的措施。

一、水击现象

1. 概念

在压力管路中，由于外界某种原因（如阀门突然关闭、水泵突然停止）使液体流速急剧改变，从而造成瞬时压力显著、反复、迅速变化的现象，这种水力现象称为水击。

2. 产生原因

产生水击的原因很多，当压力管道的阀门突然关闭或开启时，当水泵突然停止或启动时，因瞬时流速发生急剧变化，引起液体动量迅速改变，而使压力显著变化。管道上止回阀失灵，也会发生水击现象。在蒸气管道中，若暖管不充分，疏水不彻底，导致送出的蒸气部分凝结成水，体积突然缩小，造成局部真空，周围介质将高速向此处冲击，也会发出巨大的声响和振动。

3. 形成过程（以阀门的突然关闭为例）

如图 4—10 所示，假设管中水体的压强为 p_0（不考虑水头损失）。

第一阶段：当阀门突然关闭时，阀门前的液体流速为零，但后面的水流因惯性作用会继续向前流动，于是紧靠阀门的微小流段水的压强值升高，液体处于被压缩状态。

第二阶段：由于压强的升高，形成一个压力差 Δp，在压力差 Δp 的作用下，管路中的水由静止开始反方向运动，阀门处的水体压强恢复为 p_0，但具有反向流速。

第三阶段：接着因为惯性作用，水又会向水池倒流，致使紧靠阀门处水体的压力降低，该处流速变为零。

第四阶段：此时管中水体处于静止状态，但该状态却是不稳定的，由于阀门处水体压力降低，管中压强低于水池入口处的静压力，管中水体自水池流向阀门。这时管中水体压强恢复到 p_0，水体恢复到 $t=0$ 时的状态。

经过对上面四个阶段的分析，发现阀门突然关闭时，管路中的水流重复着升压、减压、升压、减压这一过程，也就是管路中的液体出现压强交替升降的现象，这种现象就是水击现象。由于压力的交替变化，管路中的水流对阀门不断产生撞击，如水锤一样，故又称为水锤。

如图 4—11 所示为阀门断面压力随时间变化曲线。其中虚线是不计能量损失的理论曲线，实线是实际变化曲线。

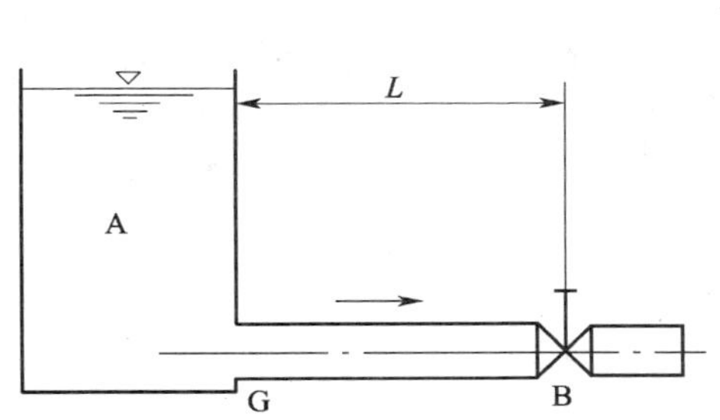

图 4—10 设有阀门的管路流体流动

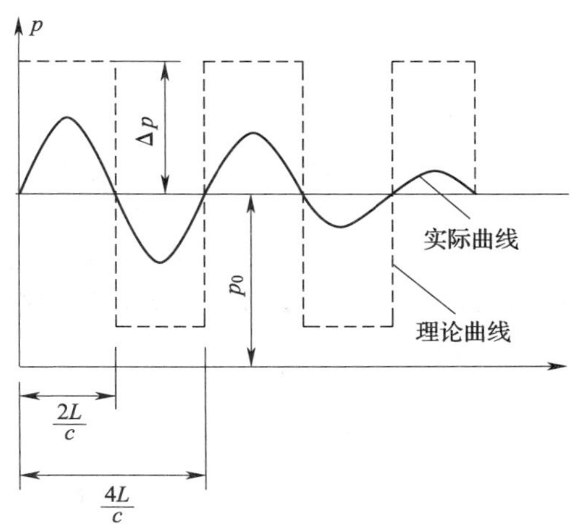

图 4—11 阀门断面压力随时间变化曲线

综上所述，管路中流速的突然变化（如阀门突然关闭）是引起水击现象的外因，而液体本身的可压缩性和惯性是引起水击现象的内因。

二、防止水击危害的措施

水击的危害较大，当压力增大时，易将管子胀破；当压力为负压时，则管子易被压扁。防止水击危害的措施有以下几种。

1. 开关阀门时要缓慢，有一个预热的过程。

2. 尽可能减小管道中液体的流速，水击压力差 Δp 就可以减小。在工程计算中，管道往往规定了最大允许流速，已将防止水击危害的因素考虑在内。

3. 设置调压塔、空气罐、安全阀、水击消除器等安全装置，可以有效地缓冲和消除水击压力。

复习思考题

1. 什么是水击现象？

2. 水击的危害是什么？防止水击危害的措施是什么？

第七节　减小阻力的措施

学习目标

掌握减少阻力的措施。

减小阻力，就是减少能量损失，也就是节约能源。

流动阻力有沿程阻力和局部阻力两种。减小管中流体运动的阻力有两条完全不同的途径：一是改进流体外部的边界条件，改善边壁对流动的影响；另一种是在流体内部投加极少量的添加剂，用以影响流体运动的内部结构来实现减阻。

一、添加剂减阻

添加剂减阻是近来才迅速发展起来的减阻技术。减阻剂是一种高分子聚合物的化学制品，能减少液体在管道内流动的比摩阻，实验表明，添加剂减阻效果特别好。

我国的减阻添加剂研究发展很快，目前生产的减阻剂已经用到原油输送、水泥输送、消防用水输送等各类流体输送管道中，而且减阻剂的污染状况也得到较好的解决。部分减阻剂的性能指标已达到国际同类产品的水平。

二、改善边壁条件的减阻措施

流体的固定边界形式各种各样，形形色色，但它的减阻原理基本上是相同的。减小管壁的粗糙程度，增强管壁的光滑程度；使边壁的形状更符合流线型；尽量减小旋涡区的范围；用柔性边壁代替刚性边壁等。这些措施都能较有效地减少流动阻力和能量损失。下面以几个常用的配件为例来说明这个问题。

1. 管道进口

如图 4—12 所示，改管道锐缘进口为圆角进口或流线型进口，可大大减小局部阻力系数。

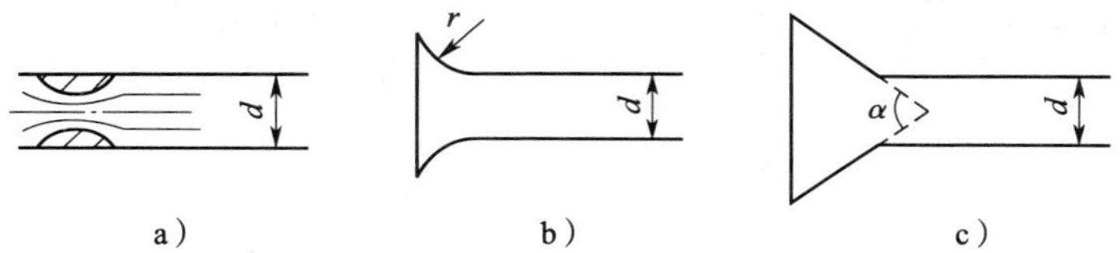

图 4—12　几种进口阻力系数

a）$\xi=1$　b）$\frac{r}{d}=0.2$　$\xi=0.03$　c）$\alpha=40°\sim80°$　$\frac{b}{d}=0.25\sim1.0$　$\xi=0.1\sim0.2$

2. 渐扩管和突扩管

扩散角 α 越大，渐扩管阻力系数越大。渐扩管如制成图 4—13a 所示的形式，阻力系数约减小一半。突扩管如制成图 4—13b 所示的台阶式，阻力系数也可减小。

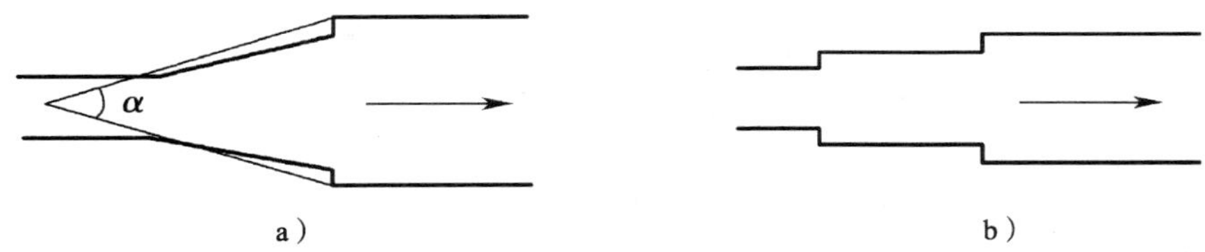

图 4—13　复合式渐扩管和台阶式突扩管

a）复合式渐扩管　b）台阶式突扩管

3. 弯管

弯管的阻力系数在一定范围内随曲率半径 R 的增大而减小。但过大会增加弯管的长度，摩擦阻力增大，阻力系数增加。因此弯管的曲率半径最好在（1～4）d 的范围内。断面大的弯管，往往只能采用较小的$\frac{R}{d}$，可在弯管内部布置一组导流叶片，以减小旋涡区和二次流，降低弯管的阻力系数，如图 4—14 所示。

4．三通

制作三通时，尽可能地减小支管与合流管之间的夹角，或将支管与合流管连接处的角度增大，均可改进三通的工作状况，减小局部阻力系数，如图 4—15 所示。

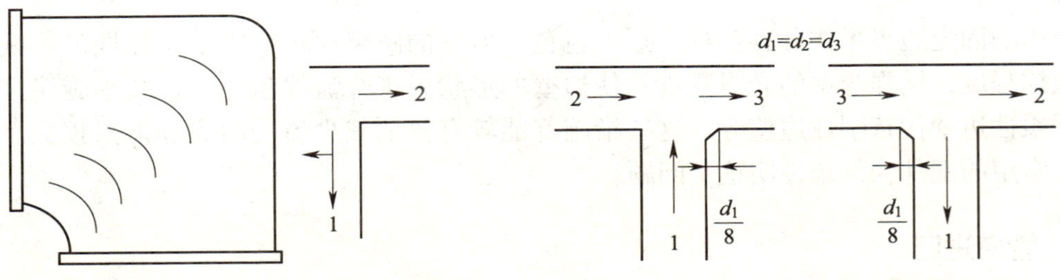

图 4—14　装有导叶片的弯管　　图 4—15　切割折角的 T 形三通

配件之间的不合理衔接也会使局部阻力加大。如先弯后扩的水头损失为先扩后弯的水头损失的 4 倍，所以应先扩后弯。要注意各部件之间的合理布局，最大限度地减少能量损失。

改善边壁条件、减少阻力的措施因管件、配件和各种边壁的不同，而采用的方式、方法也各不相同。总的原则是使流体在流动的过程中受到的阻碍尽量小些，流体的流动更顺畅、更容易一些，达到减少能量损失的目的。

成品管件在制作时，其管道转弯部位均采用圆滑过渡，以减少流体流动时的阻力，几种常用的焊接管件如图 4—16 所示。

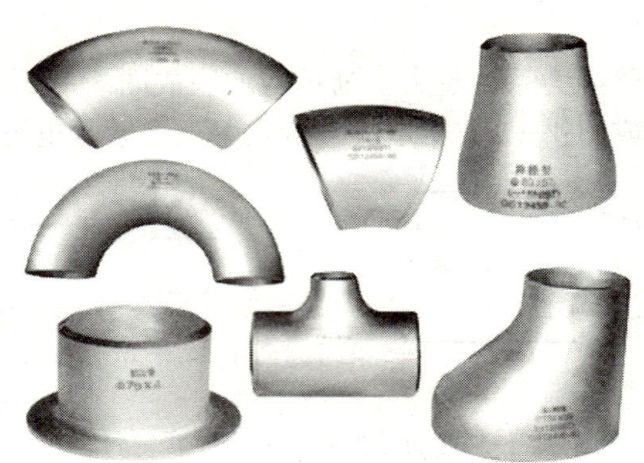

图 4—16　几种常用的焊接管件

复习思考题

1. 减少管道中流动阻力的主要措施有哪些？
2. 举例说明实际工程中采用减少流体阻力的措施。

第五章　流体运动和静力学方程的应用

应用流体力学基本原理，结合具体流动条件，可以解决实际中的很多问题。

第一节　薄壁孔口出流

学习目标

1. 掌握薄壁孔口出流的流动过程。
2. 了解薄壁孔口出流的计算方法。
3. 掌握薄壁孔口出流的应用。

利用硬物在一个装满水的塑料瓶体上扎孔时，会发现孔的面积越大，出水孔的水流越大，孔的面积越小，出水孔的水流越小。这就是薄壁孔口出流现象。

想一想：为什么水龙头可以调节出水量的大小?

所谓薄壁孔口，是指孔口具有尖锐的边缘，流体经过孔口时，孔壁与水流仅在一条周线上接触，壁厚对出流无影响的情况。

如图 5—1a 所示，如果在储存流体容器的侧面或底部开一个小孔，流体经孔口流出的流动现象，称为孔口出流。研究孔口出流的运动规律，在于确定流体经孔口流出的流速和流量，以便得知风速是否满足人体舒适的要求，确定通风机的风量及多孔板送风量时的孔口数量。

一、薄壁小孔口稳定出流

1. 薄壁小孔口稳定出流的种类

（1）薄壁小孔口自由出流

如图 5—1a 所示，在水箱的侧壁上，有一个圆形薄壁小孔口。设孔口在出流过程中，箱内水位保持不变，则水流经孔口做恒定出流。水从孔口流出后，流入大气之中，称为自由出流。

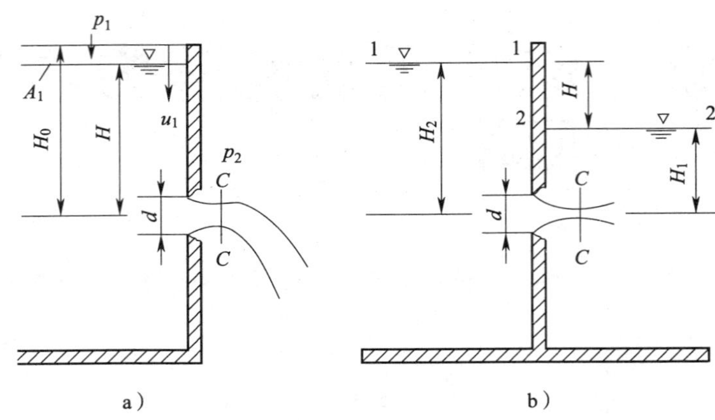

图 5—1　薄壁小孔口出流

a）孔口自由出流　b）孔口淹没出流

当水流从各个方向涌向孔口流出时，由于流体质点的惯性作用，在孔口边缘，流线不能折角的改变方向，只能逐渐弯曲。因此，水流在出口后继续收缩，直至离开孔口 1/2 孔径处，过流断面达到最小，流线趋于平直。此断面称为收缩断面，图 5—1a 的 C—C 断面就是收缩断面。收缩程度以收缩系数 ε 表示，它是指收缩断面面积与孔口断面面积之比，即

$$\varepsilon = \frac{A_C}{A}$$

式中　A_C——收缩断面面积，m^2；

A——孔口断面面积，m^2。

（2）薄壁小孔口淹没出流

如图 5—1b 所示，水由水箱左侧经孔口流入右侧水中的情况，属于孔口液体淹没出流。同孔口自由出流一样，由于惯性的影响，流线形成收缩。在收缩断面之后，还有一个扩散段。

2. 薄壁孔口恒定出流的流速和流量计算

根据伯努利方程推导出的孔口出流流速计算公式为

$$\mu_c = \varphi\sqrt{2gH_0}$$

孔口出流的流量计算公式为

$$q = \mu A\sqrt{2gH_0}$$

式中　u_c——孔口出流收缩断面上的流速，m/s；

q——孔口出流的流量，m^3/s；

A——孔口的面积，m^2；

φ——孔口的流速系数（一般通过实验测得，表 5—1 可供参考）；

μ——孔口的流量系数（一般通过实验测得，表 5—1 可供参考）；

H_0——孔口的作用水头，m。

从孔口出流的流量计算公式可以看出，改变孔口面积的大小可以调节孔口出流的流量，因此，薄壁小孔口具有节流作用，水龙头就是根据这个原理来调节出水量大小的。

一般情况下，薄壁小孔的流量系数 μ 与温度无关，不受流体黏滞系数的影响，并且孔口前后压力差变化时，孔口出流流量也较稳定。故工程上常常用薄壁小孔制成各种调节阀。

孔口的作用水头；自由出流时上游速度水头全部转化为作用水头；而淹没出流时，仅上下游速度水头之差转化为作用水头。

表 5—1　　孔口与管嘴的特性系数

序号	孔口与管嘴形式	系数			
		ξ	ε	φ	μ
1	圆形薄壁孔口$\left(d\leqslant\frac{H}{10}\right)$	0.06	0.64	0.97	0.62
2	圆柱形外管嘴［$L=(3\sim4)\ d)$］	0.50	1.00	0.82	0.82
3	流线型管嘴［$R=(0.5\sim2)\ d$］	0.04	1.00	0.98	0.98
4	扩大型管嘴（$\alpha=5°\sim7°$）	3.00	1.00	0.50	0.50
5	收缩型管嘴（$\alpha=12°\sim14°$）	0.09	0.98	0.96	0.94

【例题 5—1】 水从水箱的圆形薄壁小孔中流出，已知孔口直径 $d=100$ mm，作用水头 $H_0=5$ m，试求水从孔口流出的流速和流量。

【解】 采用公式：　　$\mu_c=\varphi\sqrt{2gH_0}$，$\varphi=0.97$

孔口出流的流速为：

$$\mu_c=\varphi\sqrt{2gH_0}=0.97\sqrt{2\times9.81\times5}=9.61\ \mathrm{m/s}$$

采用公式：　　$q=\mu A\sqrt{2gH_0}$，$\mu=0.62$

孔口出流的流量为：

$$q=\mu A\sqrt{2gH_0}=0.62=\frac{3.14}{4}\times(0.1)^2\sqrt{2\times9.81\times}=0.048\ \mathrm{m^2/s}$$

对于孔口气体淹没出流，由于气体的密度较小，因而可以忽略孔口前后总水头差的位置水头，并且由于孔口前后的过流面积较大，流速较小，流速水头也可忽略不计。因此，孔口气体淹没出流的作用水头，仅为孔口前后两断面的压力水头之差。即 $H_0=\Delta h=\frac{\Delta p}{\gamma}$。

于是，孔口气体淹没出流的流速与流量公式可以写为：

$$\mu_c=\varphi\sqrt{2g\frac{\Delta p}{\gamma}}=\varphi\sqrt{\frac{2}{\rho}\Delta p}$$

$$q=\mu A\sqrt{2g\frac{\Delta p}{\gamma}}=\mu A\sqrt{\frac{2}{\rho}\Delta p}$$

式中　Δp——孔口前后气体的压力差，Pa；

γ——气体的容重，$\mathrm{N/m^3}$；

ρ——气体的密度，$\mathrm{kg/m^3}$。

【例题 5—2】 某空调房间采用多孔板向室内送风。已知房间顶部新鲜空气的送风压力，保持相对压力 $p=3$ Pa，房间内空气的压力为当地的大气压力。空气的温度 $t=20$℃，密度 $\rho=1.21\ \text{kg/m}^3$，若孔口直径 $d=5$ mm，流量系数 $\mu=0.6$，试求每个孔口的出流流量和流速。

【解】 空气经多孔板出流，属于孔口气体淹没出流。

采用公式：

$$q=\mu A\sqrt{\frac{2}{\rho}\Delta p}$$

$$\Delta p=p-p_a=3-0=3\ \text{N/m}^2$$

所以每个孔口的出流流量为：

$$q=\mu A\sqrt{\frac{2}{\rho}\Delta p}=0.6\times\frac{3.14}{4}\times(0.005)^2\sqrt{\frac{2}{1.21}\times 3}$$
$$=2.62\times10^{-5}\ \text{m}^3/\text{s}=0.094\ 4\ \text{m}^3/\text{h}$$

所以每个孔口的出流流速为：

$$\mu_c=\frac{q}{A}=\frac{2.62\times10^5}{\frac{3.14}{4}\times0.005^2}=1.335\ \text{m/s}$$

二、孔口变水头出流

实际上，水箱在出流的时候，如果不连续往水箱中进水，那么，水箱内水位因出流会下降。这时，其出流的流速、流量、有效水头都随时间改变，称为孔口变水头出流，属于非稳定流。

建筑设备工程中水池的注水和放空、水库的放空、船闸闸室的充水及放水等均属变水头出流。一般来说，上述公式仍然适用。变水头出流的计算主要是计算泄空和充满所需的时间，或根据出流时间反求泄流量和液面高度变化情况。

若柱形容器（如水池）的横截面积为 A'，则水头（水位）由 H_1 降至 H_2 所需的时间：

$$t=\frac{2A'}{\mu A\sqrt{2g}}(\sqrt{H_1-H_2})$$

若 $H_2=0$，即容器放空，所用的时间为：

$$t=\frac{2A'\sqrt{H_1}}{\mu A\sqrt{2g}}=\frac{2A'H_1}{\mu A\sqrt{2gH_1}}=\frac{2V}{q_{\max}}$$

式中 A——孔口的面积，m^2；

V——容器放空体积，m^3；

$q_{\max}$——开始出流的最大流量，$q_{\max}=\mu A\sqrt{2gH_1}$。

结论：放空时间计算公式表明，变水头出流时，容器的放空时间等于在起始水头 H_1 的作用下，流出同样体积水所需时间的两倍。

【知识应用】

1. 孔板流量计

孔板流量计是根据孔口出流原理设计制造的，主要用于测量液体的流量。它是在管道的法兰之间，安装了一块中间具有尖锐边缘圆孔（即圆形薄壁小孔口）的金属平板，若在孔板两侧连接测压管，根据两侧测压管内的液面高度差，就能计算出通过孔板的流量（具体内容在后面章节讨论）。

2. 自然通风量计算

炎热的夏季，室内特别需要自然通风以降低室内温度。在湿热地区，良好的自然通风，可以使空气干燥，从而降低相对湿度，加快室内的空气凉爽新鲜。

新鲜空气的输送，不仅降低了人们患“空调病”的概率，还有利于节约电能保护环境。目前，最先进的中央空调也无法解决因新鲜空气与呼出废气相混合而导致的二氧化碳浓度偏高问题，所以《采暖通风与空气调节设计规范》对自然通风提出了要求。

厂房的自然通风除了热压作用下的自然通风外，还有风压作用下的自然通风。在正压区（迎风）处设置进风口，而在负压区（背风）处设置排风口，使风由进风口进入室内，而室内的热空气或有害气体由排风口排出室外，使室内外空气进行交换的现象称为风压作用下的自然通风。

由于室外风向、风压很不稳定，实际工程中通常不考虑风压，仅按热压作用设计自然通风。所以，《采暖通风与空气调节设计规范》规定“放散热量的工业建筑，其自然通风应根据热压作用按本规范附录进行计算。当自然通风不能满足人员活动区的温度要求时，宜辅以机械通风”。当空气流经房子的进风窗孔和排风窗孔时，其出流规律可按薄壁小孔口气体淹没出流考虑。

复习思考题

1. 什么是薄壁孔口？什么是孔口出流？
2. 什么是薄壁小孔口自由出流？什么是薄壁小孔口淹没出流？
3. 薄壁小孔口稳定出流的流速和流量计算有什么意义？
4. 举例说明孔口出流的作用。

第二节　管 嘴 出 流

学习目的

1. 掌握管嘴出流的概念和种类。
2. 基本掌握管嘴出流的有关计算。

如果在塑料瓶体的小孔上粘接一小段塑料短管，会发现小短管的出水量比小孔口的出水量大，这是为什么？

对于图5—1，当孔口壁厚 δ 等于（3～4）d（孔径）时，或者在孔口处接一段长 $l=(3\sim4)d$ 的短管，水经过短管并在出口断面满管流出的水力现象，称为管嘴出流，此短管称为管嘴。

一、管嘴的种类

如图5—2所示，工程上常用的管嘴有以下几种。

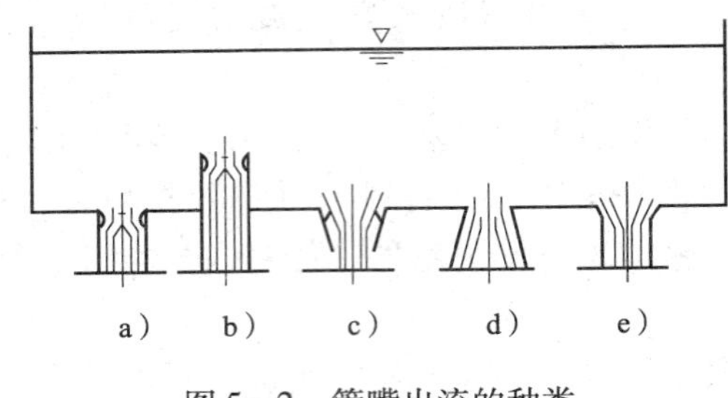

图5—2　管嘴出流的种类

1. 圆柱形外管嘴

如图5—2a、b所示，在孔口断面处接一直径与孔口完全相同的圆柱形短管，其长度 $L=(3\sim4)\ d$，这样的短管称为圆柱形外管嘴。在相同条件下，管嘴的过流能力是孔口的1.32倍。

2. 收缩型管嘴

如图5—2c所示，它适用于加大喷射流速的场合。如水力喷砂管及消防水枪等。

3. 扩大型管嘴

如图5—2d所示，它适用于把动能转化为压力能、加大流量的场合，如引射器扩压管、扩散形送风口等。

4. 流线型管嘴

如图5—2e所示，它适用于需要流量大而水头损失小的场合。

二、管嘴出流的流速和流量计算

现以圆柱形外管嘴出流为例研究管嘴出流。如图5—3所示，水流进入管嘴时如同孔口出流一样，流线也发生收缩。在收缩断面的周围，流体与管壁相脱离，并伴有旋涡产生，而旋涡区内的流体处于真空状态。收缩断面之后，流体逐渐扩大到整个管嘴，成为满管出流。

以通过管嘴中心的水平面为基准，取水箱水面为0—0和管嘴出口断面为1—1，根据伯努利方程推导出管嘴出流的流速计算公式为：

$$u=\varphi\sqrt{2gH_0}$$

通过管嘴的流量为：

$$q=\mu A\sqrt{2gH_0}$$

H_0 为管嘴的作用水头，单位是m，$H_0=H+\frac{p_0}{\gamma}-\frac{p_1}{\gamma}+\frac{u_0^2}{2g}$；$\varphi$、$\mu$ 可以从表5—1中查取。

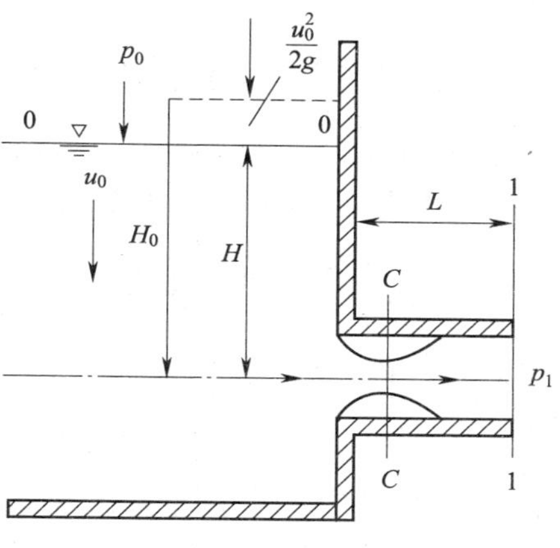

图5—3　管嘴出流

三、圆柱形外管嘴与薄壁孔口出流的比较

1. 流速比较

对于圆柱形外管嘴：$u_{嘴}=\varphi_{嘴}\sqrt{2gH_0}$，$\varphi_{嘴}=0.82$

对于薄壁孔口出流：$u_{孔}=\varphi_{孔}\sqrt{2gH_0}$，$\varphi_{孔}=0.97$

所以
$$\frac{u_{嘴}}{u_{孔}}=\frac{\varphi_{嘴}}{\varphi_{孔}}=\frac{0.82}{0.97}=0.85$$

2. 流量比较

对于圆柱形外管嘴：$q_{嘴}=\mu_{嘴}A\sqrt{2gH_0}$，$\mu_{嘴}=0.82$

对于薄壁孔口出流：$q_{孔}=\mu_{孔}A\sqrt{2gH_0}$，$\mu_{孔}=0.62$

所以
$$\frac{q_{嘴}}{q_{孔}}=\frac{\mu_{嘴}}{\mu_{孔}}=\frac{0.82}{0.62}=1.32$$

通过分析可以看出，孔口外加了管嘴，增大了阻力，流速也减小，但流量并未减少，反而比原来提高了32%。

这是因为孔口自由出流收缩断面在大气中，而管嘴出流自由收缩断面在真空区，真空度达到作用水头的0.75倍$\left(即\frac{p_v}{\gamma}=0.75H_0\right)$，真空对液体起到抽吸的作用，相当于把孔口的作用水头增大75%。这就是相同直径、相同作用水头下的圆柱形外管嘴的流量比孔口大的原因。

因此，管嘴出流在工程上应用较广。

四、管嘴出流的正常工作条件

收缩断面的真空是有限的，当真空度达到 7 m 以上水柱时，由于液体在低于饱和蒸汽压时会发生汽化，空气将会自管嘴出口处“吸入”，使收缩断面处的真空被破坏，管嘴不能保持满管出流而如同孔口出流一样。为了限制收缩断面的真空高度，即$\frac{p_v}{\gamma}\leqslant 7$ m，规定管嘴作用水头的极限值，即 $H_0\leqslant\frac{7}{0.75}=9.0$ m。

另外，管嘴的长度也有一定的限制。长度过短，水流收缩后来不及扩大到整个管断面，不能阻止空气进入；长度过长，沿程水头损失不容忽略，管嘴出流变为短管出流。

所以，管嘴正常工作的条件如下。

（1）作用水头 $H_0\leqslant 9$ m。

（2）管嘴长度 $l=(3\sim4)d$。

【例题 5—3】 已知某冷却塔喷水管的圆柱形外管嘴直径 $d=20$ mm，长度 $L=3d$，冷却塔水量 $q=600$ m^3/h，管嘴的作用水头 $H_0=6$ m，试求单个管嘴的喷水量及总共需要的管嘴数量。

【解】 采用 $q=\mu A\sqrt{2gH_0}$，$\mu=0.82$，则单个管嘴的喷水量

$$q_0=\mu A\sqrt{2gH_0}=\mu\frac{\pi}{4}d^2\sqrt{2gH_0}$$

$$=0.82\times\frac{3.14}{4}\times(0.02)^2\sqrt{2\times9.81\times6.0}$$

$$=0.002\ 79\ \text{m}^3/\text{s}=2.79\ \text{L/s}$$

所需的管嘴数量

$$n=\frac{q}{q_0}=\frac{600}{3\ 600\times0.002\ 79}=60\ 个$$

复习思考题

1. 什么是管嘴？什么是管嘴出流？
2. 管嘴有哪些种类，各应用在什么场合？
3. 举例说明管嘴出流的作用。
4. 某恒温室采用多孔板送风，空气温度为 20℃，风道中空气的相对压力为 196.2 Pa，房间内空气压力为当地大气压。若孔口直径为 20 mm，要求送风量为 3 000 m^3/h，已知孔口的流量系数为 0.62，试问需要布置多少个孔口？

第三节 气体射流

学习目标

1. 掌握气体射流的概念。
2. 熟悉气体射流在工程中的应用。

安装家用空调器或抽油烟机时，为什么都有一个高度要求？

人们都希望在一个温度、湿度、风速等参数适宜的环境中工作和生活，那么，怎样才能达到一个舒适的工作和生活的环境呢？这些都需要研究气体的射流规律。

气体自孔口、管嘴或条缝向外界气体喷射所形成的流动，称为气体淹没射流，简称气体射流。射流与孔口管嘴出流研究的对象不同。射流讨论的是出流后的流速分布、温度分布和浓度分布，管嘴出流仅讨论出口断面的流速和流量。

射流的特点是流动不受边壁的限制，也就是流体与固体壁面不相接触。在暖通工程中，经常遇到的射流可做以下简单分类。

（1）按照流体的性质分，有气体射流和液体射流。

（2）按照射流与周围流体是否同相分，有淹没射流和自由射流。

（3）按照射流的流动形态分，有层流射流和紊流射流。

（4）按照出流空间对射流的影响分，有无限空间射流和有限空间射流。但流体从孔口或管嘴喷出后，如果是喷射到一个断面尺寸足够大的空间内，射流不受固体边壁的影响，在该空间内自由扩散，这种射流称为无限空间射流，又称自由射流。如果射流受到固体边壁的限制和影响，则称有限空间射流，又称受限射流。

在采暖和通风工程中，从送风口喷出的气流，属于气体淹没射流，射流与周围气体的温度相同，密度也相同。而且这种射流一般具有较大的雷诺数。因此，它又是紊流射流。

一、气体紊流的等温射流

通过实验观察得出的圆断面气体紊流射流的结构简图如图 5—4 所示。射流与周围气体具有相同的温度和密度，射流轴线与喷口流速的方向相同，形成一条直线，这种射流称为等温射流。

在工程实际中，需要通过计算确定射流主体段运动参数，以便确定距风口一定距离处的轴心流速和流量以及空气淋浴（即岗位送风）设备的风口直径、出口流速及流量。

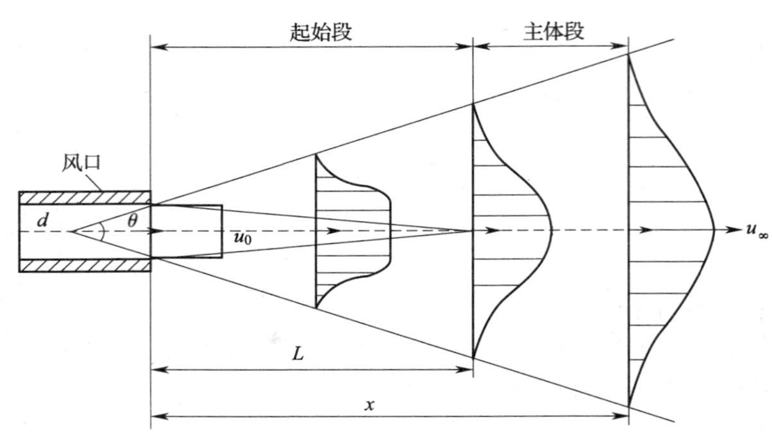

图 5—4　圆断面气体紊流射流的结构

二、气体紊流的温差射流与浓差射流

温差射流是指射流本身的温度与周围气体的温度不同的射流。例如，夏季为了降低热车间和房子的温度，向工作区域喷射的冷射流，以及冬季为了采暖，向工作区域喷射的热射流，均属于温差射流。夏天空调器的出冷风射流，也是温差射流的一种。

浓差射流是指射流本身的浓度与周围气体的浓度不同的射流。如向灰尘飞扬的车间或产生有害气体的区域喷射洁净空气，用以降低粉尘或有害气体的浓度，这种射流属于浓差射流。

当射流从喷口喷出后，由于射流本身的温度与周围气体的温度不同，所以密度也不相同，从而导致射流轴线与喷口流速的方向不再是一条直线。

对于冷射流，由于射流温度低于周围气体的温度，密度较大，因此射流轴线向下弯曲，如图 5—5a 所示。对于热射流，由于射流温度高于周围气体的温度，密度较小，因此射流轴线将向上弯曲，如图 5—5b 所示。图中 y' 为射流轴线上任意一点偏离喷口轴线的垂直距离，称为射流的轴线偏差。对于浓差射流，也同样存在着高浓度射流，轴线向下弯曲；低浓度射流，轴线向上弯曲的现象。

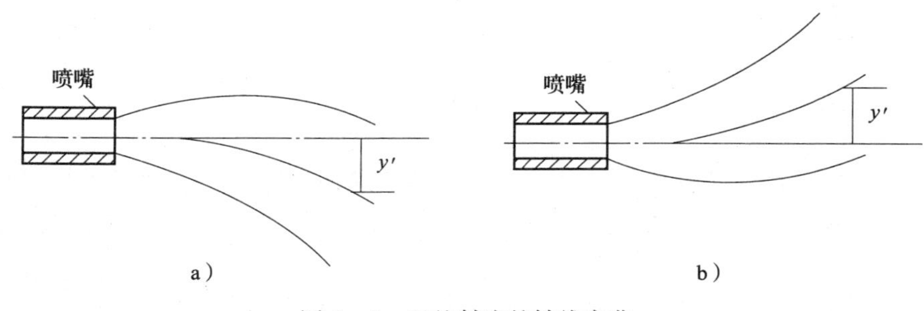

图 5—5　温差射流的轴线弯曲

a）冷射流　　b）热射流

温差与浓差射流的轴线弯曲现象是区别于等温射流的主要特征之一。

三、有限空间射流

在采暖与通风工程中应用自由射流，一般属于有限空间射流。例如，射流（如大型体育馆喷射式送风口的出风）进入房间以后，受到墙壁、顶棚及地面等围护结构的限制影响，不能自由扩散，因而射流结构及其运动规律和有限空间射流相比有着明显的不同。

当射流经喷口喷入房间后，由于固体边壁限制射流边界层的扩展，射流流量和半径不像无限空间射流那样是一直增大的，而是增大到一定程度以后又逐渐缩小，致使射流的外部边界呈橄榄形，圆断面有限空间射流的结构如图 5—6 所示。

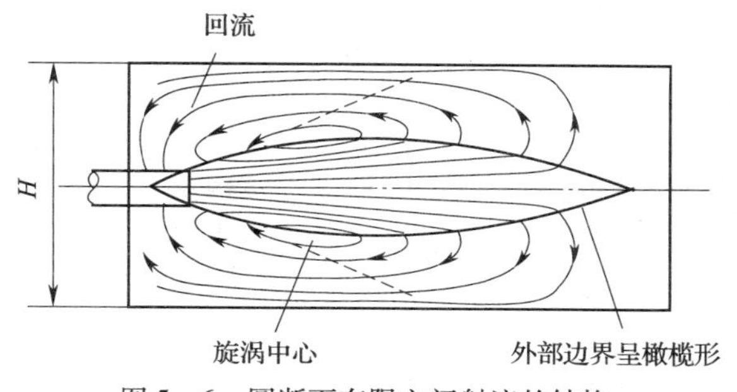

图 5—6　圆断面有限空间射流的结构

有限空间射流在运动空间内引起的回流是区别于无限空间射流的重要特征之一。采暖、通风和空调工程上正是利用射流的这一特征，在回流区组织气流的运动，来改善环境气候条件，以满足人民生活和生产的需要。

有限空间射流的结构，除了受固体边壁的影响之外，还取决于射流喷口的安装位置。如果喷口设在房间侧壁的正中央，则射流结构上下、左右对称，即中间为橄榄形射流体，四周为回流区。

但是，实际工程中的送风口，一般都是靠近房间上部设置的，如果喷口高度位于房间高度的 0.7 倍以上，即 $h \geqslant 0.7H$ 时，由于射流上部回流区过流面积的减小，引起流速增大，压力减小。这样一来，射流上部的流体处于增速减压状态，与此相反，射流下部的流体处于减速增压状态。受此上下压差作用，射流将整个贴附于房间顶部，回流则全部由射流下部区域通过，如图 5—7 所示。这种射流称为贴附射流。

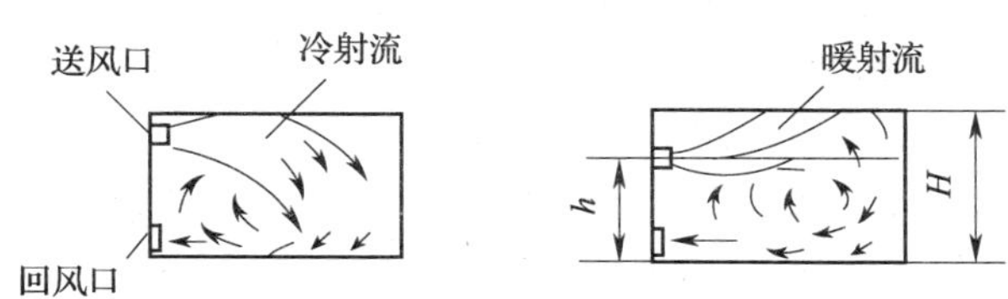

图 5—7　贴附射流示意图

有限空间射流主要用于集中式的通风和空调工程中，设计要求使工作区域处于射流的流区内，并且对回流流速有一定要求。

复习思考题

1. 什么是射流？什么是冷射流？什么是热射流？
2. 什么是等温射流？请举例说明。
3. 什么是温差射流？什么是浓差射流？请举例说明。

第四节　流速和流量的测量

学习目的

1. 掌握管道常用流速和流量测量仪表的种类、结构及其工作原理。
2. 掌握管道常用流速和流量测量仪表的安装基本要求。

暖通系统中，需要实际测量管路的流速和流量，以便检验管路实际运行工况是否满足生产或生活的需要。例如，通风空调系统中，需要测量通风管路中的流速，以便检验风道中的风速是否达到人体感到舒适的流速；热交换站中，需要测量管道中的流量，以保证水的温度满足生产或生活的需要，提高换热效率。

那么，怎样才能测量管路中的流速和流量呢？

流速和流量的测量仪表种类很多，本节仅介绍暖通系统中常用的几种流速和流量测量仪表的基本工作原理。

一、毕托管（测速管）

毕托管是一种测量水流或气流中任意一点流速的仪表。其测速头由弯成90°的同心套管组成，内管口敞开，外管口封闭。距管口一定位置处，外管壁沿周边开有若干小孔。为减小流动的扰动，外管的前端做成半球形，内、外管的另一端在管道外与测压管或比压计相连，其结构和测速装置如图 5—8 所示，实际上是将测速管与测压管组装为一体。

测量流速时，把毕托管下部的小孔正对来流方向，放入流体中的欲测点处，毕托管上部的接头则接 U 形压差计，如图 5—9 所示。

通过对流体运动的分析，使用毕托管测量流速时，流体中任意一点的实际流速为：

$$u = \varphi \sqrt{\frac{\Delta p}{\gamma} 2g}$$

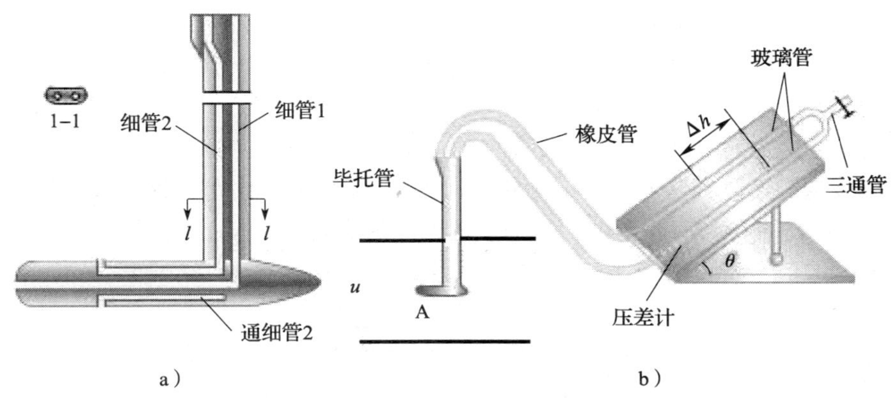

图 5—8 毕托管结构及测速图

a）毕托管结构 b）毕托管测流速

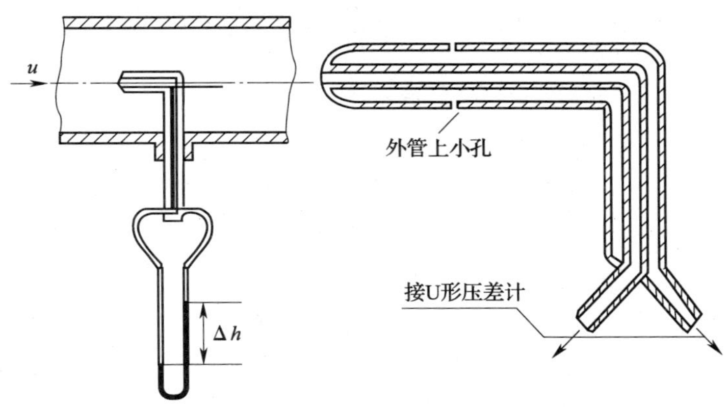

图 5—9 毕托管测流速示意图

式中 u——流体中任意一点的实际流速，m/s；

φ——流速系数，一般采用 $\varphi=1.0\sim1.04$；

$\dfrac{\Delta p}{\gamma}$——由比压计或微压计以压差形式显示的任意一点的流体动压头，m。

若被测流体为水，毕托管上接水银比压计时：

$$\frac{\Delta p}{\gamma}=\left(\frac{\gamma_{Hg}}{\gamma_{H_2O}}-1\right)\Delta h=12.6\Delta h$$

若被测流体为空气，毕托管上接水比压计时：

$$\frac{\Delta p}{\gamma}=\left(\frac{\gamma_{H_2O}}{\gamma_{空气}}\right)\Delta h$$

若被测流体为空气，毕托管上接酒精比压计时：

$$\frac{\Delta p}{\gamma}=\left(\frac{\gamma_{酒精}}{\gamma_{空气}}\right)\Delta h$$

以上三式中，γ_{Hg}、γ_{H_2O}、$\gamma_{空气}$、$\gamma_{酒精}$分别为水银、水、空气和酒精的容重，单位为 N/m^3；

Δh 为比压计或微压计中的液柱高度差，单位为 m。

在使用测速管时，为保证测量精确，应做到以下几点。

（1）测速管应与被测管轴平行。

（2）测速管应放置在均匀流态中，即上下游需要一段长度约等于 50 倍管径的稳定段。

（3）为减少测速管插入后流态的干扰，测速管直径 d_0应小于被测管径 d 的 1/50。

【例题 5—4】 如图 5—8 所示，已知管道空气的密度为 $\rho=1.29\ \mathrm{kg/m^3}$，微压计中的酒精密度为 $\rho'=800\ \mathrm{kg/m^3}$，微压计倾斜角的角度为 $\theta=30°$，读数 $\Delta h=50\ \mathrm{mm}$，流速系数取 $\varphi=1.0$，试求：

（1）管内断面中心处的风速 u_0。

（2）若断面平均流速为 $u=0.84u_0$时，该断面的平均流速。

【解】（1）采用公式$\dfrac{\Delta p}{\gamma}=\left(\dfrac{\gamma_{酒精}}{\gamma_{空气}}\right)\Delta h$ 可得：

$$\frac{\Delta p}{\gamma}=\left(\frac{\gamma_{酒精}}{\gamma_{空气}}\right)\times\Delta h\times\sin\theta=\frac{800}{1.29}\times0.05\times\sin30°=15.5\ \mathrm{m}$$

采用公式 $u=\varphi\sqrt{\dfrac{\Delta p}{\gamma}2g}$可得管内断面中心处的风速为：

$$u_0=\varphi\sqrt{\frac{\Delta p}{\gamma}2g}=1.0\times\sqrt{15.5\times2\times9.81}=17.4\ \mathrm{m/s}$$

（2）断面的平均流速

$$u=0.84u_0=0.84\times17.4=14.62\ \mathrm{m/s}$$

通过例题计算后应注意，毕托管所测量的流速是测点的流速（一般为管中心的流速及管中流体的最大流速），而流量公式中的流速则是断面的平均流速，不能直接使用毕托管测量出来的流速计算流量。而应根据流体的流态，再依据平均流速和最大流速的关系，求出平均流速后，再用平均流速计算管内流体的流量。

毕托管常采用不锈钢制作，如图 5—10 所示。

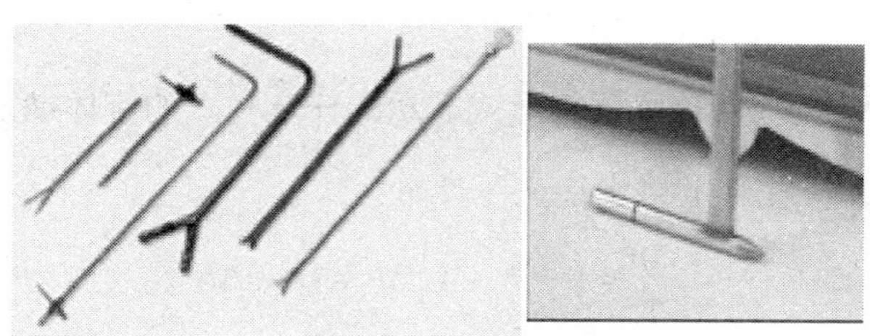

图 5—10　毕托管

二、文丘里流量计

文丘里流量计是测量管路流量的一种装置，它由一段渐缩管、一段喉管和一段渐扩管三部分组成，如图 5—11 所示。将它装在需要测定流量的管道上，当被测流体通过流量计时，由于喉管断面缩小，流速增大，压力相应减低，反应在接入1—1（渐缩管前）和2—2（喉管处）断面的测压管或比压计上，呈现出一个液柱差 Δh，根据两根管的液柱差值及流量计算式，就可以计算出管道内流体的流量。

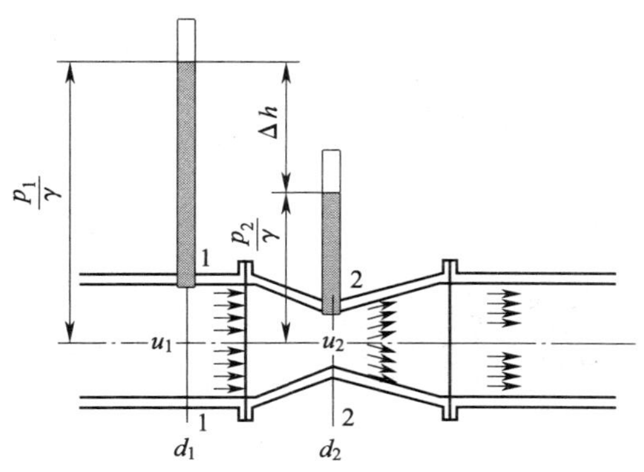

图5—11　文丘里流量计的结构原理

文丘里流量计如图5—12所示。

图5—12　文丘里流量计

三、孔板流量计

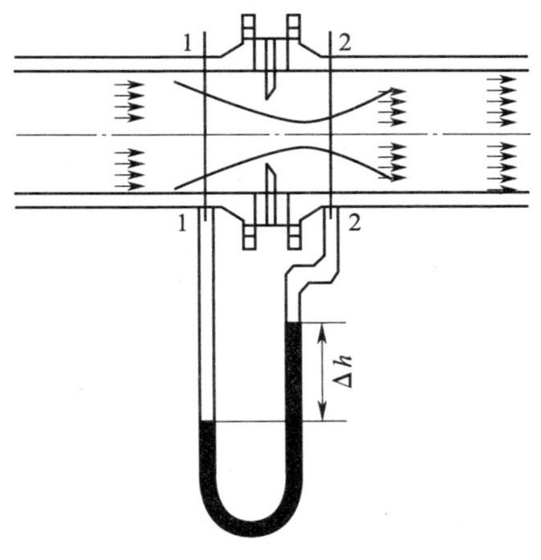

图5—13　孔板流量计结构

孔板流量计如图5—13所示。它是将一块中央开有45°锐孔的板垂直插入管道中，并在该板两侧管壁上有取压孔分别与一U形管压差计相连就构成了孔板流量计。其中开有锐孔的板称为孔板。

流体流过孔板时突然收缩，流股截面逐渐缩小，动能增加，静压能减小，在缩脉处截面收缩到最小，动能最大，静压能最小，然后流股又逐渐扩大，直至充满整个管截面。流体流过孔板前后动能与静压能之间的相互变化大小与流量有关，流量越大，变化量越大。因此只要用U形管压差计测出孔板两侧的静压能的变化，便可计算出流量的大小。

孔板流量计在使用时，应注意以下几点。

（1）孔板应与管轴垂直安装。

（2）孔板上游要有 10 倍管径，下游要有 5 倍管径以上的直管稳定段。

（3）取压孔有两种方法确定：一种是径接法，上游取压孔在距孔板 1 倍管径处，下游取压孔在距孔板 1/2 管径处；另一种是所谓的角接法，取压孔定在孔板的前后两片法兰上，尽量靠近孔板。

孔板流量计结构简单，制造与安装都方便，但阻力损失大。孔板流量计如图 5—14 所示。

图 5—14　孔板流量计

四、转子流量计

孔板或文丘里管的缩口面积不变，但流体通过缩口的压差是随流量变化的，故称为恒截面变压差流量计。下面将介绍另一类流量计，流体通过这类流量计缩口时，压差不随流量变化，但截面却随之而变，故称为恒压差变截面流量计。其常见的是一种转子流量计。

转子流量计的结构如图 5—15 所示，在一段垂直倒锥形玻璃管内，装有一个金属或非金属制的浮子（也称转子）。当流体自下而上从转子与玻璃管壁的环形缝隙中流过时，流速增大，压强减小，于是在转子的上下端面产生一个压差，使转子上浮。转子上浮时，环隙面积逐渐增大，环隙中流速减小，转子上下端面的压差随之降低。当转子上浮至某一位置时，转子上下两端面的压差提供的升力正好等于转子的净重力，转子不再上升而稳定停留在该位置上。

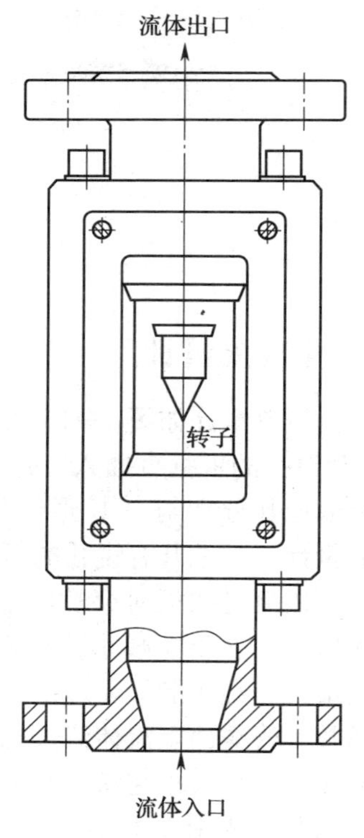

图 5—15　转子流量计的结构

当流量增大时，转子两端的压差也随之增大，上升力增大使转子在原来位置上的平衡被破坏，转子上升的同时环隙面积增大，上升力下降，在某一新的高度处，上升力与净重力重新达到平衡。

由此可见，转子停留的高度随流量而变，因此根据转子的位置就可指示流量的大小。

转子流量计在安装时上下游不需要稳定段，但必须垂直安装。转子流量计的压力损失小，可测范围宽，但耐压不高，一般适用于压力在 0.5 MPa 以下的工作流体。

转子流量计还可以与孔板流量计组合测量管内流量，

可用较小口径的转子流量计来测量较大的流量，使仪表结构简单、体积小、质量轻，是一种理想的大流量测量仪表。

转子流量计种类较多，如图 5—16 所示。

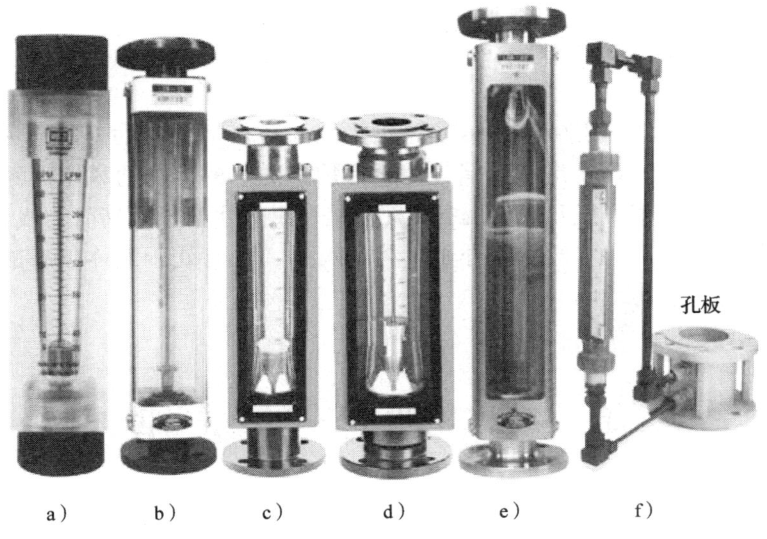

图 5—16　转子流量计

a）面板型　b）玻璃型　c）防腐型　d）普通型　e）不锈钢型　f）孔板组合

复习思考题

1. 毕托管怎样测量管内流速？使用时应注意什么？
2. 文丘里流量计由哪几部分组成？
3. 孔板流量计安装、使用过程中各有什么要求？
4. 转子流量计安装、使用过程中各有什么要求？

第六章　热力学基本原理

在热力过程中，热能与机械能的转换以及热能的转移都要借助工质来完成。例如，在锅炉中，燃料燃烧产生的热量是借助烟气传给锅炉中的水的；在通风空调系统中，是用空气进行传递热量的；在蒸汽机和汽轮机中，热能是借助于水蒸气而转变为机械能等。

工程中常用的工质多种多样，有处于气体状态的，也有处于液体状态的。本章主要介绍气态工质的热力状态特性。

第一节　理想气体定律

学习目标

1. 掌握并理解理想气体和混合气体的概念。
2. 掌握理想气体定律及其应用。
3. 掌握理想气体状态方程及其应用。

为了对实际气体变化过程研究方便，人们提出了理想气体的概念。

一、理想气体

物理学中提出，凡符合下述两条假设的气体称为理想气体。

（1）气体的容积中，气体分子所占空间甚小，可以略去不计。

（2）气体分子间没有相互的作用力。

从分子运动论的角度来看，理想气体就是气体分子本身的体积和分子间的作用力可以忽略不计的气体。虽然理想气体是不存在的，但是有许多实际气体，在通常的温度和压强下，其性质近似于理想气体，把它们当作理想气体来处理，误差很小。

理想气体是一种假想气体，严格地说实际存在的气体不可能符合理想气体的假定。但是，当气体压力不太高、温度不太低的时候，实际存在的气体就很接近理想气体了。气体压力越低、温度越高、比容越大时，就越接近于理想气体。例如，通风空调中的空气、锅炉烟道中的烟气等，一般把它们当作理想气体对待。

压力较高、温度较低的气态物质，特别是刚刚脱离液态的气态物质，由于其比容较小，分子间距离较近，故其分子本身所占容积与分子间的相互作用力均不能忽略。将这些不符合理想气体的气态物质，称之为实际气体或蒸气。例如，制冷装置中使用的氨或氟利昂等制冷剂蒸气、锅炉中产生的水蒸气等，均应当作实际气体对待。实际气体性质比较复杂。

在工程中将气态物质视为理想气体还是实际气体，一方面取决于它们所处的热力状态；另一方面还取决于工程上所能容许的误差范围。

二、理想混合气体

工程中常用的工质，往往不是单一气体，而是两种或两种以上的单一气体的混合物。例如，空气主要由氮气和氧气组成；锅炉中燃料燃烧所产生的烟气，主要由二氧化碳、水蒸气、氮气、二级化硫等组成；还有天然气等，都是由若干单一气体组成的。

几种相互不发生化学反应的理想气体组成的混合物，称为理想混合气体，或简称为混合气体，由于混合气体的各组成气体都是理想气体，故凡适用于理想气体的有关规律和关系式，均适用于混合气体。

三、理想气体定律

在 17 世纪和 18 世纪，人们在研究气体的特性时，用实验方法建立起了关于气体性质的几个定律。这些定律后来被以理想气体模型为基础而发展起来的气体动力学所证明，故命名为理想气体定律。下面介绍三个定律。

1. 玻义耳—马略特定律

一定质量的气体从一个状态变化到另一个状态时，如果温度保持不变，这个过程叫作等温变化。等温变化时，压强与体积的关系遵从玻义耳定律：等温变化过程中气体的压强跟体积成反比。用公式表示为

$$p_1V_1 = p_2V_2$$

2. 盖・吕萨克定律

一定质量的气体从一个状态变化到另一个状态时，如果压强保持不变，这个过程叫作等压变化。等压变化时，温度与体积的关系遵从盖・吕萨克定律：等压变化过程中气体的体积与热力学温度成正比。用公式表示为

$$\frac{V_1}{V_2} = \frac{T_1}{T_2}$$

3. 查理定律

一定质量的气体从一个状态变化到另一个状态时，如果体积保持不变，这个过程叫作等容变化。等容变化时，压强与温度的关系遵从查理定律：等容变化过程中气体的压强与

热力学温度成正比。用公式表示为

$$\frac{p_1}{p_2} = \frac{T_1}{T_2}$$

四、理想气体状态方程

对于理想气体，根据理想气体定律，它们有下列的关系：

$$pv = RT$$

式中，p、v、T 分别为单位质量（1 kg）气体的绝对压力（Pa）、比容（m^3/kg）、热力学温度（K）；R 为气体常数 J/（kg·K），它是取决于气体性质，与其热力状态无关的常数。

上式称为理想气体状态方程或克拉贝龙方程。

对一定质量（m kg）的气体，则

$$pV = mRT$$

式中，V 是 m（kg）气体所占据的总容积，R 为气体常数。通用气体常数 R_0 =8 314 J/（kmol·K），M 为气体分子量，则

$$R = \frac{R_0}{M} = \frac{8\ 314}{M}\ \text{J/(kg·K)}$$

一些常见气体的气体常数见表 6—1。

表 6—1　　一些常见气体的气体常数

物质名称	化学式	分子量	R/［J/（kg·K）］	物质名称	化学式	分子量	R/［J/（kg·K）］
氢	H_2	2.016	4 124.0	氮	N_2	28.013	296.8
氨	NH_3	17.031	488.2	氧	O_2	32.0	259.8
氦	He	4.003	2 077.0	一氧化碳	CO	28.011	296.8
甲烷	CH_4	16.043	518.3	二氧化碳	CO_2	44.010	188.9
水蒸气	H_2O	18.051	461.4	空气	—	28.97	287.0

【例题 6—1】 空气压缩机盛有 0.6 m^3 的空气，压缩前的绝对压力为 3×10^5 Pa，压缩后的绝对压力为 6×10^5 Pa，若压缩前后空气温度保持不变，试求压缩后空气的体积。

【解】 根据玻义耳—马略特定律得

$$V_2 = \frac{p_1V_1}{p_2} = \frac{3\times10^5\times0.6}{6\times10^5} = 0.3\ m^3$$

【例题 6—2】 温度为 35℃ 的空气经空气预热器预热后温度升高至 165℃，试计算空气容积增大的倍数。

【解】 空气经空气预热器时压力变化不大，可近似看作定压过程。根据盖·吕萨克定律求得

$$\frac{V_2}{V_1}=\frac{T_2}{T_1}=\frac{273+165}{273+35}=1.42\text{ 倍}$$

【例题6—3】 若对某密封容器内的空气进行加热，当空气的温度由20℃升高到40℃时，试求容器内空气绝对压力的变化。

【解】 密封容器内空气的容积不变，加热过程可看作定容过程。根据查理定律

$$\frac{p_2}{p_1}=\frac{T_2}{T_1}=\frac{273+40}{273+20}=1.068\text{ 倍}$$

【例题6—4】 试求标准状态下空气的气体常数，已知标准状态下空气的密度为1.293 kg/m³。

【解】 空气是由氮、氧、氩等气体组成的混合气体，它具有单一的理想气体性质。空气在标准状态下的参数值为

压力 $p_0=1.032\,5\times10^5$ Pa

密度 $\rho_0=1.293$ kg/m³

温度 $T_0=273.15$ K

由理想气体状态方程可得

$$R=\frac{p_0}{\rho_0 T_0}=\frac{1.013\,25\times10^5}{1.293\times273.15}=0.287\text{ kJ/(kg}\cdot\text{K)}$$

【例题6—5】 容积为2 m³的压缩空气罐上的压力表指针指示1.5 MPa，此时空气的温度为20℃，当地的大气压为0.1 MPa，试计算罐中空气的质量。

【解】 压力 $p=(0.1+0.5)\times10^6=16\times10^5$ Pa

温度 $T=273+20=293$ K

气体常数 $R=287$ J/(kg·K)

由理想气体状态方程可得

$$m=\frac{pV}{RT}=\frac{16\times10^5\times2}{287\times293}=38.05\text{ kg}$$

【例题6—6】 某离心风机在大气压力为101 325 Pa，温度为20℃环境下测得风量为30 000 m³/h。若风机工作时空气温度为30℃，大气压力为99 309 Pa，试求此时风机输送空气的质量m与测定状态下质量m_0相差多少？

【解】 温度为20℃，大气压力为101 325 Pa时空气的密度和质量

$$\rho_0=\frac{p_0}{RT_0}=\frac{101\,325}{287\times(273+20)}=1.205\text{ kg/m}^3$$

$$m_0=\rho_0 V_0=1.205\times30\,000=36\,150\text{ kg/h}$$

温度为30℃，大气压力为99 309 Pa时空气的密度和质量

$$\rho=\frac{p}{RT}=\frac{99\,309}{287\times(273+30)}=1.141\text{ kg/m}^3$$

$$m=\rho V=1.039\times30\,000=34\,230\text{ kg/h}$$

两工况质量差为

$$m_0-m=36\,150-34\,230=1\,920\text{ kg/h}$$

复习思考题

1. 什么是理想气体？提出“理想气体”这个概念有何意义？举例说明实际中哪些气体可以看作理想气体，那些气体不能看作理想气体。

2. 什么叫理想混合气体？并举例说明。

3. 自行车在夏天行驶时，为什么容易爆胎？

4. 举例说明实际中的哪些现象可以用理想气体定律解释。

5. 试求温度为60℃，绝对压力为0.3 MPa，气体常数为296.8 J/（kg·K）的1 kg氮气的比容和密度。

6. 若使流量为4 000 m^3/h，16℃的空气通过暖风机加热至60℃，试求加热后空气的流量为多少？（提示：暖风机加热空气的过程可以视为等压过程）

7. 某气体的绝对压力为0.3 MPa，温度为50℃时比容为4 m^3/kg，试求标准状态（标准状态的压力p_0为$1.032\,5\times10^5$ Pa，温度T_0为273.15 K）下的比容。

8. 某容积为3 m^3的二氧化碳钢瓶上的压力表最初指示压力为$p_1=0.3\times10^5$ Pa，经充气后，压力表指示压力为$p_2=3\times10^5$ Pa，而温度由20℃升至45℃，试计算有多少二氧化碳气体被充入钢瓶。已知二氧化碳气体常数为$R=188.9$ J/（kg·K），当地的大气压力为760 mmHg。

9. 某天然气管道做气密性试验时，将表压力为$p_1=1.5$ MPa，温度为$t_1=30$℃的空气送入系统后将管道封闭，过一天后测的温度为$t_2=15$℃，如无渗漏现象，试求系统压力降低多少？（当地的大气压力为750 mmHg）

10. 试求下列气体在标准状态下的容积：（1）64 kg氧气；（2）15 kg二氧化碳；（3）22 kg一氧化碳；（4）1 kg天然气；（5）1 kg氢气。

第二节　气体的比热和热量计算

学习目标

1. 掌握气体比热的概念，并理解其影响的因素。
2. 掌握气体热量的基本计算方法。

热量计算在实际工程中经常遇到，特别是在供热通风与空调工程中，无论是锅炉、采暖还是通风、空调和制冷工程都离不开气体换热量计算。那么，气体换热量如何计算？

一、气体的比热

1. 气体比热的特性

表征物体吸收或放出热的多少的物理量称为热量。物体吸收或放出热量的多少，不仅与物体的数量和温度有关，而且也与物体本身的物理性质等因素有关。比热就是一个表明物体吸热或放热特性的重要物理量。

物体温度升高1℃（或1 K）所需的热量称为该物体的热量容量。单位质量的气体升高（或降低）1℃（或1 K），所吸收（或放出）的热量称为该气体的比热容，简称气体比热。用符号 c 表示，单位为kJ/（kg·K）。

实验表明，物体的比热除与物体的性质有关外，还与物体所处的温度有关。在不同温度下，同一物体的比热值也不同。特别是气体的比热，还与加热或放热特性有关。在实际工程中，当温度变化范围不太大，温度本身也不太高，或者计算本身要求的精度不高时，可认为比热与温度无关，而把比热看作定值。表6—2给出了一些物体在常温下的定值比热值。

表6—2 某些物质在常温下的比热

物质名称	比热/［kJ/（kg·K）］	物质名称	比热/［kJ/（kg·K）］
玻璃	0.628	水	4.187
混凝土	0.879	酒精	2.430
铁	0.461	水银	0.138
钢	0.502	空气	1.005
铜	0.389	二氧化碳	0.838
铝	0.879	氮气	1.047
冰	2.095	氧气	0.921

气体比热由于物理量单位的取法不同和加热过程的性质及温度范围不同，可以有不同的数值。根据气体物理量单位的取法不同，工程上常使用质量定压比热和质量定容比热。

（1）质量定压比热

单位质量的气体在加热（或冷却）过程中压力保持不变的条件下，温度变化1℃（或1 K）时所需的热量称为质量定容比热。用符号 c_p 表示。

（2）质量定容比热

单位质量的气体在加热（或冷却）过程中容积保持不变的条件下，温度变化1℃（或1 K）时所需的热量称为质量定容比热。用符号 c_v 表示，单位为kJ/（mg·K）。

2. 气体比热的影响因素

影响气体比热的因素较多，下面介绍影响气体比热的主要因素。

（1）气体的物理性质

对于性质不同的气体，其分子结构特性不同，分子量也不同，因此各自的比热数值也不同。例如，氧和二氧化碳。由于组成分子的原子数不同，它们的比热也不同。二氧化碳（CO_2）为三原子气体，组成分子的原子数多，比热值就大，而氧（O_2）为双原子气体，组成分子的原子数少，故比热值就小。

（2）气体的压力与温度

理想气体的比热只是温度的单值函数，即 $c=f(t)$，与压力无关。而实际气体的比热则同时受到压力和温度的影响，是温度和压力的函数，即 $c=f(t, p)$。

气体的比热与温度的关系很复杂。一般来说，比热随温度的升高而增加，不同的气体有不同的比热与温度函数式，使用时可从有关图册中查得。如图 6—1 所示为比热与温度的关系。

经试验和理论研究表明，凡是原子数目相同的气体，它们的摩尔比热均相同。理想气体定压和定容过程的摩尔比热见表 6—3。

表 6—3　　气体定压摩尔比热和定容摩尔比热

气体种类	定容摩尔比热 Mc_v kJ/（kmol·K）	定压摩尔比热 Mc_p kJ/（kmol·K）
单原子气体	12.560	20.934
双原子气体	20.934	29.307
多原子气体	29.307	37.307

由表 6—3 给出的定值摩尔比热值，可换算出气体的定值质量比热值

$$c = \frac{M_c}{M}$$

式中 M 为气体分子量。

（3）气体的过程特性

气体在定容加热过程中，吸收的热量全部用来增加分子运动的动能，而使气体温度升高，压力增大：而定压加热时，气体吸收的热量，除用来增大分子的动能，提高气体的温度外，还要克服外力而膨胀做功（见图 6—2）。所以同样升高 1 K，要比在定容下加热时需要更多的热量。越容易膨胀的气体，这种差别就越大。

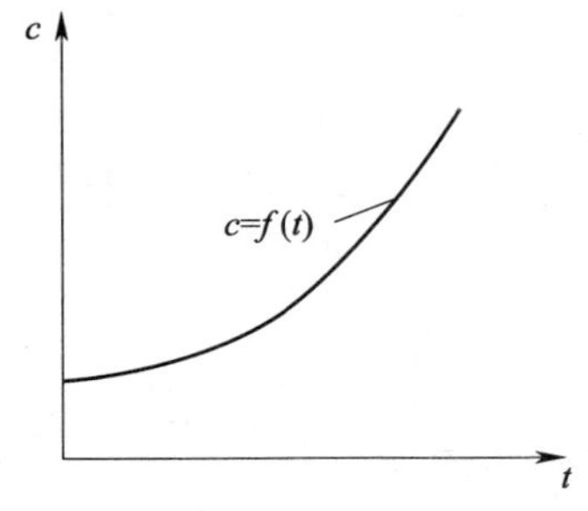

图 6—1　比热与温度的关系

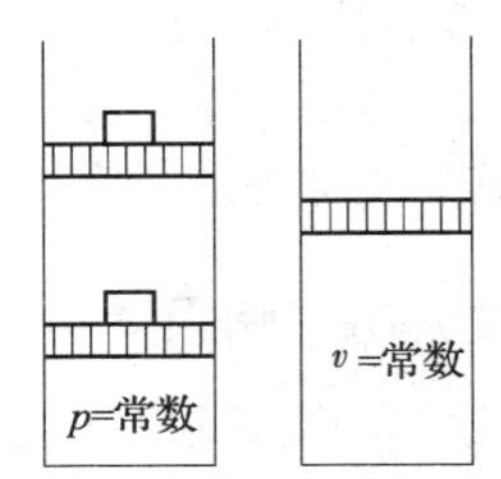

图 6—2　定压加热和定容加热

3. 混合气体的比热

一定质量的混合气体温度变化1℃时，每一组成单一气体的温度变化也是1℃。它们吸收（或放出）的热量分别为：m_1c_1、$m_2c_2\cdots m_nc_n$（m_1、$m_2\cdots m_n$和c_1、$c_2\cdots c_n$分别为组成各气体的质量和定值质量比热）。因此，一定质量混合气体温度变化1℃所吸收（或放出）的热量，为其中各组成单一气体温度变化1℃所吸收（或放出）的热量的总和，即

$$mc = m_1c_1 + m_2c_2 + \cdots + m_nc_n$$

所以

$$\begin{aligned} c &= \frac{m_1}{m}c_1 + \frac{m_2}{m}c_2 + \cdots + \frac{m_n}{m}c_n \\ &= g_1c_1 + g_2c_2 + \cdots + g_nc_n \\ &= \sum_i^n g_ic_i \ \text{kJ/（kg·K）} \end{aligned}$$

也就是说，混合气体的质量比热等于各组成单一气体的质量比热与其质量成分乘积之和。混合气体的比热知道以后，其热量计算与单一气体计算热量的方法相同。

二、热量计算

生活中会看到这样的现象，把烧红的铁块放到冷水中，冷水的温度就会升高，直到水温与铁块的温度相同。

当系统与外界间存在温度差时，热量就从高温侧传向低温侧；当系统与外界达到热平衡，过程就停止了，热量传递同时也停止。可见，热量只有在过程中才能发生，它不是状态参数，而是与过程紧密相关的过程量。所以不应该说“系统在某状态下具有多少热量”，而只能说“系统在某个过程中与外界交换了多少热量”。

热量在热力学中用符号Q表示，单位为焦耳（J）或千焦（kJ）。1 kg工质传递的热量用q表示，称为比热量，单位为J/kg或kJ/kg。

1. 用定值比热计算热量

在通风与空气调节工程中经常遇到应用定值比热计算热量。作为通风与空气调节工程中的工质——空气，在加热或冷却过程中，压力变化不大，可认为是定压过程。同时空气的温度又不高，变化也不大，所以完全可以应用定值比热计算热量。

在计算精度要求不高的情况下，空气的定值比热可根据表6—3中摩尔比热值计算求得。空气属于双原子气体，其平均分子量为28.97。则空气的定压质量比热为

$$c_p = \frac{29.307}{28.97} = 1.01 \ \text{kJ/(kg·K)}$$

空气的定容质量比热为

$$c_v = \frac{20.934}{28.97} = 0.723 \ \text{kJ/(kg·K)}$$

实际测得的定值比热值与上述数值相符。

【例题6—7】 试求60 000 kg/h空气在定压下由 -23℃加热到40℃时所需要的热量。已知空气的定容质量比热 $c_p = 1.01$ kJ/（kg·K）。

【解】 根据热量计算公式得

$$\begin{aligned} Q &= mc_p(t_2 - t_1) \\ &= (60\ 000/3\ 600) \times 1.01 \times [40 - (-23)] = 1\ 060.5\ \text{kW} \end{aligned}$$

【例题6—8】 试计算每小时4 000 Nm^3的空气经冷却器定压冷却后，温度由39℃降到27℃时所放出的热量为多少。已知空气的定压容积比热 $c'_p = 1.3$ kJ/（Nm^3·K）。

【解】 根据热量计算公式得

$$\begin{aligned} Q &= V_0 c'_p(t_2 - t_1) \\ &= (4\ 000/3\ 600) \times 1.3 \times (27 - 39) = -17.33\ \text{kW} \end{aligned}$$

【例题6—9】 5 m^3的氧气，在 $p_1 = 3 \times 10^5$ Pa压力下从20℃加热到120℃，求加入氧气的热量。比热设为定值。

【解】 （1）利用状态方程式求出氧气的质量

$$m = \frac{p_1 V_1}{RT_1} = \frac{3 \times 10^5 \times 5}{259.8 \times (273 + 20)} = 19.71\ \text{kg}$$

（2）求出氧气的定容质量比热

$$c_v = \frac{20.934}{32} = 0.654\ 2\ \text{kJ/(kg·K)}$$

（3）求热量

$$\begin{aligned} Q &= mc_v(t_2 - t_1) \\ &= 19.71 \times 0.654\ 2 \times (120 - 20) = 1\ 289.4\ \text{kJ} \end{aligned}$$

2. 用平均比热计算热量

在实际工程中，常遇到一些气体工质的工作过程温度较高，如锅炉中的烟气等。在计算热量时，温度对气体的比热的影响就不能忽略，否则就会造成较大的误差。

自然，不可能也不需要将每一温度下气体的真实比热都算出来，工程上采用了平均比热的概念来简化热工计算。

平均比热是指在一定的温度范围内，单位数量气体所吸收或放出的热量与温度差的比值。例如，某单位数量的气体，温度从 t_1变到 t_2时，需要热量 q，则 q 与（$t_2 - t_1$）的比值就称为该气体在温度范围 $t_1 \sim t_2$的平均比热 $c_{平均}$。即

$$c_{平均} = \frac{q}{t_2 - t_1}$$

由此，单位质量气体吸收或放出的热量为

$$q = c_{平均}(t_2 - t_1)$$

平均比热是一个假想的概念，其实质是在某一确定的温度范围内，用一个数值不变的比热去代替随温度变化的真实比热进行热量计算，所得结果与按真实比热进行计算的结果相同。

常用气体平均比热一般由试验和理论计算求得，具体可参阅相关手册。

另外，因为理想气体的焓、内能都是温度的单值函数，无论经历任何过程，只要温度变化相同，其焓、内能的变化就相同。理想气体任何过程的焓、内能的计算为

$$\Delta h = c_p(T_2 - T_1)$$

$$\Delta u = c_v(T_2 - T_1)$$

复习思考题

1. 什么是气体的比热？工程上常采用哪几种比热？

2. 影响气体比热的主要因素有哪些？并简要说明气体比热随这些因素怎样变化。

3. 什么是混合气体的比热？

4. 什么是平均比热？平均比热有何意义？

5. 试计算氧气（O_2）的定压质量比热、定压容积比热、定容质量比热、定容容积比热。

6. 某空气罐中盛有 80 L 空气，罐上的压力表指示压力为 0.2 MPa，温度计指示温度为 40℃，若将此空气在罐中加热至 200℃。若当地的大气压力为 760 mmHg，试求：

（1）所需加热的热量？

（2）罐中空气温度为 200℃ 时，罐上压力表的指示压力是多少？

7. 某通风系统的空气加热器将 5 000 kg/h 的空气由 5℃ 加热至 30℃，试求空气所吸收的热量。

8. 某锅炉空气预热器将空气温度由 50℃ 提高到 200℃，试求 1 kg 空气通过空气预热器时所吸收的热量。

第三节 热力学第一定律

学习目标

1. 理解热力系统的相关概念。
2. 掌握并理解热力学第一定律的意义。
3. 能够运用热力学第一定律解决一般工程计算问题。

能量守恒与转换定律是自然界中一个最普遍、最基本的定律，适用于自然界中的一切现象和过程。热力学第一定律就是能量守恒与转换定律在热力学中的应用。热力学第一定律所建立的能量方程式是热力工程中能量分析的基础。

车辆、船舶和飞机的动力装置将热量转变为机械能；火力发电厂将热能转变为电能；

电能又可以通过相应设备（如电动机）转化为机械能等。这些装置或设备的功量和热量之间到底如何相互转换？它们之间的关系又是什么？

一、热力系统

在分析热力学问题时，为了明确分析研究的对象，按研究任务的具体要求，把某种边界所包围的特定空间或物质称为热力系统或热力体系。边界以外，与体系发生作用，把不列为研究对象的一切物质称为外界。体系与外界的界限称为边界或分界面。

热力系统可以是物质（一种或几种），也可以是空间。包围热力系统的边界可以是真实的，也可以是假想的；可以是固定的，也可以是运动的。

如图 6—3 所示，为一配有活塞的气缸。若把封闭在气缸中的气体取作热力系统（即研究对象），则气缸和活塞的内壁面就是边界，这种边界是真实的。而活塞却又是运动的边界。

如图 6—4 所示，为一有两个开口的壳体，其中有一转动的风机叶轮。在转动叶轮的作用下，气体不断地从 1—1 断面流进，从 2—2 断面流出。若选取两断面之间的气体为热力系统，则进出口断面为假想的、固定的边界，壳体的内壁是真实的、固定的边界。

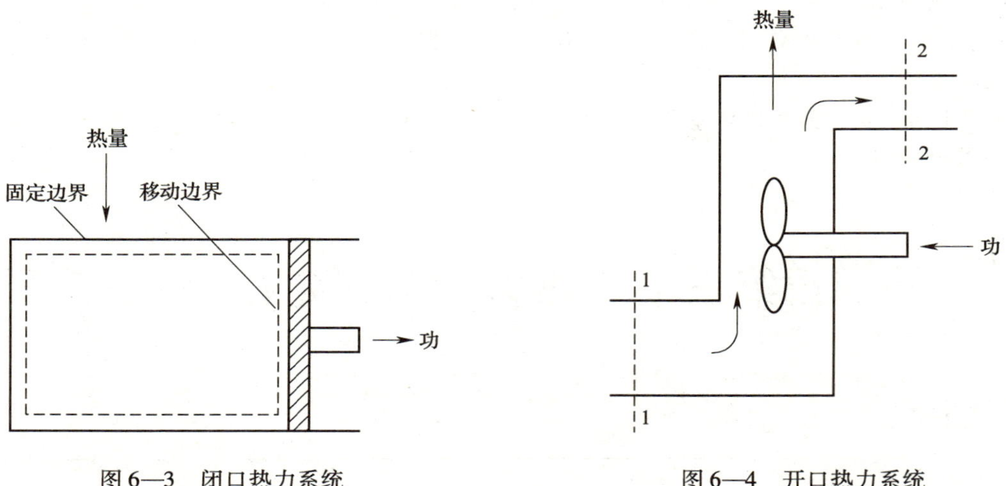

图 6—3　闭口热力系统　　图 6—4　开口热力系统

热力系统与外界之间的能量与物质交换总是通过边界进行的。若热力系统与外界有功和热的交换，但没有物质的交换时，该系统称为闭口系统，如图 6—3 所示的系统就是一个闭口热力系统。

热力系统与外界之间不仅有功和热的交换，而且还有物质交换，这种系统称为开口热力系统，如图 6—4 所示。

除此之外，当热力系统和外界之间无热量交换，则该系统称为绝热系统，而与外界既没有功和热的交换，又没有物质交换的热力系统称为孤立系统。

实际上自然界并不存在真正的绝热系统和孤立系统，它们仅仅是一种抽象的概念。当系统与外界交换的热量很小，或者热交换远小于功量交换时，都可以当作绝热系统看待。孤立系统的概念也是如此。

二、热力学第一定律内容

1. 热力学第一定律解析

能量守恒定律阐明：自然界中一切物质都具有能量，能量有各种不同的形式，既不能消灭，也不能创造，但能从一种形式转换成另一种形式，从一个物体传递给另一个物体，在转化和传递过程中，能量的总和保持不变。

热力学第一定律是能量守恒与转换定律在具有热现象的能量转换中的应用。若机械能（或称机械功）以 W 表示，热能（或称热量）以 Q 表示，则热力学第一定律可写成

$$Q = AW$$

式中，A 称为热的功当量。

上式反映了机械功可转换成热量；反之，热量也可转换成机械功。可见，热力学第一定律确定了热与机械功之间在数量上的关系。

热力学第一定律的一种表述是：能量可以从一种形式转换为另一种形式，但在转换中能量的总量保持不变。

热力学第一定律还可以这样来表述：热可变为功，功也可变为热；一定量的热消失时，必产生一定量的功；消耗一定量的功时，必出现与之对应的一定量的热。

热力学第一定律确定了热能与机械能可以相互转换，并且在转换时存在着确定的数量关系。所以，热力学第一定律也称为当量定律。

热力学第一定律是热力学的基本定律。它适用于一切热力过程，是工程上进行热力分析和热量计算的主要基础。当用于分析实际问题时，需要将之表示为数学解析式，即根据能量守恒的原则，列出参与过程的各种能量之间的数量关系，这种关系式也称为能量平衡方程式。

对于任何系统，各项能量之间的平衡关系为：

系统中原有的能量 + 进入系统的能量 - 离开系统能量 = 系统最终剩余的能量

实际解决问题时，将根据不同条件的热力系统，列出具有不同形式的能量平衡方程式。

2. 闭口系统热力学第一定律的解析式

如图 6—5 所示为一气缸和活塞组成的闭式系统，气缸内有 1 kg 气体。开始时，系统处于平衡状态。在外界向气体加入热量 q 时，使缸内气体膨胀，对外做膨胀功 w，同时其内能也变化了 Δu，最后系统又达到了一个新的平衡状态。根据能量守恒与转换定律，则有

$$q = \Delta u + w$$

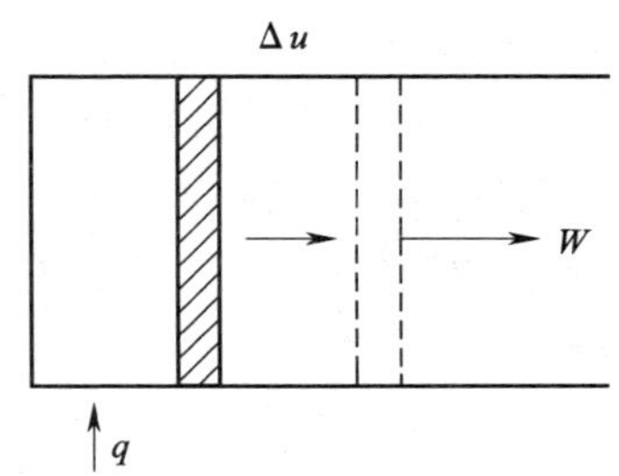

图 6—5 气缸与活塞组成的闭式系统

上式即是闭口系统热力学第一定律的解析式，它说明外界加给气体的热量除了一部分用来增加气体（工质）的内能以外，其余全部都用来对外做功。

在这个公式中，认为工质从外界获得的热量为正，向外界放出的热量为负；工质对外界做出的功为正，从外界获得的功为负。

上式只适用于工质在宏观上没有可见的流动过程，即只适用于单纯的压缩和膨胀过程。因此，这个公式又称为闭口系统热力学第一定律能量方程。

【例题 6—10】 工质从外界吸收热量为 12 000 kJ。吸热后对外做功为 8 000 kJ。试计算该工质内能的变化量。

【解】 根据公式 $q = \Delta u + w$，可得内能的变化量为

$$\Delta u = q - w = 12\,000 - 8\,000 = 4\,000 \text{ kJ}$$

这说明工质在吸收了 12 000 kJ 热量后，除对外作了 8 000 kJ 的功外，本身的内能还增加了 4 000 kJ。

三、稳定流动能量方程

上面讨论了闭口系统的能量方程，而实际工程上却以开口系统为多。例如，工质流过锅炉、制冷压缩机、气压机、通风机、加热器等设备时，系统与外界不但有能量的转移与转换，而且还有物质的交换。因此，它们都可以看作是开口系统。热力学第一定律应用于开口系统的稳定流动过程的解析式称为稳定流动能量方程式。

1. 稳定流动能量方程式

暖通系统的正常运行都可以看作稳定工况。在稳定工况下，流动工质在各个截面上的状态参数保持不变；单位时间内流过各个截面的工质质量保持不变；系统与外界的功量和热量交换也不随时间而改变。

如图 6—6 所示为开口系统稳定流动过程示意图。假设在同一时间间隔内，有 1 kg 质量的工质通过截面 1—1 流入系统，外界对工质加入热量 q，工质对外界做的功量为 w_s，此时还有同样数量的工质从截面 2—2 流出系统。

若进口截面 1 - 1 的标高为 z_1，该处工质的状态参数为 p_1、t_1、v_1、u_1，流速为 c_1；出口截面 2 - 2 的标高为 z_2，该处工质的状态参数为 p_2、t_2、ν_2、u_2，流速为 c_2。

根据能量守恒与转换定律，工质流入系统的能量总和应该等于流出系统的能量总和，由此可得

$$q = (u_2 - u_1) + (p_2 v_2 - p_1 v_1) + \frac{1}{2}(c_2^2 - c_1^2) + g(Z_2 - Z_1) + w_s$$

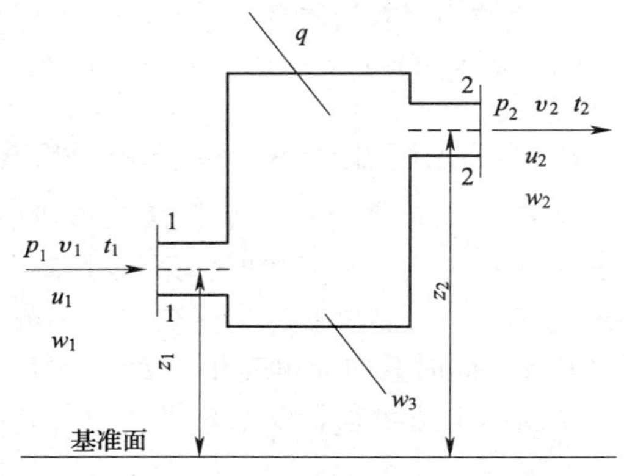

图 6—6 开口系统的稳定流动过程示意图

上式即为热力学第一定律应用于工质在稳定流动时的数学解析式，称为稳定流动的能量方程式。

它表明：对稳定流动的工质加入热量，可能产生的结果是改变工质本身的能量（内能、动能及位能），此外还供给工质克服阻力而做的流动静功（$p_2v_2 - p_1v_1$）及对外输出的轴机械功 w_s。

将闭口系统的能量方程与开口系统的能量方程进行比较

开口系统：$q - \Delta u = (p_2v_2 - p_1v_1) + \frac{1}{2}(c_2^2 - c_1^2) + g(Z_2 - Z_1) + w_s$

闭口系统：$q - \Delta u = w$

即　$w = (p_2v_2 - p_1v_1) + \frac{1}{2}(c_2^2 - c_1^2) + g(Z_2 - Z_1) + w_s$

在 w 的表达式中，右侧后三项在工程上是直接利用的。例如，喷管中利用 $\frac{1}{2}(c_2^2 - c_1^2)$ 项可以得到高速水流：水泵利用 $g(Z_2 - Z_1)$ 项可以提高水位水流；而热机利用 w_s 项对外做功。但 $(p_2v_2 - p_1v_1)$ 项与其他项不同，它是维持流体所必须支付的流动功，在工程中不能直接利用。所以工程热力学将后面三项之和总称为技术功 w_t，即

$$w_t = \frac{1}{2}(c_2^2 - c_1^2) + g(Z_2 - Z_1) + w_s$$

稳定流动能量方程式的导出，除了应用稳定流动的条件外，别无其他限制条件，因此适用于稳定流动的任何过程。

在研究有关流动的问题时，u 和 pv 常同时出现。由焓的定义式 $h = u + pv$，代入稳定流动能量方程式可得

$$q = (h_2 - h_1) + \frac{1}{2}(c_2^2 - c_1^2) + g(Z_2 - Z_1) + w_s$$

将技术功 w_t 代入上式可得

$$q = h + w_t$$

上面的表达式称为用焓来表示的热力学第一定律解析式。

2. 稳定流动能量方程式应用举例

许多热力设备在不变的工况下运行时，工质的流动可看作稳定流动，因而可以应用稳定流动的能量方程分析过程中能量转换的一般规律。

但对具体问题，要根据实际过程，可将某些次要因素略去不计，使能量方程更为简单。稳定流动能量方程式在工程上应用最为广泛。下面以一些供热通风与空调工程专业中的典型设备为例，说明这一方程式的应用。

(1) 热交换器

暖通专业常用的热交换器为表面式换热器，如图 6—7 所示。表面式换热器是冷、热流体不直接接触，通过固体壁面进行换热的设备，如锅炉、空气加热器、空气冷却器、冷凝器、蒸发器等均属此类。

表面式换热器可以看成是有两个进口和两个出口的稳定流动系统，换热器与外界无功

量交换，进出口高差很小，一般不会超过几米，工质流速较小。因此，位能差和动能差很小，可以忽略不计，即

$$\frac{1}{2}(c_2^2 - c_1^2) \approx 0 \text{ , } g(Z_2 - Z_1) \approx 0$$

因此，稳定流动的能量方程式简化为

$$q = h_2 - h_1$$

可见，工质在热交换器中吸入的热量等于其焓的增量。

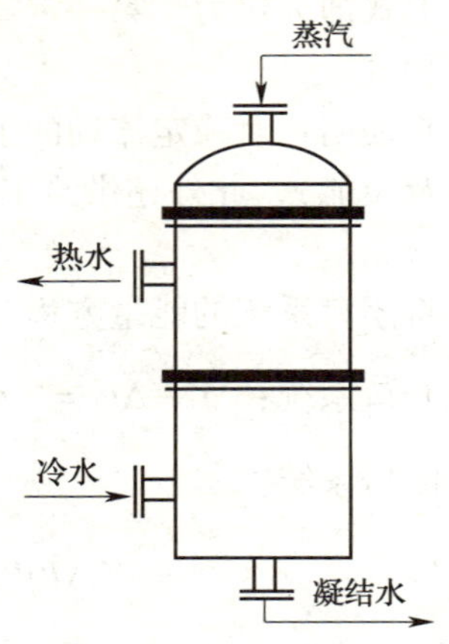

图 6—7　热交换器的能量交换

（2）叶轮式压气机

叶轮式压气机进出口高差一般都很小，进出口流速变化也不大，所以 $g\Delta Z$ 和 $\frac{1}{2}\Delta c^2$ 的数值都很小，均可忽略不计。另外，工质在设备中停留的时间很短，工质与外界的热交换与输出的功量比，要小得多，故工质在这类机械中的流动，可近似认为是绝热流动，即 $q = 0$。于是，叶轮式压气机的稳定流动能量方程式简化为

$$-w = h_2 - h_1$$

对于压气机（如泵与风机）一类的机械均系外界对工质做功，故上式中 w 为负值。

通过上述各例的分析可以看出，在不同的条件下，稳定流动能量方程式可以简化为不同的形式。

【例题 6—11】　某采暖用蒸汽锅炉的蒸发量 $D = 4$ t/h（4 000 kg/h），锅炉给水的焓值为 80 kJ/kg，蒸汽的焓值为 2 736 kJ/kg。若燃料煤的发热值为 20 000 kJ/kg，锅炉效率为 75%，试计算锅炉每小时的耗煤量应为多少？

【解】　1 kg 工质（蒸汽）所吸收的热量应为

$$q = h_2 - h_1 = 2\,736 - 80 = 2\,656 \text{ kJ/kg}$$

每小时 4 000 kg 工质所需的热量为

$$Q = D \times q = 4\,000 \times 2\,656 = 10.62 \times 10^6 \text{ kJ/h}$$

锅炉耗煤量为

$$B = \frac{Q}{75\% \times 20\,000} = \frac{10.62 \times 10^6}{0.75 \times 20\,000} = 708 \text{ kg/h}$$

【例题 6—12】　已知某制冷压缩机，吸入制冷剂的焓值为 228.81 kJ/kg，排气的焓值为 351.48 kJ/kg，进入压缩机的工质（制冷剂）质量为 200 kg/h，试计算制冷压缩机压缩工质（制冷剂）所需要的机械功。

【解】　压缩 1 kg 工质（制冷剂）所需要的功为

$$w = h_2 - h_1 = 351.84 - 228.84 = 123 \text{ kJ/kg}$$

压缩 200 kg 工质（制冷剂）所需要的机械功应为

$$W = 200 \times 123 = 24\,600 \text{ kJ}$$

【例题 6—13】　某汽水混合式加热器以 0.3 MPa 绝对压力的饱和蒸汽（焓值为 $h_1 = 2\,725.5$ kJ/kg），加热 20℃的水（焓值为 $h_2 = 84.2$ kJ/kg）至 70℃（焓值为 $h_3 = 293.2$ kJ/kg），试计算每加热 1 kg 水所需的蒸汽量。

【解】　在汽水混合式加热器正常工况下可以看作是稳定流动。取加热器进、出口与加热器所围空间为热力系统。

设需要蒸汽的质量为 m_1，水的质量为 m_2，由题意可知

$$m_1 + m_2 = m_3$$

因 $m_3 = 1$（混合水质量）

所以
$$m_2 = 1 - m_1$$

根据热力学第一定律，则

$$m_1 h_1 + (1 - m_1)h_2 = m_3 \times h_3 = 1 \times h_3 = h_3$$

所以

$$m_1 = \frac{h_3 - h_2}{h_1 - h_2} = \frac{293.2 - 84.2}{2\ 725.5 - 84.2} = 0.079\ \mathrm{kg}$$

复习思考题

1. 什么是热力系统？提出热力系统的概念有何意义？
2. 什么是闭口热力系统？什么是开口热力系统？并举例说明。
3. 什么是热力学第一定律？举例说明生活中的一些事情或现象同样遵循热力学第一定律。
4. 人体消耗的体能都转换成哪些能量？
5. 某制冷压缩机每小时消耗理论功为 1.6×10^5 kJ，若传动效率为 $\eta = 0.75$，试问需要多少千瓦的电动机？损失的功量是多少？
6. 某采暖锅炉的蒸发量为 2 t/h，水进入锅炉时的焓为 63 kJ/kg，产生的蒸汽焓为 2 724 kJ/kg，已知煤的发热值为 23 045 kJ/kg，锅炉的效率为 70%，试求每小时锅炉的耗煤量。
7. 发电厂在 20 h 共烧掉 60 t 煤，煤的发热值为 28 911 kJ/kg，若煤燃烧后放出的热量中仅有 18% 转变为电能，试求该发电厂每小时平均功率为多少千瓦？
8. 有 2 m^3 的空气在定容过程中，温度由 250℃ 降到 70℃，试求空气的内能变化为多少？若空气初状态的绝对压力为 0.6 MPa，试求空气的终状态压力是多少？

第四节　热力学第二定律

学习目标

1. 掌握并理解热力循环的工作原理。
2. 掌握并理解热力学第二定律的意义。
3. 理解能量品质的概念。

日常生活中可以发现，物体之间的热量传递，往往只能自发地从温度较高的物体传到温度较低的物体。炎热的夏天，空调房间的热量却是由温度较低的物体（房间空气）传到温度较高的物体（夏天室外空气）。

问题：室内的热量（低温物体）为什么能够转移到室外（高温物体）？

热力学第一定律揭示了各种热力过程中能量相互转换和传递的数量关系，但它没有解决能量转换和传递的方向、条件和限度等问题。如第一定律只说明了温度不同的两物体，一个物体传出的热量必定等于另一物体所得到的热量，但并未说明由哪一个物体传向哪一个物体，在什么条件下才能传热，以及传到何时为止。又例如，对热能和机械能的相互转换，第一定律只说明了转换时能量的数量相等，但未说明热能能不能全部转换成机械能，热能能不能自发地转换为机械能，以及能转换多少。然而，这些问题对于有效地将热能转换成机械能却十分重要。

众所周知，自然界中并不是所有不违反热力学第一定律的过程都可以实现。例如，一高温物体在空气中会自发地将热量散发到周围空气中，而使自己变冷。空气得到的热量正好等于物体放出的热量。这完全遵守热力学第一定律。但是，散发到空气中的热量却不能自发地聚集到变冷的物体，使其重新成为高温。

热力学第二定律就解决了能量转换和传递的方向、条件和限度问题，补充了第一定律的不足。

一、热力循环

任何热力机械都需要连续不断地把热能转换成机械能而对外做功，以满足人们生产与生活的需要。

热力状态变化过程，可以把热能转化为机械能而对外做功，但是不可能连续不断地做功。因为工质不可能无止境的膨胀和压缩，气缸也不会无限长。要想连续做功，就必须使工质经过几个热力状态变化过程后重新回到原来的状态。这种能使工质经过一系列状态变化而又重新恢复到原来状态的封闭过程称为热力循环，或简称循环。

按照循环效果不同，循环可分为正循环和逆循环，使热能转换成机械能的循环称为正循环。一切热力发动机都是按正循环工作的。而把机械能变为热能，使工质由低温变为高温的循环称为逆循环。制冷机、热泵均按逆循环工作。

1. 热机的正循环

如图 6—8 所示为一热机的工作原理图和表示该机正循环的 $p-v$ 图。图中 T_1、T_2分别为热源和冷源温度，q_1表示 1 kg 工质从热源获得的热量，q_2表示 1 kg 工质向冷源排放的热量。在热机中，工质完成一个循环后又回到初始状态，根据热力学第一定律。工质的内能等于原来的内能。故工质在这一循环中所做的机械功应为

$$w = q_1 - q_2$$

上式表明，工质从高温热源得到的热能，只有一部分转化为机械能，同时还有另一部分

热能传向低温热源。该循环表示在 $p-v$ 图上，为一沿顺时针方向进行的曲线 1—2—3—4—1（见图 6—8）。每一循环工质对外界所做的机械功应为正值。显然，这一循环为正循环。

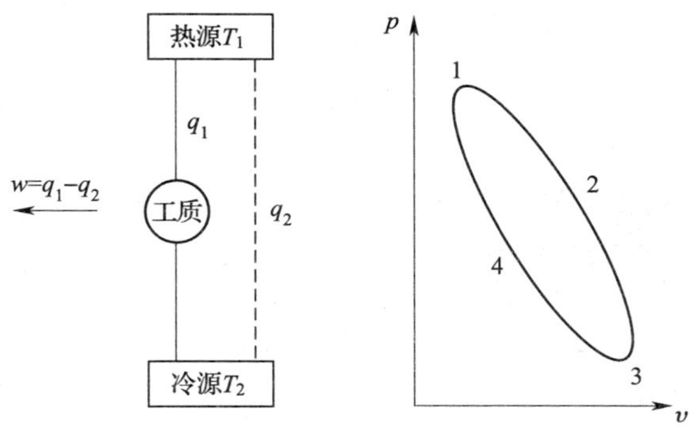

图 6—8　热机工作原理图

为了表示循环对热能利用的程度，通常以转变为循环功的热量与工质由高温热源吸收的热量之比作为衡量循环经济性的指标，这一指标被称为热效率，以符号 η_t 表示，即

$$\eta_t = \frac{w}{q_1} = \frac{q_1 - q_2}{q_1} = 1 - \frac{q_2}{q_1}$$

循环热效率 η_t 反映了循环中热能被利用的程度，即反映了热能转变为机械能的程度。热效率越高，热能转变为机械能的百分数越大，循环的经济性就越高。显然，热效率 η_t 总是小于 1 的。

2. 制冷机的逆循环

作为循环的例子，制冷机的热力循环就是工质将热能从低温物体（冷源）转移到高温物体（热源），并维持低温物体的温度低于周围环境的温度。这一循环的实现是以消耗外界的功量为代价的。即靠电动机将电能转变为压缩机的机械能。

如图 6—9 所示为制冷机的工作原理图和其逆循环的 $p-v$ 图。高温物体（热源）温度为 T_1，低温物体（冷源）的温度为 T_2。若 1 kg 工质完成一次循环外界所需消耗的机械功为 w_0。同时工质将从低温物体吸取热量 q_2，向高温物体排放热量 q_1，则

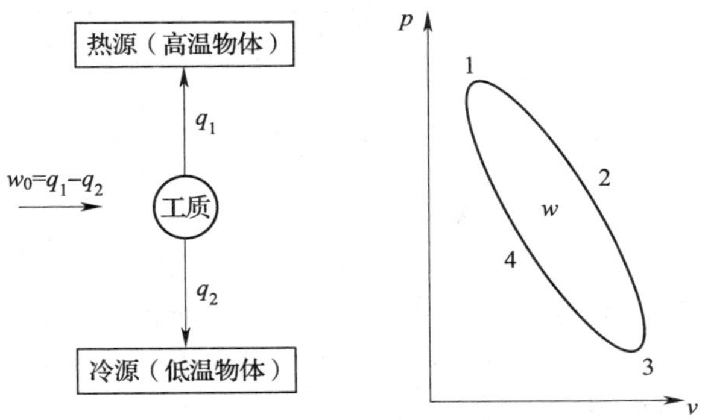

图 6—9　制冷机工作原理图

$$w_0 = q_1 - q_2$$

或

$$q_1 = w_0 + q_2$$

上式表明，逆循环中，在将低温热源的一部分热量传送到高温热源的同时，必须有一部分机械能转化为热能。

制冷循环（逆循环）在 $p-v$ 图上是按逆时针方向沿曲线 1—4—3—2—1 完成的。每一循环从外界获得的功应为负功。

衡量逆向循环的制冷机的经济性指标为制冷系数。工质在一个循环中从低温物体吸收的热量与外界消耗的机械功之比称为制冷系数，用符号 ε_1 表示，则

$$\varepsilon_1 = \frac{q_2}{w_0} = \frac{q_2}{q_1 - q_2}$$

显然，制冷系数 ε_1 总是大于 1 的。

3. 热泵的逆循环

热泵循环是另一种逆循环。在这种循环中，工质把消耗的循环功所转变成的热能以及从低温热源所吸收的热能一并排放给高温热源，如图 6—10 所示。

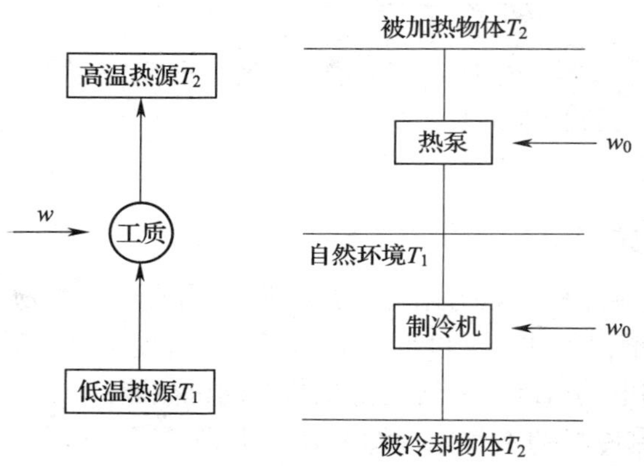

图 6—10　热泵工作原理图

衡量逆向循环的热泵的经济性指标为供热系数。工质在一个循环中所获得的供热量与所消耗的功量之比称为供热系数，以符号 ε_2 表示，即

$$\varepsilon_2 = \frac{q_1}{w_0} = \frac{q_1}{q_1 - q_2}$$

按照逆向循环工作的制冷机和热泵的区别在于，制冷机是以较低温度冷藏室（或冷水）为低温热源，以自然环境中的大气作为高温热源，而热泵则是以自然环境中的大气作为低温热源，而将采暖房间作为高温热源。制冷机所消耗的功是用来从温度较低的冷藏库或水箱中吸取热量，使其降温，并将其排至温度较高的大气中，而热泵所消耗的功，则是用来从大气中吸取热量，并排向温度较高的采暖房间，提高房间温度，达到采暖的目的。

热泵的价值在于其供热量大于热泵本身消耗的功，并将低位热能转变为高位热能，使

利用大自然中取之不尽的低位热能成为现实。

热泵知识：在自然界中，水总由高处流向低处，热量也总是从高温传向低温。但人们可以用水泵把水从低处提升到高处，从而实现水由低处向高处的流动。

既然水泵可以将水从低处提升到高处，那么是否同样可以采用一种泵将热量从低温物体提升到高温物体，这种提升热量的泵人们称其为“热泵”。实质上，“热泵”不是一种泵，而是一种热量提升装置。这种提升热量装置的工作原理就是采用逆热力循环，其作用是从周围环境中吸取热量，并把它传递给被加热的对象（温度较高的物体），其工作原理与制冷机相同，都是按照逆热力循环工作的，所不同的只是工作温度范围不一样。

近年来，热泵技术在我国发展较快，有从空气中提取热量的热泵，人们称其为空气源热泵，家用双制空调（夏天制冷，冬天制热）就是空气源热泵的一个实例。有从水中提取热量的热泵，人们称其为水源热泵，而从地下水中取热量的热泵，人们称其为地源热泵。

地源热泵是利用水源热泵的一种形式，它是利用水与地能（地下水、土壤或地表水）进行冷热交换来作为水源热泵的冷热源，冬季把地能中的热量“取”出来，供给室内采暖，此时地能为“热源”；夏季把室内热量取出来，释放到地下水、土壤或地表水中，此时地能为“冷源”。地源热泵不需要消耗地下水，应用较为广泛。

二、热力学第二定律内容

热力学第二定律解决了能量转换及传递的方向、条件和限度问题，其中最根本的是方向问题。自然界中一切自发过程都是不可逆的。

在历史上，热力学第二定律针对各类具体问题有其不同的表达形式。下面仅介绍热力学第二定律对热能与机械能互相转换、热能传递的几种表述。

（1）在热力循环中，工质由热源得到的热量不可能全部，而且连续地转变为机械能。

（2）具有两个温度不同的热源是实现热能连续转变为机械能的必要条件。

（3）在自然条件下，热量只能从高温物体传向低温物体。欲使热量由低温物体转移到高温物体，必定要消耗外界的功以转变热量。

热力学第二定律与热力学第一定律一起构成了热力学的基本理论基础。由于自然过程的方向性和可逆性普遍存在于自然环境中，所以热力学第二定律的应用已不仅仅是热力学本身，也被广泛地应用于科学技术的各个领城。

上面的几种表述说明了在热能连续地转变为机械能的同时，必定有一部分热能从热源流向冷源，因此循环热效率永远小于100%。想造一台利用空气或海水热能的单一热源的热机（第二类永动机）是不可能的。虽然它不违反热力学第一定律，但它却不具备第二定律所要求的两个温度不同的热源（一个冷源，一个热源）。热量传递不但要存在温差，而且只能自发地从高温物体传向低温物体。

三、能量的品质

任何事物都是数量与质量的统一体。能量不仅具有数量，而且具有品质，热功转换过程以及传热过程的方向性，反映了不同的能量之间存在着质的差别。

能量品质的高低体现在它的转换能力上，机械能或电能可以无代价地全部转换为热能，而热能却不能无偿地转换为机械能或电能。这说明机械能和电能的转换能力大于热能。也就是说，它们是一些更有价值的品质较高的能量形式。有时将电能、机械能称为高级能，而将热能称为低级能。

当机械能（通过摩擦）或电能（通过电热器）自发转变为热能时，能的数量未变，而能的品质下降了或者说能量贬值了。这种效应常称为“耗散效应”。

此外，即使同为热能，当储存于不同温度的热源时，它们的品质也不同。储存于高温热源的热能具有较高的品质。当热量由高温物体自动地传至低温物体时，同样也使能的品质下降了。

复习思考题

1. 什么是热力循环？举例说明什么是正热力循环和逆热力循环。
2. 热泵的工作原理是什么？并讨论热泵装置的实际应用。
3. 热力学第二定律的内容是什么？为什么永动机是不可能的？
4. 怎样理解能量的品质？是不是品质低的能量就不是好能量？
5. 怎样理解制冷系数总是大于1？

第七章　传热学基础

热力学第二定律确认，凡是有温差的地方就有传热现象发生。热量总是自发地由高温物体传递给低温物体。由于自然界和生产过程中温度差是普遍存在的，因此传热现象是非常普遍的。例如，冬季室内温度高于室外温度，形成一定的温差，产生了由室内向室外通过建筑物外墙、屋顶、门窗和地面等围护结构的传热现象，这一过程称为热交换。物体的热交换是热能由高温物体转移到低温物体的过程。

问题：热量是以什么方式进行交换的？各交换方式又有什么特点？

热交换是一个非常复杂的热能转移过程。根据传热的机理不同，热量传递有三种基本方式：导热、对流和热辐射。

第一节　导　　热

学习目标

1. 掌握有关导热的基本概念。
2. 掌握有关导热的基本计算方法。

导热（热传导）的现象在日常生活到处存在。例如，给水杯中倒一杯热水，会感觉水杯变热了；使用金属勺喝热粥，一段时间后，金属勺就会变热；用手触摸家中的散热器，会感觉散热器外壁的热度等。

不同材料的导热能力是不一样的。例如，散热器、换热器、铁锅、铝壶等，这些设备或器具都是用金属制作的，其原因就是金属的导热能力强，使用金属可以有效提高热量的利用率；而棉衣、空心砖、密封双层玻璃窗、中空玻璃、绝热材料等，这些都是用棉花、棉毛、软木、泡沫塑料、空气等材料制作，其原因是这些材料的导热能力弱，使用它们可以有效地降低热量的损失。

在暖通技术中，经常要遇到选用优良导热材料和绝热材料的实际问题。

一、基本概念

1. 导热

导热是指不同物体直接接触时发生的热量传递现象，又称为热传导。导热可以在固体、液体和气体中进行，但单纯的导热只能发生于固体中。这是因为在液体与气体中，当各部分之间有温差时，将会产生宏观的相对位移（对流现象），即伴随有对流换热现象发生，不是单纯的导热现象。

导热是在固体、静止液体或气体中由分子振动而引起的传热现象。导热总是在温度降低的方向上发生，而且是固体中唯一可能发生的传热现象。

2. 导热系数

不同材料的导热能力不一样，容易导热的物质叫做热的良导体，如金、银、铜、铁、铝等。相反，不容易导热的物质叫做热的不良导体，如棉毛、软木、泡沫塑料、空气等。在暖通技术中，经常要遇到选用优良导热材料和隔热材料的实际问题。

材料的导热能力可用导热系数来衡量。导热系数用符号 λ 表示，单位是 W/（m·℃），其物理意义为：当物体内温度降低时，单位时间内通过单位厚度的导热量。所以，导热系数的大小标志了物质的导热能力。

导热系数 λ 是表征物体导热性能的一个物理参数。大量的实验结果表明：对于不同材料，导热系数是各不相同的，即使同一材料，导热系数还随温度、压力和材料的结构、湿度等因素而变。

从材料的形态来分，固体的导热系数最大，液体次之，气体最小。这是因为它们之间分子密集程度不同的缘故。对固体材料来说，金属比非金属导热系数大，这是因为金属中有电子扩散作用的缘故。

工程上常用材料的导热系数一般由试验测得，表 7—1 给出了一些材料的导热系数，更详细的资料可查阅有关手册。

表 7—1　　常温时部分材料的导热系数 λ　　W/（m·℃）

材料名称	λ 值	材料名称	λ 值	材料名称	λ 值
金　属		建筑材料		保温材料	
银	~410	耐火砖	1.0	石棉	0.16
铜	~370	黏土砖	0.7	泡沫塑料	0.04
铝	~220	钢筋混凝土	1.74	矿渣棉	0.047
铸铁	~50	泡沫混凝土	0.12	硅藻土	0.076
钢	~54	水泥砂浆抹灰	0.93	膨胀珍珠岩	0.06
液体　气体		抹石灰浆	内 0.7	膨胀蛭石	0.1
水	0.51	抹石灰浆	外 0.8	蛭石瓦	0.14
轻质油	0.12	木材	0.17~0.41	玻璃棉	0.047
氟利昂	0.06	软木板	0.06	油毡	0.17
空气	0.02	玻璃	0.78		
氨气	0.15	纤维板	0.34		

3. 绝热材料

(1) 绝热材料的分类

1）按成分不同分类。绝热材料一般是轻质、疏松、多孔的纤维状材料，按其成分不同，可分为有机材料和无机材料两大类。

热力设备及管道保温用的材料多为无机绝热材料，此类材料具有不腐烂、不燃烧、耐高温等特点。例如，石棉、硅藻土、珍珠岩、玻璃纤维、泡沫混凝土、硅酸钙等。

低温保温工程多用有机绝热材料，此类材料具有容重轻、导热系数小、原料来源广、不耐高温、吸湿时易腐烂等特点。例如，软木、聚苯乙烯泡沫塑料、聚氨基甲酸酯、牛毛毡、羊毛毡等。

2）按使用温度限度分类。按照绝热材料使用温度限度又可分为高温、中温和低温绝热材料三种。

高温用绝热材料，使用温度可在700℃以上，这类纤维质材料有硅酸铝纤维、硅纤维等，多孔质材料有硅藻土、蛭石加石棉、耐热黏合剂等制品。

中温用绝热材料，使用温度在100～700℃之间。中温用纤维质材料有石棉、矿渣棉、玻璃纤维等；多孔质材料有硅酸钙、膨胀珍珠岩、蛭石、泡沫混凝土等。

低温用绝热材料，使用温度在100℃以下的保冷工程中。

3）按形式不同分类。绝热材料按照其形式不同可分为松散粉末、纤维状、粒状、瓦状、砖状等几种。

(2) 对绝热材料的要求

选用绝热材料时，应满足下列要求。

1）导热系数小。只有导热系数小的材料才能作为绝热材料，导热系数越小，则绝热效果越好。绝热材料的导热系数一般要求小于0.23 W/（m·℃）。

2）密度小。富于多孔性的绝热材料的密度小。一般绝热材料的密度应低于600 kg/m^3。选用密度小的绝热材料，对于架空敷设的管道可以减轻支撑构架的荷载，节约工程费用。

3）具有一定的机械强度。绝热材料的抗压强度不应小于0.3 MPa。只有这样才能保证绝热材料及其制品在本身自重及外力作用下不产生变形或破坏，才能更好地满足使用及施工要求。

4）吸水率小。绝热材料吸水后，其结构中各气孔内的空气被水排挤出去，由于水的导热系数比空气的导热系数大24倍，因此吸水后的绝热材料的绝热性能严重降低。所以在选用绝热材料时应当注意。

5）不易燃烧且耐高温。绝热材料在高温作用下，不应改变其性能甚至于着火燃烧，尤其对于温度较高的过热蒸汽管道保温时，要选用耐高温的绝热材料。

6）施工方便和价格低廉。为了满足绝热工程施工方便的要求，尽可能选用各种绝热材料制品，如保温板、管壳及毛毡等，并尽可能做到就地取材和就近取材，以减少运输过程中的损坏和运输费用，从而节约投资。

二、单层平壁导热的计算

1822 年法国数学物理家傅立叶根据大量的固体导热试验研究结果，揭示了不透明均质固体中的导热规律，即傅立叶定律。这一定律可表示如下：单位内时间通过某一给定面积的热量（称为热流量）与温度梯度和垂直于热量传播方向的截面积成正比。

现根据傅立叶定律，介绍单层平壁的导热过程及其所传播的热量计算。

如图 7—1 所示，设平壁的单面面积为 F，厚度为 δ（m），平壁的两侧表面温度分别为 τ_n、τ_w（℃），则在单位时间内由 τ_n 高温侧向低温侧 τ_w 传递的热量 Q 为

$$Q=\frac{\lambda F}{\delta}\left(\tau_n-\tau_w\right)$$

式中 Q——单位时间导热量，W；

λ——平壁材料导热系数，W/（m·℃）；

F——平壁面积，m^2；

τ_n、τ_w——平壁内、外表面温度，℃；

δ——平壁厚度，m。

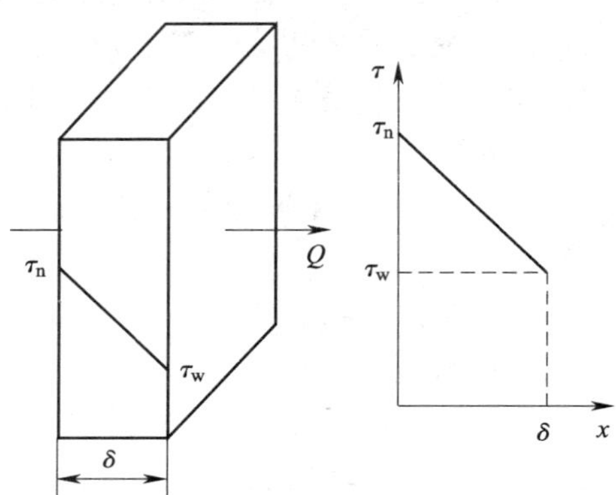

图 7—1　单层平壁的稳定导热

由上式可知，通过单层平壁的导热量与平壁的传递面积 F、两侧表面温差（$\tau_n-\tau_w$）以及导热系数 λ 成正比，而与其厚度 δ 成反比。

单位时间内通过单位面积的热量称为热流密度，用符号 q 表示，单位为 W/m^2。

$$q=\frac{Q}{F}=\frac{\tau_n-\tau_w}{\dfrac{\delta}{\lambda}}=\frac{\Delta t}{\dfrac{\delta}{\lambda}}\ (W/m^2)$$

热流密度的计算公式与电工学中的欧姆定律 $I=\dfrac{\Delta U}{R}$ 公式相类似，q 相当于电流，Δt 相当电压，而 $\dfrac{\delta}{\lambda}$ 相当电阻，故称 $\dfrac{\delta}{\lambda}$ 为平壁的热阻，热阻可用 R 表示。

热流密度 q 的大小与平壁两表面的温差 Δt 成正比，而与热阻 $\dfrac{\delta}{\lambda}$ 成反比。

【例题 7－1】 某建筑外墙高 5 m，长 30 m，厚 370 mm，材料为普通黏土砖，$\lambda=0.7$ W/（m·℃），墙内、外表面温度为 13℃和－17℃，试求其导热量。

【解】 已知：$F=5\times30=150\ m^2$；$\tau_n=13℃$；$\tau_w=-17℃$；$\delta=370\ mm=0.37\ m$。

将已知数据代入导热量计算公式得

$$Q=\frac{\lambda F}{\delta}\left(\tau_n-\tau_w\right)=\frac{0.7\times150}{0.37}\times(13+17)=8\ 514\ (W)$$

【例题 7－2】 有一玻璃窗，厚度为 5 mm，内、外表面温度分别为 15℃和－9℃，求导热热阻和热流密度。

【解】 已知：$\delta=5\ mm=0.005\ m$，$\tau_n=15℃$；$\tau_w=-9℃$；$\lambda=0.76$ W/（m·℃）（查

表 8—1）。

导热热阻为：
$$R=\frac{\delta}{\lambda}=\frac{0.005}{0.76}=0.00658\ (m^2\cdot/W)$$

热流密度为：
$$q=\frac{\Delta t}{R}=\frac{(15+9)}{0.00658}=3648\ (W)$$

三、多层平壁导热的计算

建筑物围护结构的墙壁通常不是单层的平壁，一般除砖为墙体外，表面都有抹灰或水刷石及其他装饰材料；屋面的构造除钢筋混凝土板外，还有保温层，其外表面有防水层，内表面有粉刷层；锅炉的炉墙是由耐火砖层、隔热层和黏土砖层砌成的，以上这些都是多层平壁的实例。下面以三层不同材料组成的平壁为例，说明多层平壁导热的规律。

由三层不同材料组成的平壁，如图 7—2 所示。各层的厚度分别为 δ_1、δ_2和 δ_3，导热系数分别为 λ_1、λ_2 和 λ_3，且均为常数。已知壁的两表面保持稳定的温度 τ_n 和 τ_w，且 $\tau_n>\tau_w$。若各层之间保持紧密，则相接触的两表面具有相同的温度，设两个接触面的温度分别为 t_1和 t_2。

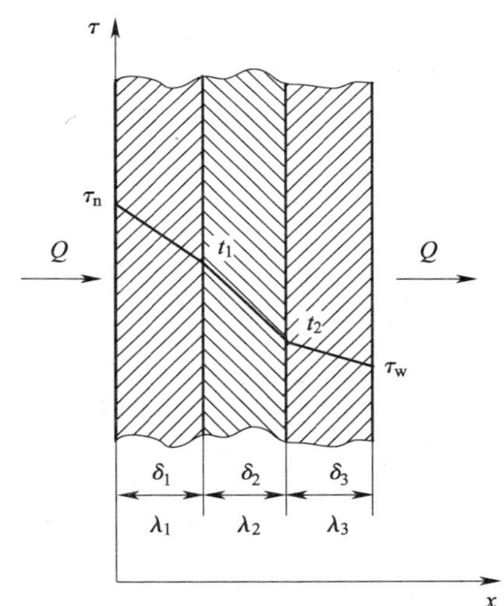

图 7—2 多层平壁的稳定导热

通过三层平壁导热量计算公式为：

$$Q=\frac{F\ (\tau_n-\tau_w)}{\frac{\delta_1}{\lambda_1}+\frac{\delta_2}{\lambda_2}+\frac{\delta_3}{\lambda_3}}$$

通过任意多层平壁导热量计算公式为：

$$Q=\frac{F(\tau_n-\tau_w)}{\sum_{i=1}^{n}\frac{\delta_i}{\lambda_i}}$$

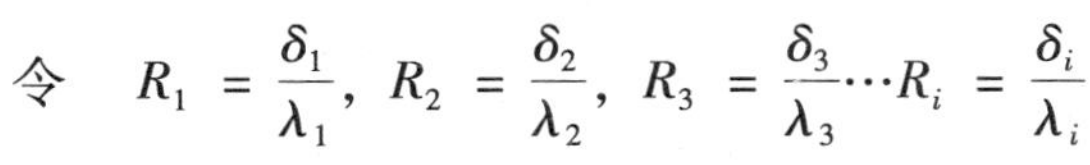

令 $R_1=\frac{\delta_1}{\lambda_1}$，$R_2=\frac{\delta_2}{\lambda_2}$，$R_3=\frac{\delta_3}{\lambda_3}\cdots R_i=\frac{\delta_i}{\lambda_i}$

且 $R=R_1+R_2+R_3+\cdots+R_i$，$\Delta t=\tau_n-\tau_w$

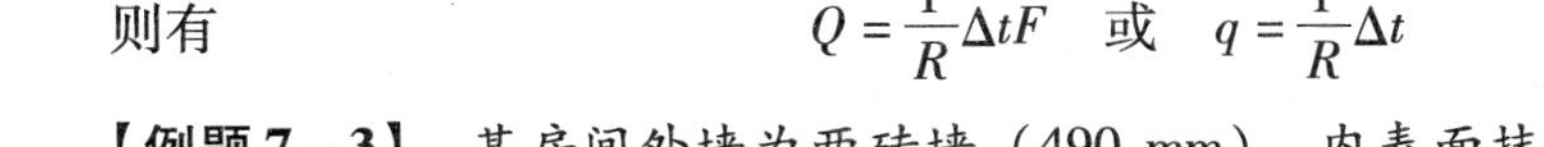

则有 $$Q=\frac{1}{R}\Delta tF \quad 或 \quad q=\frac{1}{R}\Delta t$$

【例题 7－3】 某房间外墙为两砖墙（490 mm），内表面抹水泥砂浆 30 mm 厚，墙内、外表面温度分别为 15℃和 －20℃，试计算通过此外墙 10 m^2的导热量。

【解】 已知：$\delta_1=490\ mm=0.49\ m$，$\delta_2=30\ mm=0.03\ m$；$\tau_n=15℃$，$\tau_w=-20℃$；$F=10\ m^2$。查表 8—1，砖墙 $\lambda_1=0.7$ W/（m·℃），水泥砂浆 $\lambda_2=0.93$ W/（m·℃）。

根据多层平壁导热量计算公式，通过 10 m^2的两层平壁导热量为：

$$Q=\frac{F\ (\tau_n-\tau_w)}{\frac{\delta_1}{\lambda_1}+\frac{\delta_2}{\lambda_2}}=\frac{10\times\ (15+20)}{\frac{0.49}{0.7}+\frac{0.03}{0.93}}=\frac{350}{0.7+0.03}=479\ (\text{W})$$

【例题 7-4】 有一锅炉炉墙由三层组成：内层是耐火砖，外层是黏土砖，中间是石棉隔层。已知：耐火砖墙 $\delta_1=230$ mm $=0.23$ m，$\lambda_1=1$ W/（m·℃）；石棉隔层 $\delta_2=50$ mm $=0.05$ m，$\lambda_2=0.16$ W/（m·℃）；黏土砖墙 $\delta_3=240$ mm $=0.24$ m，$\lambda_3=0.7$ W/（m·℃）。已知炉墙内、外表面的温度为500℃和50℃。求炉墙每1 m² 的导热量，即热流密度是多少。

【解】 先求各层的导热热阻

$$R_1=\frac{\delta_1}{\lambda_1}=\frac{0.23}{1}=0.23\ (\text{m}^2\cdot℃/\text{W})$$

$$R_2=\frac{\delta_2}{\lambda_2}=\frac{0.05}{0.16}=0.313\ (\text{m}^2\cdot℃/\text{W})$$

$$R_3=\frac{\delta_3}{\lambda_3}=\frac{0.24}{0.7}=0.343\ (\text{m}^2\cdot℃/\text{W})$$

所以总热阻为

$$R=R_1+R_2+R_3=0.23+0.313+0.343=0.886\ (\text{m}^2\cdot℃/\text{W})$$

计算热流密度

$$q=\frac{1}{R}\Delta t=\frac{1}{0.886}\times\ (500-50)\ =508\ \text{W/m}^2$$

计算结果炉墙的导热量为337 W/m²。

四、圆筒壁导热的计算

在暖通工程中，大多数管道（蒸汽管道、热水管道、热风管道等）和设备（冷凝器、蒸发器及各种类型加热器等）都采用圆形的，所以必须了解圆筒壁的导热问题。

1. 单层圆筒壁

单层圆筒壁导热如图 7—3 所示。其材料的导热系数为 λ，长度为 l，内、外围直径（或半径）分别为 d_1、d_2（或 r_1、r_2），内、外壁温度分别为 τ_n和 τ_w，且 $\tau_n>\tau_w$。

单位长度圆筒壁的导热量（热流密度）为

$$q=\frac{Q}{l}=\frac{\tau_n-\tau_w}{\frac{1}{2\pi\lambda}\ln\frac{d_2}{d_1}}=\frac{2\pi\ (\tau_n-\tau_w)}{\frac{1}{\lambda}\ln\frac{d_2}{d_1}}$$

式中，$\frac{1}{2\pi\lambda}\ln\frac{d_2}{d_1}$即为单位长度单层圆筒壁的导热热

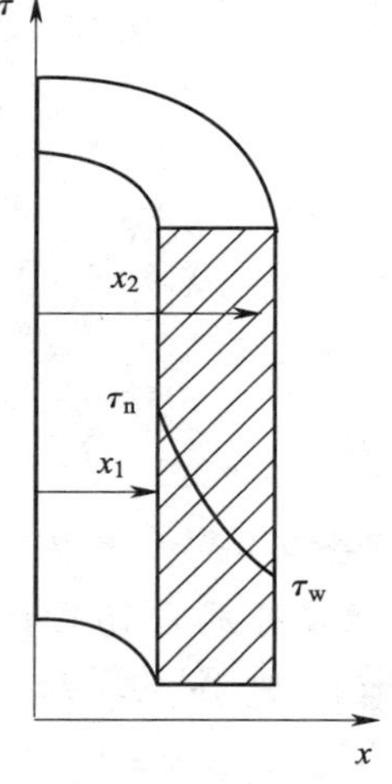

图 7—3　单层圆筒壁的稳定导热

阻。由此可见，通过圆筒壁单位长度热流量 q_1 与圆筒壁内、外壁表面温差（$\tau_n - \tau_w$）成正比，而与热阻 $\frac{1}{2\pi\lambda}\ln\frac{d_2}{d_1}$ 成反比。

圆筒壁稳定导热时，沿半径方向的热流量 Q 不变，则圆筒壁单位长度热流量 q_l 也不变。

2. 多层圆筒壁

实际工程中，大多数圆筒壁是由几层不同材料组成的，如冷水管有保温层、防潮层、保护层等。管道保温结构根据管内介质和所处地点的不同其机构也不同，如图 7—4 所示的管道保温结构由里到外依次为管道→防锈漆→保温层→铁丝网→保护层→防锈漆（外层一般采用沥青漆防锈和防腐）。

现以三层结构说明多层圆筒壁的导热计算方法。三层圆筒壁导热过程如图 7—5 所示，每层半径分别为 r_1、r_2、r_3、r_4，每层材料导热系数为 λ_1、λ_2、λ_3，圆筒壁内、外表面的温度为 τ_n 和 τ_w，且 $\tau_n > \tau_w$。假定每层之间接触良好，界面上的温度为未知的，设为 t_1、t_2。

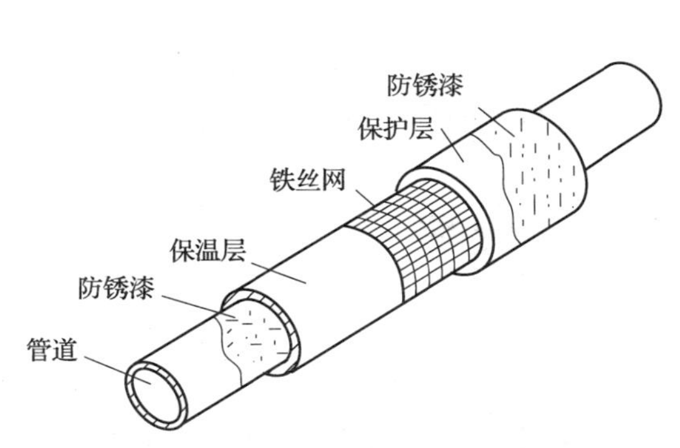

图 7—4　管道保温结构

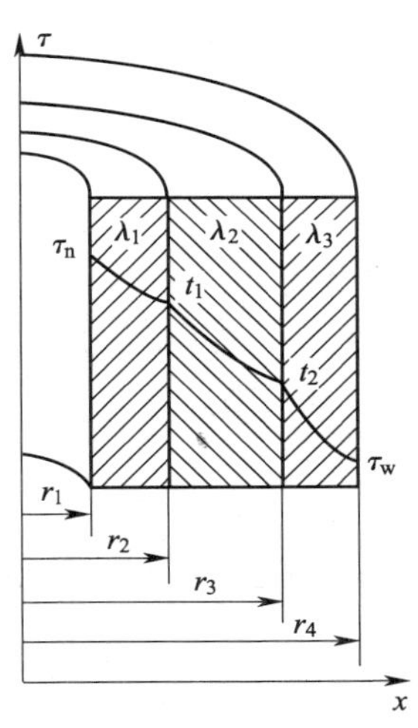

图 7—5　多层圆筒壁的稳定导热

在稳定状态下求得单位管长的热流量为

$$q_l = \frac{2\pi\ (\tau_n - \tau_w)}{\frac{1}{\lambda_1}\ln\frac{d_2}{d_1} + \frac{1}{\lambda_2}\ln\frac{d_3}{d_2} + \frac{11}{\lambda_3}\ln\frac{d_4}{d_3}} \quad (\text{W/m})$$

对于 n 层圆筒壁导热的计算公式为

$$q_l = \frac{2\pi(\tau_n - \tau_{n+1})}{\sum_{i=1}^{n}\frac{1}{\lambda_i}\ln\frac{d_{i+1}}{d_i}} \quad (\text{W/m})$$

上式表明，对于多层圆筒壁单位管长热流量和其总温差成正比，而和总热阻（每层热阻之和）成反比。

3. 圆筒壁导热的简化计算

圆筒壁的导热公式中包含对数项，计算时很不方便，可将圆筒壁的导热计算用平壁导热计算代替，其计算公式如下：

$$q_l=\frac{\lambda}{\delta}\cdot\pi\cdot d_m\ (\tau_n-\tau_w)$$

式中 d_m——圆筒壁的平均直径，$d_m=\frac{d_1+d_2}{2}$，m；

δ——壁面厚度，$\delta=\frac{d_2-d_1}{2}$，m。

实际计算表明，当$\frac{d_2}{d_1}<2$时，按上式计算所造成的误差不超过4%，这在工程上是允许的。

多层圆筒壁导热的计算公式可简化如下：

$$q_l=\frac{\pi(t_1-t_{n+1})}{\sum_{i=1}^{n}\frac{\delta_i}{\lambda_i d_m}}\quad 或\quad Q_l=\frac{\pi l(t_1-t_{n+1})}{\sum_{i=1}^{n}\frac{\delta_i}{\lambda_i d_m}}$$

现以图7—5为例，说明圆筒壁导热计算简化公式的应用。

设圆筒壁半径r_1、r_2、r_3、r_4对应的直径分别为d_1、d_2、d_3、d_4，每层材料导热系数为λ_1、λ_2、λ_3，每层厚度分别为δ_1、δ_2、δ_3，每层外壁对应的温度分别为τ_n、τ_1、τ_2、τ_w，且$\tau_n>\tau_1>\tau_2>\tau_w$，则

$$d_{m1}=\frac{d_1+d_2}{2},\ d_{m2}=\frac{d_2+d_3}{2},\ d_{m3}=\frac{d_3+d_4}{2}$$

那么，三层圆筒壁利用简化计算的导热量为

$$q_l=\frac{\pi\ (\tau_n-\tau_w)}{\frac{\delta_1}{\lambda_1\cdot d_{m1}}+\frac{\delta_2}{\lambda_2\cdot d_{m2}}+\frac{\delta_3}{\lambda_3\cdot d_{m3}}}\quad 或\quad Q_l=\frac{\pi\cdot l\ (\tau_n-\tau_w)}{\frac{\delta_1}{\lambda_1\cdot d_{m1}}+\frac{\delta_2}{\lambda_2\cdot d_{m2}}+\frac{\delta_3}{\lambda_3\cdot d_{m3}}}$$

【例题7-5】 钢管的内径$d_1=20$ mm，外径$d_2=30$ mm，导热系数$\lambda=55$ W/（m·℃），管壁内表面温度为$\tau_n=600$℃，管壁外表面温度为$\tau_w=450$℃，试计算通过圆筒壁的热流量。

【解】 根据单层圆筒壁计算公式，通过圆筒壁的热流量为

$$q=\frac{\tau_n-\tau_w}{\frac{1}{2\pi\lambda}\ln\frac{d_2}{d_1}}=\frac{600-450}{\frac{1}{2\times3.14\times55}\times\ln\frac{0.03}{0.02}}=127\ 779\ (\mathrm{W/m})$$

【例题7-6】 某蒸汽管内径为$d_1=160$ mm，外径为$d_2=170$ mm，管道外表面两层保温层厚度分别为$\delta_2=30$ mm，$\delta_3=50$ mm，管壁和两层保温材料的导热系数分别为$\lambda_1=50$ W/（m·℃），$\lambda_2=0.15$ W/（m·℃），$\lambda_3=0.08$ W/（m·℃），蒸汽管内表面温度为$\tau_n=350$℃，第二层保温层外表面温度为$\tau_w=50$℃，试计算每米蒸汽管的导热量。

【解】 根据题意可知

$$d_3 = d_2 + 2\delta_2 = 0.17 + 2 \times 0.03 = 0.23 \text{ m}$$

$$d_4 = d_3 + 2\delta_3 = 0.23 + 2 \times 0.05 = 0.33 \text{ m}$$

根据三层圆筒壁计算公式，通过圆筒壁的热流量为

$$q_l = \frac{\tau_n - \tau_w}{\frac{1}{2\pi\lambda_1}\ln\frac{d_2}{d_1} + \frac{1}{2\pi\lambda_2}\ln\frac{d_3}{d_2} + \frac{1}{2\pi\lambda_3}\ln\frac{d_4}{d_3}}$$

$$= \frac{350 - 50}{\frac{1}{2 \times 3.14 \times 50}\ln\frac{0.17}{0.16} + \frac{1}{2 \times 3.14 \times 0.15}\ln\frac{0.23}{0.17} + \frac{1}{2 \times 3.14 \times 0.08}\ln\frac{0.33}{0.23}}$$

$$= 289 \text{ (W/m)}$$

按简化公式，计算每米长蒸汽管道热流量

$$q_l = \frac{\pi(t_1 - t_{n+1})}{\sum_{i=1}^{n}\frac{\delta_i}{\lambda_i}\frac{1}{d_m}}$$

$$= \frac{3.14 \times (350 - 50)}{\frac{0.005}{50 \times 0.165} + \frac{0.03}{0.15 \times 0.2} + \frac{0.05}{0.08 \times 0.28}}$$

$$= 291 \text{ (W/m)}$$

计算两种方法结果的误差

$$\frac{291 - 289}{289} \times 100\% = 0.69\%$$

采用简化计算所引起的误差不超过1%。

复习思考题

1. 什么是导热？举例说明生活中的导热现象。
2. 什么是温度梯度？房间的温度沿高度方向是否一样，为什么？
3. 导热系数的物理意义是什么？其实际意义又是什么？
4. 单层平壁的导热公式怎样写？
5. 计算厚度为5 mm玻璃每平方米的导热量？如果是两边厚度均为3 mm，中间空气层厚度为2 mm的夹层玻璃，其每平方米的导热量又是多少？计算结果说明了什么？
6. 有一黏土砖墙，厚370 mm（一砖半厚），内表面抹水泥砂浆20 mm，外表面抹水泥砂浆30 mm，内、外表面温度分别为18℃和－8℃，面积为3.6 m×3 m，求砖墙的导热量。
7. 某室外热水采暖供水管为D108×4的无缝钢管，管内壁95℃，管外壁16℃，求每米管道的导热量。
8. 有一保温的供热管道D159×5，保温结构是外敷两层保温材料，内层30 mm，外层20 mm，导热系数分别为$\lambda_2 = 0.12$ W/（m·℃）和$\lambda_3 = 0.5$ W/（m·℃），管内壁350℃，管外壁40℃，求每米管道的导热量（要求用两种方法计算，并比较计算结果）。

第二节　对 流 换 热

学习目标

1. 掌握对流换热的基本概念。
2. 掌握对流换热的基本计算方法。
3. 掌握影响对流换热的主要因素。

问题：为什么天热的时候，打开风扇吹风就会凉爽？

流体与固体表面接触时由于流体本身的运动而引起的传热过程，或流体内部因各部分温度不同而发生流体运动所引起的传热过程，称为对流换热，简称对流。

实际上，对流换热过程中除了因流体质点运动而引起传热外，还包含了界面上的导热体内部的导热。因此，对流换热是一个很复杂的传热过程，至今还未能用精确的方程式来计算，而是用试验方法确定。

对流只能在液体和气体中进行，这是对流所特有的一种传热方式。例如，电冰箱蒸发器从空气中吸收热量，冷凝器把热量散发到空气中，都是靠对流传热。

一、对流换热的种类

按照流体流动的动力来源不同，对流分自然对流和受迫对流，所以换热也有两种情况：一种是自然对流换热，另一种是受迫对流换热。

1. 自然对流换热

流体由于冷热各部分之间密度不同所引起的对流叫做自然对流，由于自然对流而与固体表面进行的热交换叫做自然对流换热。

采暖房间的散热器主要依靠自然对流换热。散热器的表面温度很高，与它接触的冷空气被加热以后，由于密度减小而上升，附近的冷空气则从下部流过来补充，然后也被加热，就这样周而复始使整个房间空气变暖，如图 7—6 所示。

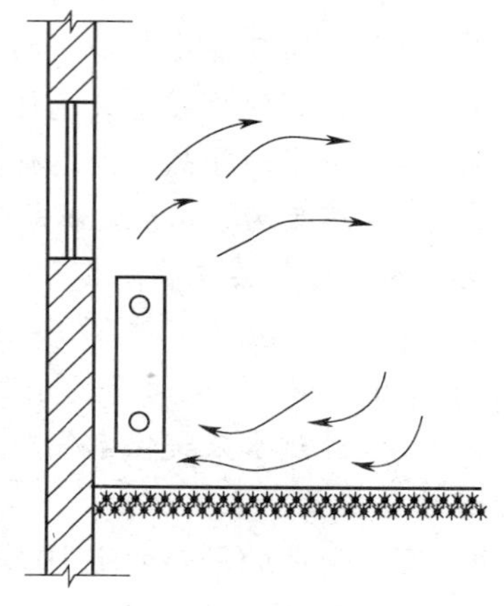

图 7—6　散热器的自然对流换热

在空气被加热的同时，室内暖空气跟外墙内表面也发生自然对流换热，只是空气流动方向相反，接触冷壁的空气变冷，密度变大而向下流动，暖空气密度小从上面来补充，这种换热的结果使室内空气降温。

若是在夏季，室外热空气由于自然对流换热使房屋外表面变热，通过导热最终使室内变热；安装在室外或室内的热管道或输送冷介质的管道也都跟空气发生自然对流换热，因而产生热量损失或冷量损失。

2. 受迫对流换热

流体由于受机械（泵或风机等）力的作用引起的对流叫做受迫对流，由于流体受迫对流而与固体表面的热交换叫做受迫对流换热。

一般来说，受迫对流流体的流动速度比自然对流要大，对流换热强烈。流体受迫对流换热有两种情况。

一种是流体在管道里面流动时与管壁内表面换热，即管内受迫流动换热，如机械循环热水采暖系统管道中的热水放热、锅炉过热器或省煤器内的放热、管式冷凝器管内冷却水的放热等都属于管内受迫流动换热。

另一种是流体在管道外面流动，冲刷掠过管道外表面式换热，即管外横向受迫流动换热，如锅炉中烟气横向冲刷对流管束、暖风机中空气横向流过带肋片的加热器管束、壳管式换热器中管外流体垂直于管束的流动等都属于管外横向受迫流动换热。

实际上，空气加热器、冷却器、锅炉、省煤器、过热器以及各种热交换器的内外均发生受迫对流换热。

二、对流换热量的计算

试验证明，对流换热量与换热面积成正比，与温差成正比，与对流换热系数成正比。

对流换热量的基本计算公式如下：

$$Q = \alpha \cdot F(\tau - t)$$

或

$$q = \frac{Q}{F} = \alpha(\tau - t)$$

式中 Q——对流换热量，W；

q——对流换热热流密度，W/m^2；

F——对流换热面积，m^2；

α——对流放热系数，W/（m^2·℃）；

τ——固体壁面温度，℃；

t——流体温度，℃。

对流换热系数 α 也叫放热系数。它的物理意义是：在每 1 m^{2}壁面上，当流体与壁面之间的温度差为 1℃时，单位时间所传递的热量。α 反映了对流换热过程的强弱。如果求得了对流换热系数 α，就可以计算出对流换热量。

如果将对流换热热流密度的计算改写成下列形式

$$q = \frac{\tau - t}{\frac{1}{\alpha}}$$

很显然，对流换热的热阻为 $R = \frac{1}{\alpha}$

对流换热是较为复杂的过程，在此过程中热量的传递不但与流体流动的状况有关，而且也受到流体内部分子之间导热作用的影响。对流换热计算的一切复杂因素归结到放热系数 α，要进行对流换热的计算，关键在于确定换热系数 α。表 8—2 列出了某些特殊条件下放热系数 α 值的大致范围。

表 7—2　　放热系数 α 值的范围

对流换热条件	α/ [W/ (m^2 · ℃)]
空气自然对流	5 ~ 10
空气强迫对流	20 ~ 100
水在管内强迫对流	1 000 ~ 2 000
水的沸腾	200 ~ 4 000
水蒸气膜状凝结	400 ~ 1 500
水蒸气珠状凝结	4 000 ~ 1 200
盐水在管内强迫对流	800 ~ 2 000

【例题 7 – 7】 水在管内受迫流动，管壁温度为 $\tau = 100$℃，水的温度 $t = 70$℃，换热系数为 $\alpha = 1\ 500$ W/ (m^2 · ℃)，求每 1 m^2 换热面积的对流换热量。

【解】 根据对流换热热流密度计算公式得

$$q = \alpha\ (\tau - t) = 1\ 500 \times (100 - 70) = 45\ 000\ (\text{W/m}^2) = 45\ (\text{kW/m}^2)$$

复习思考题

1. 什么是对流换热？举例说明对流换热有几种换热方式。
2. 什么是自然对流换热？什么是受迫对流换热？
3. 使用风扇时，为什么人感到比较凉爽？
4. 气体在管内受迫流动，对流换热系数 $\alpha = 200$ W/ (m^2 · ℃)，气体的温度 $t = 80$℃，管壁温度为 $\tau = 30$℃，求每平方米对流换热量。

第三节　辐射换热

学习目标

1. 掌握辐射换热的相关概念。
2. 了解辐射换热的基本计算方法。
3. 掌握影响辐射换热的主要因素。

问题：太阳的热量以何种方式传递到地球表面?

热辐射是热量传递的三种基本形式之一，它与导热和对流的热传递方式有本质的区别，它不需要物体直接接触而进行热量传递。太阳对地球的热辐射便是一个典型的例子。

一、热辐射的基本概念

1. 热辐射的本质和特点

物体是由带电粒子所组成，当带电粒子振动或激动时都能辐射出电磁波向空间传播。

电磁波的波长范围是很广的，从零到无穷大。通常把波长在0.4～40 μm 的范围内的电磁波（包括可见光和红外线的短波部分）称为热射线，热射线的传播过程称为热辐射。

热射线的本质决定了热辐射的如下特点。

（1）热辐射不需任何中间介质，如太阳能够穿越辽阔太空向地面辐射。

（2）热辐射过程伴随着能量形式的转化。即物体的热能首先转化为电磁能发射出去，当此电磁能落在另一物体上而被吸收时，电磁能又转化为物体的热能。

（3）热射线产生于物体内部电子的振动或激动，支配这种振动或激动的因素是物体的温度，故一切物体不论温度高低都在不断地发射热射线。当两个物体温度不同时，高温物体辐射给低温物体的能量大于低温物体辐射给高温物体的能量，因此总的效果是高温物体将能量传递给了低温物体。即使各个物体的温度相同，这种辐射换热的过程仍在不停地进行着，不过每个物体辐射出去的能量，等于它从旁的物体吸收的辐射能量，因而处于动态平衡。

2. 吸收、反射和透过

热射线射到物体上，有被反射、被吸收和透过三种情况，如图7—7所示。

白体：凡是能全部反射热射线的物体称为白体。

黑体：全部吸收热射线的物体称为黑体。

灰体：部分吸收和部分反射热射线的物体称为灰体。

透明体：凡是能透过热射线的物体称为透明体。

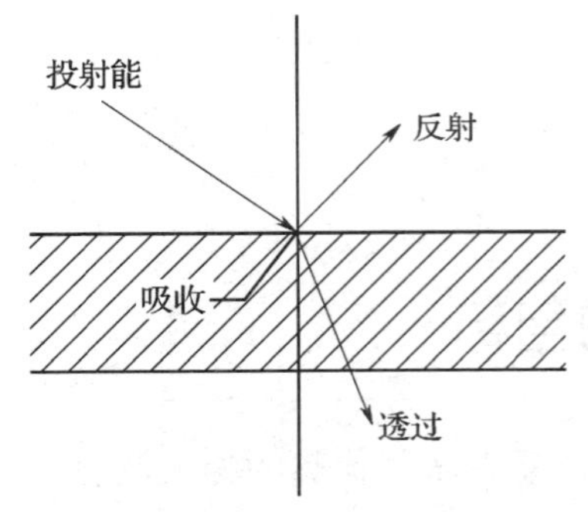

图 7—7　物体对投射能的吸收、反射和投射

上述黑体、白体、灰体、透明体都是对热射线而言的，应与物体本身的颜色区别开来。实践证明：对可见光是透明体的材料不一定是热射线的透明体。例如，玻璃对可见光是透明体，但对热射线却是灰体；雪对可见光是白体，对热射线几乎是黑体；白布对可见光是白体，对热射线却是灰体。可见，热射线和可见光线射到物体上时反映出来的现象并不相同。

凡是对热射线善于反射的材料，就一定不能很好的吸收，反之，善于吸收的材料，就一定不能很好的反射。

二、热辐射的基本规律

物体单位表面积在单位时间内所发射的全波长的能量叫做辐射力，用符号 E 表示，单位是 W/m^2。

实验结果表明，黑体的辐射力 E 与该黑体的绝对温度 T 的四次方成正比，即：

$$E_0 = C_0\left(\frac{T}{100}\right)^4$$

式中　E_0——T 温度下黑体的辐射力，W/m^2；

C_0——黑体的辐射系数，$C_0 = 5.67$ W/（$m^2 \cdot K$）；

T——黑体的绝对温度，K。

此式是计算黑体辐射力的基本公式，通常称它为黑体辐射四次方定律。

根据实验发现，灰体的辐射力 E 与该灰体的绝对温度 T 的四次方成正比，即：

$$E = \varepsilon C_0\left(\frac{T}{100}\right)^4$$

因 $C_0 = 5.67$，所以

$$E = 5.67\varepsilon\left(\frac{T}{100}\right)^4$$

式中，$\varepsilon = \dfrac{E}{E_0}$是表示灰体的辐射力与黑体辐射力之比，通常称为灰体的黑度。

黑度 ε 值的变化范围在 0～1 之间，显然，$\varepsilon = 1$ 的材料就是黑体。在自然界中，一般物体都是灰体，绝对的黑体是不存在的，但接近黑体的材料是找得到的，如无光黑漆或乙炔燃烧时在冷壁面上的一层炭黑，它们的 ε 值都接近于 1。某些材料的黑度 ε 值见表 7—3。

表 7—3　　某些材料的黑度 ε

材料名称	表面状况	黑度	材料名称	表面状况	黑度
银	磨光	0.02	铝粉漆		0.4
铅	抛光	0.04	黑漆	有光泽	0.87
镀锌钢板	有光泽	0.24	黑漆	无光泽	0.97
钢板	氧化	0.82	各色涂料	油质	0.94
红砖	粗	0.94	雪		0.95

由黑体和灰体辐射力计算公式可见，在相同温度下，黑体的辐射力最大，灰体的辐射力 E 与黑度 ε 成正比。当工程上需要增强辐射热时（如采暖辐射板），就应设法提高物体表面的黑度，使之接近黑体。在需要隔绝辐射热时（如保温瓶胆），就应采用黑度小而反射率高的材料。

【例题 7－8】 采暖辐射板温度为 110℃，一块刷银白色铝粉漆（$\varepsilon=0.4$），另一块刷无光黑漆（$\varepsilon=0.97$），计算其辐射力分别是多少？

【解】 根据灰体辐射力计算公式计算辐射力：

$$T=110+273=383\ \text{K}$$

刷银白色铝粉漆采暖辐射板的辐射力：

$$E=5.67\varepsilon\left(\frac{T}{100}\right)^4=5.67\times0.4\times\left(\frac{383}{100}\right)^4=488\ (\text{W/m}^2)$$

刷无光黑漆采暖辐射板的辐射力：

$$E=5.67\varepsilon\left(\frac{T}{100}\right)^4=5.67\times0.97\times\left(\frac{383}{100}\right)^4=1\ 183.4\ (\text{W/m}^2)$$

由计算结果可知，在相同温度下，物体的吸收能力越强，即黑度 ε 值越大，其辐射能力越强。

三、物体间辐射换热及其影响因素

两物体之间互相进行辐射换热的情况是多种多样、十分复杂的，例如，采暖辐射板对车间墙表面的辐射换热，辐射板对一个工作台的辐射换热，锅炉炉膛与水冷壁管间的辐射换热等，不能用同一个公式来表示。现以辐射板对车间的辐射换热为例，其计算公式是：

$$Q_{1-2}=5.67\varepsilon_{1-2}\left[\left(\frac{T_1}{100}\right)^4-\left(\frac{T_2}{100}\right)^4\right]F_1$$

式中　Q_{1-2}——物体 1 与 2 之间辐射换热量，W；

T_1、T_2——物体 1 和 2 的绝对温度，K；

F_1——物体 1 的辐射面积，m^2；

ε_{1-2}——物体 1 与 2 的相当黑度。

由上式可知，影响物体之间辐射换热量大小的因素主要有以下几项。

(1) 两物体的表面温度之差

温差越大，换热量越大，辐射换热量与两物体绝对温度四次方之差成正比。

(2) 物体表面积

表面积越大，换热量越大。

(3) 物体的黑度

两物体的黑度越大，换热量越大。物体表面光滑程度影响黑度，物体表面越粗糙，黑度越大，换热量越大。

此外，热辐射在真空和气体中容易进行，而在分子密度大的固体和液体中很难进行。因此，空间分子密度小，辐射换热量大；空间分子密度大，辐射换热量小。

复习思考题

1. 什么是热射线？辐射换热的特点有哪些？
2. 什么是黑体、白体、灰体、透明体？
3. 影响辐射换热的因素有哪些？
4. 采暖辐射板上应涂什么涂料？(1) 银白色的铝粉漆。(2) 有光泽的黑油漆。(3) 无光泽的深色涂料。
5. 采暖辐射板表面温度为 80℃和 130℃时辐射力分别是多少（已知黑度为 0.96）？

第四节　传　　热

学习目标

1. 能够正确分析传热过程。
2. 掌握增强和减弱传热的方法。

一、传热的基本概念和过程

在实际工程中经常遇到的是热流体隔着固体壁将热量传递给冷流体，这种热交换过程叫做传热过程。传热过程实际是由对流、导热和辐射三种基本方式组成的热交换过程。

问题：当三种换热方式同时存在时，热量是怎样传递的？

为了认识和掌握传热的规律，先来分析一下常见的传热过程。例如，冬季由室内通过墙壁向室外传热，整个过程可分三个阶段，如图 7—8 所示。

(1) 室内热量以空气对流和辐射的方式传给墙的内表面，这是受热过程。

（2）由墙的内表面以固体导热方式传给墙的外表面，这是导热过程。

（3）由墙的外表面以空气对流和辐射的方式传热给室外空气和环境物体，这是放热过程。

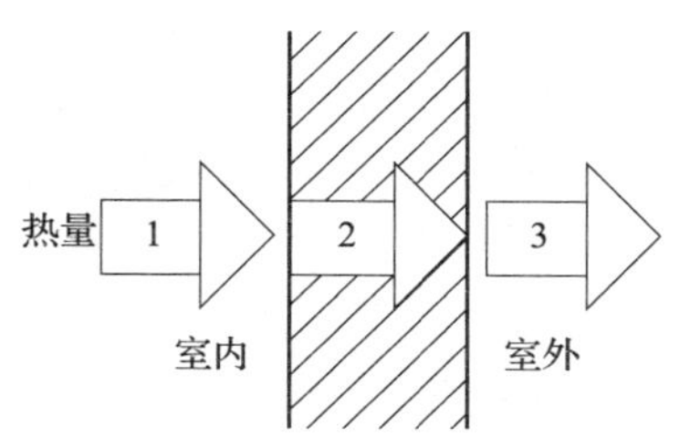

图7－8　室内向室外传热的过程

以上这三个阶段完成了由室内到室外的传热。显然，传热的动力是室内外存在温度差，即室内温度高于墙内表面温度，墙内表面温度高于墙外表面温度，墙外表面温度高于室外环境温度。

在分析墙的传热过程时，认为墙壁内外的温度不随时间而变化，是恒定的，所以通过围护结构的传热量也不随时间而变化，这种不随时间变化的传热过程叫做稳定传热过程。这里只讨论稳定传热过程。

前面已谈到，室内空气向墙壁内表面的传热和墙壁外表面向室外的传热都是通过对流和辐射两种换热方式来实现的，把这类传热过程叫做换热过程。

研究结果表明，壁面所接受或放出的热量 Q 与壁面的面积 F、空气和壁面的温度差（$t-\tau$）成正比，用数学公式表示为

$$Q=\alpha\cdot F\ (t-\tau)$$

式中，α 为换热系数，它表示沿传热方向，在1 m^2的壁面上，当流体和壁面的温度差为1℃时，在单位时间内流体与壁面的对流换热以及辐射换热的总换热量。

壁体受热时的 α 称为受热系数，放热时的 α 称为放热系数。在稳定传热的情况下，受热、导热和放热这三个过程的传热量是相等的。

二、传热的增强和减弱

工程中存在的大量传热问题都因具体条件的不同而不同，但归纳起来不外乎两种类型：一是增强传热，二是减弱传热。

1. 增强传热

所谓增强传热，指的是根据影响传热的因素，采取某些措施，以增加换热设备单位面积上的传热量 q，因此，增强传热是挖掘换热设备的潜力、缩小设备体积、减轻设备质量的有效途径。它比单纯依靠扩大换热设备面积或增加设备台数以增加传热量有更重要的意义。

单位面积传热量：

$$q=K\Delta t$$

式中　K——传热系数，$W/m^2\cdot℃$；

　　Δt——温差。

不难看出增加传热系数 K 或温差中的任何一项，都可以达到增强传热的目的。但是，由于各类热工设备的用途与构造不同，所用工质及其温度不一样，传热的方式也有差异，因此解决增强传热问题的方法就有区别。

(1) 增加传热温差 Δt

增加传热温差的途径有两种：一是增加热流体温度或降低冷流体的温度。例如，提高蒸汽采暖的蒸汽压力，提高热水采暖的热水温度。又如在空调工程中降低空气冷却器中的冷冻水的温度，采用深井水代替自来水作为冷凝器的冷却水等，都是直接增加传热温差以增强传热的重要方法。二是在换热器中采用逆流式换热（参与换热的冷热两种流体相对流动），而避免采用顺流式（两种流体同向流动）。

(2) 增大传热系数 K

增强传热的积极措施是设法增大传热系数。传热过程包括三种基本传热方式，而传热过程的总热阻率为多项热阻率的叠加。因此，要增大传热系数，必须分析整个传热过程中的每一项热阻率，从中找出最大的一项，并设法减小它，才能有效地增强传热。

现从分析平壁传热系数的一般表达式来阐述增大 K 值的一般途径。

$$K=\frac{1}{\frac{1}{\alpha_n}+\frac{\delta}{\lambda}+\frac{1}{\alpha_w}}$$

1）减小导热热阻$\frac{\delta}{\lambda}$。即减小厚度 δ，或增大导热系数 λ，用金属作传热壁，金属壁的导热热阻往往可忽略不计，但当传热壁面上沉积烟渣层或水垢层时，因为它们的导热系数很小，所以虽然厚度不大，也会产生较大的导热热阻。如以热阻来衡量 1 mm 的水垢层相当于 40 mm 的钢板，1 mm 的烟渣层相当于 400 mm 的钢板。故传热面要经常清洗，去除污垢，保证传热系数不下降。

2）减少放热热阻$\frac{1}{\alpha_n}$及$\frac{1}{\alpha_w}$。即增大 α_n 及 α_w 的数值。现将工程中常见的方法介绍如下。

①肋化。即在放热系数小的一侧加肋片。肋化是减小放热热阻率、增大传热系数最有效的方法。如气体的放热系数较小，直接采取强化措施以增大气体的放热系数是非常有限的，但是如采用在气体侧加肋片的办法，则可大大减小其放热热阻。

②增大流速。增大流速将促使流体紊流，从而增强放热。例如，对于管内流体的流动放热，放热系数将依流速的 0.8 次幂增加。

③增强流体的扰动。例如，把传热面作成波纹形的表面或螺旋形的表面，以造成强烈的扰动，可获得较高的放热系数。

2. 减弱传热

所谓减弱传热，就是减少围护结构、设备、管道等的热损失或保持适宜的工作温度。因此，减弱传热也是节约能源的措施之一。下面介绍两种减弱传热的方法。

(1) 增加绝热保温层

为了减少冷、热损失，利用导热系数小的材料作绝热层来增加导热热阻。例如，供热设备和管道外面都要设置绝热层，以达到减少热量损失的目的。而制冷管道外面也设置绝热层，以达到减少冷量损失的目的。为了加强绝热层的强度及减少绝热层的热量损失或冷量损失，在绝热层表面须设置一层保护层。

(2) 设置遮热板

在锻压、铸造、炼钢等高温车间，由于高温炉或炽热工件使工人受到大量热辐射，在这种场合下采用遮热板遮挡辐射热是一种有效的办法。

复习思考题

1. 简述冬季由室内向室外传热过程。
2. 试述增强传热的方法。
3. 试述减弱传热的方法。

第八章　水蒸气和换热器

水蒸气的应用非常广泛。由于水蒸气较容易获得，载热量大，不污染环境，又具有良好的膨胀性和流动性，所以水蒸气一直是蒸汽机、汽轮机及热交换装置的唯一理想工质；在许多生产部门中，也常用水蒸气作为蒸煮、烘干以及其他工艺过程的加热介质；日常生活中的蒸煮、采暖、空调等也常常使用水蒸气。

换热器是实现热量或冷量交换的设备。换热器应用极为广泛，除用于生产、生活外，在开发利用二次能源、实现热回收以及节约能源方面也具有重要的作用。在暖通工程中，常常采用换热器对工作介质进行加热或冷却，例如，采暖和淋浴使用的热水可用换热器获得，空调用的冷冻水可用换热器获得，对空气进行的加热和冷却处理也可以用换热器获得等。

第一节　水　蒸　气

学习目标

1. 掌握有关水蒸气的基本概念。
2. 掌握水蒸气的产生过程。
3. 掌握有关水蒸气的基本计算。

由于水到处都是，且具有良好的流动性和载热性，不会污染环境，所以成为暖通工程及许多热交换装置的理想工质。

问题：为什么在海拔较高的地方，水的蒸发温度不是100℃？

一、基本概念

1. 液体的汽化——蒸发和沸腾

物质从液体变成蒸气的过程叫做汽化，从蒸气变成液体的过程叫做液化，也叫凝结。液体的汽化有两种方式——蒸发和沸腾。

（1）蒸发

液体表面的分子不断地离开液面向空气中散发变成气态分子的过程称为蒸发。各种液体在任何温度下都能够蒸发。液体蒸发的快慢取决于多方面的因素：液体温度越高、表面积越大、液面上空气流速越大，蒸发就越快；液面上空蒸汽分子的密度越小，蒸发也越快。

日常生活中，洗好的衣服展开挂在室外阳光下通风的地方，衣服干得比较快。敞口容器中的液体会不停地蒸发，直到全部蒸发完为止。

（2）沸腾

液体表面和内部同时进行剧烈的汽化过程称为沸腾。

水在容器内被加热时，在底面和器壁上会产生许多小汽泡，这是容器内壁所吸附的空气受热分离出来的。汽泡周围的水不断向汽泡内蒸发，汽泡内气压就增大。当水温升高到一定温度时，汽泡内的气压将会升高到与外界压力相等，汽泡的体积也会不断增大，上升到水面上裂开，并放出大量蒸汽。这时容器内的水就会上下翻腾，滚动不息，这种现象称为沸腾。

液体沸腾时的温度叫做沸点。液体温度必须达到沸点才会沸腾。液体的沸点随液体所承受压力大小而改变，外界压力越高沸点也越高，反之，沸点越低。例如，水在标准大气压 101.325 kPa 时，沸点为 100℃；400 kPa 时，沸点为 143.6℃；而在 50 kPa 的压力下，沸点仅为 81℃。

在相同的压力下，不同液体沸点不同。例如，在标准大气压下，酒精的沸点为 78.3℃，液氨的沸点为 -33.4℃，液态氧的沸点为 -189℃。

由于沸腾是剧烈的汽化过程，可以产生大量的蒸汽，所以工业生产上所用的水蒸气，都是以沸腾的方式获得的。

2. 饱和温度与饱和压力

当液体向有限的密闭空间蒸发，开始时进入空间的分子数目多于返回液体中分子的数目。随着蒸发的继续进行，空间蒸汽分子的密度不断增大，因而返回液体中的分子数目也增多。

当单位时间内进入空间的分子数目与返回液体中的分子数目相等时，则蒸发与凝结处于动平衡状态，这时虽然蒸发和凝结仍在进行，但空间中蒸汽分子的密度不再增大，此时的状态称为饱和状态。

在饱和状态下的液体称为饱和液体，其蒸汽称为饱和蒸汽。处于未饱和状态的液体和蒸汽，则分别叫做未饱和液体和未饱和蒸汽。

饱和状态下的液体和蒸汽的温度称为饱和温度，与饱和温度对应的饱和蒸汽的压力称为饱和压力。例如，水蒸气在 20℃时饱和压力是 2.3 kPa，100℃时饱和压力为101.325 kPa。温度越高饱和压力越高，温度越低饱和压力越低。

沸腾是液体在饱和温度下由液态变为气态的过程。加热升高温度使液体达到饱和温度并不是使液体产生沸腾的唯一办法，温度不变，降低压力也可以使液体沸腾。只要将外界压力降低到相应于液体温度下的饱和压力，液体即沸腾。

下面举几个降低压力使液体沸腾的例子。

在蒸汽系统的凝结水管道中，温度和压力都比较高的凝结水，如果把它导入扩容器，由于容积扩大压力降低，这时凝结水的温度高于低压力下的饱和温度（超过了沸点），于是凝结水就沸腾汽化变成低压蒸汽。这时水的沸腾汽化消耗的是本身的液体热，所以凝结水温度也随之下降。

在制冷系统中，制冷剂的液体通过减压，由于压力降低液体就汽化，变成制冷剂蒸汽。此时要吸收大量的热量，这就是制冷效应。利用制冷效应可以使空气冷却降温或者使水变成冷冻水等。

3. 汽化热和凝结热

定压下液体沸腾时，虽然继续对它进行加热，但液体的温度并不升高，液体和蒸汽一直保持着相应于液面压力下的饱和温度。如果停止加热，液体也就中止沸腾。由此可见，要使液体继续沸腾，就必须不断地供给热量。

液体汽化（蒸发或沸腾）是吸热过程，吸收的热量并不是升高液体的温度，而是使液体转变为蒸汽，因而汽化过程中液体的温度保持不变。

在一定压力、一定温度下由于液体汽化过程吸收的热量叫做汽化潜热。

在一定压力下，1 kg 液体全部转变为同温度的蒸汽所吸收的热量称为比汽化潜热，或简称比汽化热，用符号 r 表示，单位是 kJ/kg。

水在标准大气压 101. 325 kPa 下的比汽化热为 2 257. 2 kJ/kg。液体的比汽化热可用实验测定。同一种液体的比汽化热随压力的升高（也就是饱和温度的升高）而减小，水在各种温度下的比汽化热 r 可从水蒸气表查得。

必须指出，在相同压力下每 1 kg 液体不论是通过蒸发还是通过沸腾变为蒸汽，它所吸收的汽化热是完全相等的，与汽化的方式无关。液体降压沸腾变为蒸汽时，仍然需要汽化热，这些热量或者来自液体本身，使液体温度降低，或者从液体周围的物质中取得。凝结是汽化的逆过程，即：

$$\text{水}\underset{\text{凝结（放热）}}{\overset{\text{（吸热）汽化}}{\rightleftharpoons}}\text{水蒸气}$$

在一定压力下，1 kg 蒸汽完全凝结成同温度的液体所放出的热量叫做比凝结热。比凝结热与比汽化热数值相等，符号相同。例如，压力为 101. 325 kPa，饱和温度为 100℃ 的低压蒸汽，全部凝结成 100℃ 的水时放出 2 257. 2 kJ/kg 的热量。

使蒸汽凝结成液体的条件是温度低于蒸汽压力下的饱和温度。达到这个条件有两种方法：一种是冷却法（压力不变降低温度），另一种是加压法（温度不变加大压力），或者两种方法同时并用。例如，在制冷系统中为了使制冷剂（氨或氟利昂）的蒸汽冷凝成液体，一方面用压缩机做功加大压力，同时用较低温度的水或空气在冷凝器中导走热量使其凝结，得到制冷剂液体。

二、定压下水蒸气的产生过程

水蒸气一般是在锅炉设备中产生的。锅炉的形式虽然很多，但产生水蒸气的过程却都是定压加热过程。为了便于分析，假设水在带有活塞的汽缸内定压加热，如图 8—1 所示。

设在汽缸中装有 1 kg 水，使水承受一定的压力 p，水的初始温度为 0℃，比容为 v_0，如图 8—1a 所示。

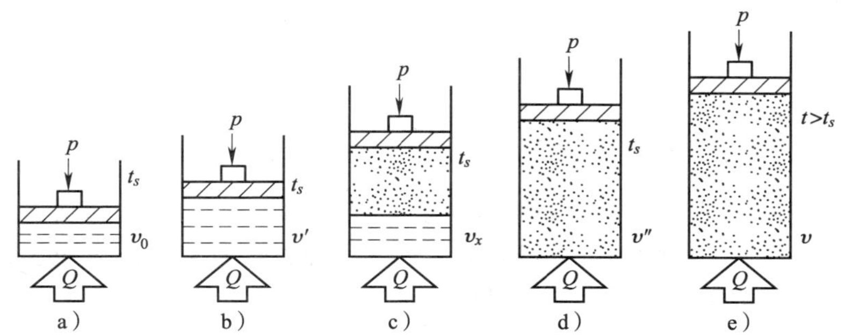

图 8—1 定压下水蒸气的形成过程

a）未饱和水 b）饱和水 c）湿蒸汽 d）干饱和蒸汽 e）过热蒸汽

在定压下对水加热，水温便逐渐上升，比容也稍有增加。当水温升高到相应压力 p 的饱和温度 t_s 时，水变成了饱和水，比容用 v' 表示，如图 8—1b 所示。

若继续加热，饱和水便开始沸腾汽化，在汽化过程中，比容增长很快，而温度 t_s 保持不变。这时汽缸中同时存在着饱和水和饱和蒸汽，蒸汽中混合着一定量的没有汽化的饱和水滴，这一状态的蒸汽称为湿饱和蒸汽，简称湿蒸汽，其比容用 v_x 表示，如图 8—1c 所示。

当汽缸中的饱和水全部变为饱和蒸汽时，这一状态的蒸汽称为干饱和蒸汽或简称饱和蒸汽，此时的温度仍为饱和温度 t_s，饱和蒸汽的比容用 v'' 表示，如图 8—1d 所示。

如果对饱和蒸汽继续加热，则蒸汽的温度开始上升，比容继续增大，这时的蒸汽温度已超过饱和温度，$t > t_s$，这种情况的蒸汽称为过热蒸汽，其比容用 v 表示，如图 8—1e 所示。

通过以上分析可知，定压下对水加热而形成水蒸气的过程，可以分三个阶段。

1. 水的加热阶段

它是指将 0℃ 的水加热为饱和水的过程，此阶段中水增加的热量为液体热（显热）。

2. 水的汽化阶段

它是指由饱和水加热成干饱和蒸汽的过程，整个阶段为定温过程，饱和温度 t_s 不变，此阶段饱和水在汽化过程中增加的是汽化潜热。

3. 水蒸气的过热阶段

它是指将干饱和蒸汽加热由饱和温度 t_s 至温度为 t 的过热蒸汽的过程，此阶段蒸汽增加的热量称为过热热量。$t-t_s$称为过热度。

在实际中，锅炉生产水蒸气的过程基本上分以上三个阶段。但是一般工业和生活、采暖、空调用的蒸汽是饱和蒸汽，只有作为动力用和特殊用途的蒸汽是过热蒸汽。

饱和蒸汽的特点是稍遇到温度降低就有凝结水出现，而过热蒸汽则不容易出现凝结水。一般工业锅炉汽包内产生的是饱和蒸汽，把饱和蒸汽导入过热器中再进行加热才得到过热蒸汽。

三、水蒸气表及水蒸气的计算

从水蒸气的产生过程可以看出水蒸气的性质是复杂的，描述水蒸气状态的参数主要有压力、饱和温度、比容、比焓等。工程上为了计算方便，科研工作人员把实验研究和分析计算结果列成表、绘成图，使用时只需根据一定的已知参数，从表或图上就可查到未知参数。

1. 水蒸气表

表 8—1 和表 8—2 列出了饱和水和干饱和水蒸气的热力特性表（简称饱和水蒸气表）。表中列有压力、饱和温度和比焓等项目，其中比焓一项中列出了饱和水的比焓、比汽化热和饱和蒸汽的比焓三个分项，如果已知压力或温度，就可以得到一系列其余值。

表 8—1　　饱和水与干饱和水蒸气简表（按压力排列）

绝对压力 p /kPa	饱和温度 t /℃	饱和水比焓 h' /（kJ/kg）	比汽化热 r /（kJ/kg）	饱和蒸汽比焓 h'' /（kJ/kg）
10	45.8	191.8	2 392.2	2 584.4
30	69.1	289.3	2 336.0	2 625.3
50	81.4	340.6	2 305.4	2 646.0
100	99.6	417.5	2 258.2	2 675.7
120	104.8	439.4	2 244.4	2 683.8
140	109.3	458.4	2 232.4	2 690.8
160	113.6	475.4	2 221.4	2 696.8
180	116.9	490.7	2 211.4	2 702.1
200	120.2	504.7	2 202.2	2 706.9
400	143.6	604.7	2 133.8	2 739.5
600	158.8	670.4	2 086.0	2 756.4
800	170.4	720.9	2 047.5	2 768.4
1 000	179.9	762.6	2 014.4	2 777.0
1 200	188.0	798.4	1 985.0	2 783.4
1 400	195.0	830.1	1 958.3	2 788.4
1 600	201.6	858.6	1 933.6	2 792.2

表 8—2　　饱和水与干饱和水蒸气简表（按温度排列）

温度 t /℃	饱和压力 p /kPa	饱和水比焓 h' /（kJ/kg）	比汽化热 r /（kJ/kg）	饱和蒸汽比焓 h'' /（kJ/kg）
0.01	0.61	0.0	2 501.0	2 501.0
20	2.34	83.9	2 453.5	2 537.4
40	7.38	167.5	2 406.0	2 573.5
60	19.94	251.2	2 357.6	2 608.8
80	47.41	335.0	2 307.9	2 642.9
100	101.33	419.0	2 257.2	2 676.2
110	143.39	461.4	2 229.5	2 690.9
120	198.69	503.8	2 202.0	2 705.8
130	270.31	546.4	2 173.6	2 720.0
140	261.57	589.2	2 144.3	2 733.5
150	476.21	632.2	2 113.9	2 746.1
160	618.28	675.5	2 082.3	2 757.8
170	792.25	719.1	2 049.3	2 768.5
180	1 002.90	763.1	2 014.9	2 778.0
190	1 255.37	807.5	1 978.7	2 786.2
200	1 535.10	852.3	1 940.8	2 793.1

2. 水蒸气的计算

下面介绍用比焓这一参数来计算得到某种状态水蒸气所需要的热量。

某一状态下的水或水蒸气的比焓，数值上等于在等压下，把 1 kg 水从 0℃ 加热到某一状态的水或水蒸气所加入的热量。

把 0℃的水的比焓定为 0 kJ/kg，即 $h_0 = 0$。

（1）水和未饱和水的比焓

水的定压比热 $c_p = 4.19$ kJ/（kg · ℃），t℃水的比焓就是将水从 0℃加热到 t℃的热量，即：

$$h = c_p(t - t_0) = c_p t = 4.19t(\text{kJ/kg})$$

【例题 8—1】 水的温度 $t = 80$℃，求它的比焓。

【解】 由水的比焓公式得

$$h = 4.19t = 4.19 \times 80 = 335.2(\text{kJ/kg})$$

同理，在一定压力下饱和温度 t_s 时水的比焓，也就是饱和水的比焓，用 h' 表示。

$$h' = c_p t_s = 4.19t_s(\text{kJ/kg})$$

饱和水的比焓也能从水蒸气表中查到。

定压下将 1 kg 水从 t_1 加热到 t_2 所需的热量等于两种水的比焓差（即比焓的增量）：

$$q = h_2 - h_1(\text{kJ/kg})$$

（2）干饱和水蒸气的比焓的计算

为了得到干饱和水蒸气必须先将水加热至沸点变成饱和水，然后继续加热，温度不升高，保持饱和温度，吸收汽化潜热变成干饱和水蒸气。因此，干饱和水蒸气的比焓 h'' 就等于饱和水的比焓 h' 和比汽化热 r 之和，即：

$$h'' = h' + r(\text{kJ/kg})$$

【例题 8—2】 求100℃饱和水蒸气的比焓。

【解】 查表8—1，100℃水蒸气的比汽化热 $r = 2\ 257.2$ kJ/kg

水蒸气的比焓为：

$$h'' = h' + r = 4.19 \times 100 + 2\ 257.2 = 2\ 676.2(\text{kJ/kg})$$

查饱和水蒸气表也能得到上列数值。

将温度为 t_1 的水加热到温度为 t_2 的饱和水蒸气，每1 kg水需要的热量 q 就等于 t_2 温度时水蒸气的比焓 h''_2 与 t_1 时水的比焓 h_1 之差，即：

$$q = h''_2 - h_1(\text{kJ/kg})$$

$m$kg 水吸收的热量为：

$$Q = mq = m(h''_2 - h_1)(\text{kJ})$$

【例题 8—3】 求将1 kg水从30℃加热成为100℃的饱和蒸汽，求所需的热量。

【解】 30℃水的比焓为：

$$h_1 = c_p t = 30 \times 4.19 = 125.7(\text{kJ/kg})$$

100℃饱和蒸汽的比焓为（例题8—2计算结果）

$$h''_2 = 2\ 676.2(\text{kJ/kg})$$

所需的热量为：

$$q = h''_2 - h_1 = 2\ 676.2 - 125.7 = 2\ 550.5(\text{kJ/kg})$$

假如有500 kg的水，总共所需热量为：

$$Q = mq = 500 \times 2\ 550.5 = 1\ 275\ 250(\text{kJ})$$

（3）过热蒸汽的比焓

前面已述，将水加热变成饱和水，再加热变成干饱和蒸汽，然后将干饱和蒸汽再继续加热升高温度，就得到过热蒸汽。只要知道干饱和蒸汽变成过热蒸汽所需的热量就可计算过热蒸汽的比焓。

过热蒸汽的比焓为：

$$h = h'' + c_p(t - t_s)(\text{kJ/kg})$$

水蒸气的比定压质量热容在温度不太高时，$C_p = 1.87$ kJ/（kg·℃），用 $\Delta t = t - t_s$ 表示过热度，则过热蒸汽的比焓为：

$$h = h'' + 1.87\Delta t(\text{kJ/kg})$$

【例题 8—4】 将195℃饱和蒸汽变成为380℃过热蒸汽，问此过热蒸汽的比焓是多少？

【解】 195℃时饱和水蒸气的比焓由表8—1查得：

$$h''_2 = 2\ 788.4 \text{ kJ/kg}$$

此过热蒸汽的过热度为：$\Delta t = 380 - 195 = 185$（℃）

根据过热蒸汽的比焓计算公式，该过热蒸汽的比焓为：

$$h = h'' + 1.87\Delta t = 2788 + 1.87 \times 185 = 3\ 133.95(\text{kJ/kg})$$

【例题8—5】 1 000 kg 80℃的水进入锅炉加热，完全变成170℃的饱和蒸汽，问需要吸收多少热量？

【解】 查表8—2可得：80℃水的比焓 $h = 335$ kJ/kg，170℃饱和蒸汽的比焓 $h'' = 2\,768.5$ kJ/kg，则1 000 kg水吸收的热量为：

$$Q = m(h'' - h) = 1\,000 \times (2\,768.5 - 335) = 2\,433.5 \times 10^3 (\mathrm{kJ})$$

【例题8—6】 130℃的饱和蒸汽在加热器中通过，对空气进行加热。要使空气吸收50 000 kJ的热量，问应通过多少千克蒸汽？

【解】 在加热器中靠蒸汽放出汽化潜热加热空气，即空气所得到的热量等于蒸汽放出的凝结热（凝结热等于汽化热），$q = r$。

查表8—2可得：130℃饱和蒸汽的比汽化热 $r = 2\,174$ kJ/kg，即 $q = 2\,174$ kJ/kg。

那么，$m$kg蒸汽放出的热量为：

$$Q = mq = mr$$

所以，放热50 000 kJ所需的蒸汽量为：

$$m = \frac{Q}{r} = \frac{50\,000}{2\,174} = 23(\mathrm{kg})$$

计算结果需要23 kg的水蒸气。

复习思考题

1. 什么是汽化、凝结、汽化热和凝结热？

2. 什么是水的蒸发和沸腾？蒸发快慢与哪些因素有关？

3. 液体沸腾的条件是什么？压力一定时如何使液体沸腾？温度一定时如何使液体沸腾？

4. 水是不是一定要加热到100℃才能沸腾或蒸发，为什么？

5. 什么是饱和水、饱和蒸汽、饱和压力和饱和温度？

6. 什么是过热蒸汽和过热度？

7. 将自来水加热变到过热蒸汽，要经过哪几个阶段？

8. 利用饱和水与水蒸气表，查表确定下列参数。

（1）200 kPa、1 000 kPa时水的饱和温度。

（2）120℃、150℃、180℃时水的比汽化热和饱和水蒸气的比焓。

9. 利用饱和水与水蒸气表，计算下列各题。

（1）4.0×10^5 Pa的蒸汽进入换热器，要求放出10 000 kJ的热量，求需要蒸汽的量。

（2）10 kg 120℃的水蒸气进入散热器中全部凝结成水总共放出多少热量？

10. 利用饱和水与水蒸气表，结合传热知识，计算下列各题。

（1）某锅炉的给水温度为40℃，生产压力为1 MPa、温度为350℃的过热蒸汽，求每1 kg水在锅炉中吸收的热量。

（2）在5 t、15℃自来水中，通入300 kg、100℃的水蒸气，求混合水的温度。

第二节 换 热 器

学习目标

1. 掌握常用换热器的种类及其工作过程。
2. 掌握换热器的基本计算方法。

问题：在暖通工程中，水和空气是采用何种设备被加热（或冷却）的呢？

热能从热流体间接或直接传向冷流体的过程称为热交换过程，实现热交换过程的专用设备，也就是实现加热或冷却过程的设备称为热交换器，也称为换热器。在这种设备里热量从一种介质传递给另一种介质，所以，在热交换器中总有一个放热的热流体和一个受热的冷流体。

设置换热器的目的是为了加热某种冷流体或冷却某种热流体。所谓热流体通常是指水蒸气、热水、热空气或温度比较高的某种流体。所谓冷流体，通常是指冷水、冷空气或温度较低的某种流体。当然，热和冷是相比较而言的。

在热、冷流体进行热交换过程中，有时会发生液体变成气体或气体变成液体（蒸发或冷凝）的现象，这称为相变。热流体在没有发生相变的情况下，只放出显热，温度由高变低；在有相变发生的情况下，一般只放潜热（例如，水蒸气冷凝成水），温度不变。如果进一步被冷却，温度继续降低，则叫做“过冷”。

冷流体在不发生相变时吸收热是显热，温度上升；有相变发生时吸收汽化潜热，液体汽化为气体，温度不变；如果进一步被加热，温度继续升高，则叫做“过热”。

一、换热器的种类

换热器的种类很多，分类方法也不少。下面介绍几种常用的分类方法。

1. 按热媒分类

换热器按热媒不同可分为气—水换热器和水—水换热器，这里的热媒是指传递热量的媒介物质。以蒸汽作为热媒的称为汽—水换热器，以高温热水作为热媒的称为水—水换热器。

2. 按热交换方式分类

换热器按热交换方式的不同分为表面式和混合式两类。

（1）表面式换热器

在表面式换热器里，被加热水与热媒彼此不相接触，而是通过金属表面进行换热。因为隔着一层金属壁进行换热，所以也称间壁式换热器，是暖通工程中应用最广泛的一种。例如，采暖散热器、空调加热器、冷却器、锅炉中的受热面、制冷机中的冷凝器、蒸发器和各种壳管式换热器等都属于这一类，壳管式表面式换热器如图 8—2 所示。

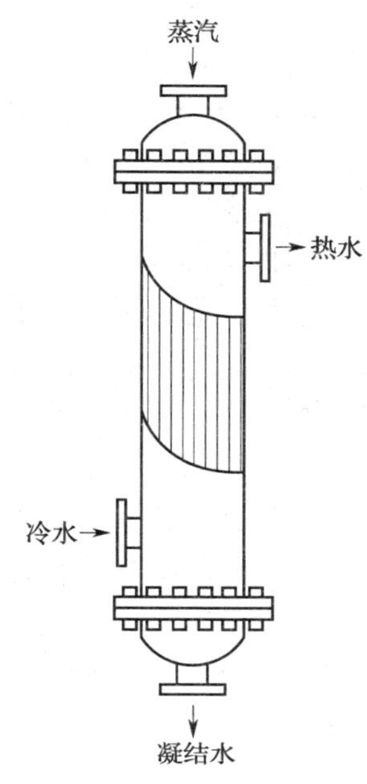

图 8—2 表面式换热器

表面式换热器从构造上可分为壳管式、肋片管式、板翅式、螺旋板式、板式等。

表面式换热器按冷热流体流动方式分为顺流式、逆流式、交叉流（横流）式。

（2）混合式换热器

在混合式换热器里，热量的传递是依靠热流体与冷流体的直接接触和混合进行的。即冷热两种流体直接接触并彼此混合进行换热，在热交换的同时伴随着物质交换。这种换热器也称为直接接触式换热器。例如，将水蒸气直接通入水中，水蒸气放出热量冷凝成水，同时把水加热成热水或开水。空气调节系统中的喷雾室也是混合式热交换设备，夏天室外的热空气通过喷雾室与冷水的水雾混合，热空气被冷却降温。还有蒸汽喷射泵、淋水式加热器、喷管式加热器等都属于这类设备，混合式换热器如图 8—3 所示。

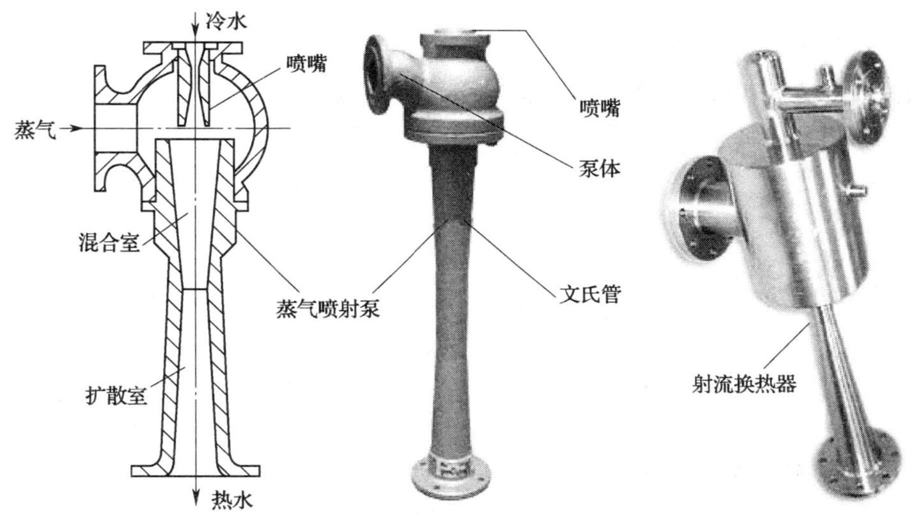

图 8—3 混合式换热器

3. 按用途分类

换热器按用途的不同分为加热器、冷却器、冷凝器、蒸发器四类。

（1）加热器

加热器是利用热媒，将流体加热到需要温度的加热设备。例如，把冷空气加热成热空气，冷水加热成热水等。加热器的热媒一般是热水或水蒸气。前面提到的壳管式热交换器也可作加热器，常用于用蒸汽或高温热水加热冷水产生低温热水供给采暖系统或热水系统。

（2）冷却器

冷却器是利用冷媒将某种流体冷却到必要温度的换热器，如空调中的冷却器就是将冷冻水通入冷却器中冷却温度高的空气，使其降温。

（3）冷凝器

冷凝器是利用冷媒导走热量（潜热和显热）冷却凝结气体，并使之液化的热交换设备。如制冷系统中的冷凝器就是用空气或冷却水导走制冷剂气体的潜热和显热，使制冷剂冷凝成液体；另一方面冷却水或空气由于吸收热量而被加热。冷凝器通常也是壳管式的。

（4）蒸发器

蒸发器是在等压下加热液体使其蒸发，或者膨胀降压（无需加热）使液体蒸发的换热设备。蒸汽锅炉本身就是个蒸发器，燃料燃烧放出热量加热锅炉内的水，使水汽化成水蒸气。

另一种蒸发器是采取膨胀降低压力（高压变为低压或真空压力），使液态流体本身的温度相对高于降压后的饱和温度，于是液态流体就蒸发汽化成气态。

汽化蒸发过程是吸热过程，它吸收潜热变成气态而温度不变，被吸收热量的流体将制冷降温，甚至于凝固结冰。

二、表面式换热器

表面式换热器（或间壁式换热器）的特点是冷、热两流体被固体壁面隔开，不相混合，通过间壁进行热量的交换。此类换热器在暖通工程中应用最广，有管式和板式两大类。

1. 管式换热器

（1）盘管式换热器

盘管式换热器可分为沉浸式盘管换热器和喷淋式换热器两类。

1）沉浸式盘管换热器。盘管多用金属管子弯制而成，或制成适应容器要求的形状，沉浸在容器中。两种流体分别在盘管内、外流动而进行热量交换。如图 8—4 所示为几种盘管式换热器。

这种盘管换热器的优点是结构简单，价格低廉，便于防腐蚀，能承受高压。主要缺点是由于容器的体积较盘管的体积大得多，故管外流体的速度较小，因而总传热系数 K 值也较小。若在容器内增设搅拌器或减小管外空间，则可提高传热系数。

在沉浸式换热器的容器内，如图 8—5 所示，流体常处于不流动的动态，因此在某瞬间容器内各处的温度基本相同，而经过一段时间后，流体的温度均发生变化，故属于不稳定传热过程。

2）喷淋式换热器。如图 8—6 所示，管内热流体（A 流体）通过蛇管壁与管外喷淋的冷流体（B 流体）进行换热。它主要由蛇管、喷淋装置、滴水板和支柱等组成。蛇管由上

图 8—4 盘管式换热器

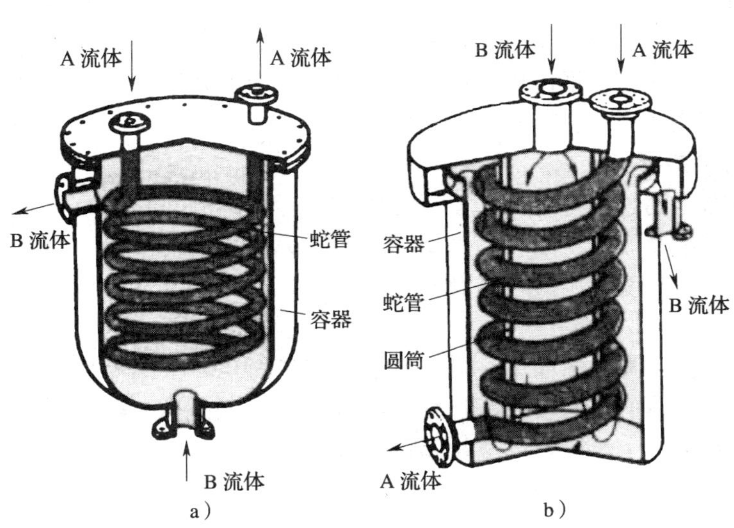

图 8—5 沉浸式换热器

下排列的水平直管借 U 形肘管顺次连接在一起。每排管子最上面设有喷淋装置，如喷头或水槽等。冷却水由水槽溢流出，沿槽滴水板均匀淋洒于传热管上。水成薄膜状，流经管子外表面，再汇集于管滴水板，逐次往下淋洒。在换热器的下面设有底盘以收集流下来的水。

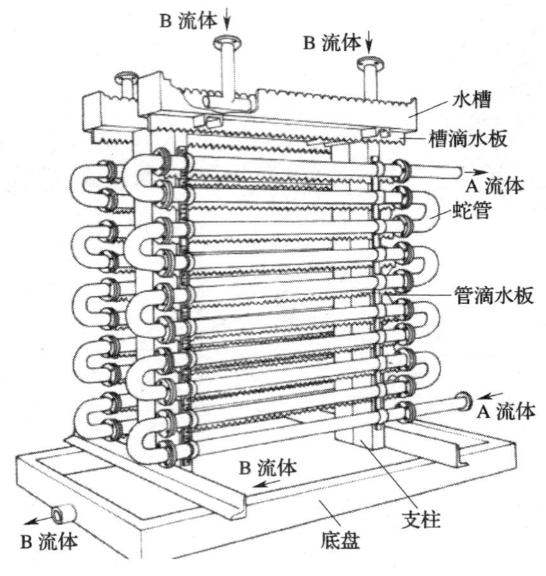

图 8—6 喷淋式换热器

当喷淋不充分时会产生大量蒸汽，因此一般安装在室外通风处，为避免水被风吹走，多围以百叶窗式的护墙。作为冷却器用时，热流体由下部通入管内；作为冷凝器用时，蒸汽则由上部通入管内。由于冷却水直接喷淋于管外壁面上，部分水汽化蒸发，加上空气的共同冷却作用，传热效果好。它的耗水量也小，仅是沉浸式的一半。运行中还可经常清扫管外壁面，提高冷却效果。当直管与U形肘管用法兰连接时，管内清洗和传热面积的增减都比较容易。喷淋式换热器主要用于石油炼制、石油化工、造气、酿造和制冰等工业部门。由于传热管可用铸铁制成，它很适用于浓硫酸的冷却，但不适于因水源不足或突然停水时易发生意外事故的石油产品或有机气体的冷却。

(2) 套管式换热器

套管式换热器是用管件将两种尺寸不同的标准管连接成同心圆的套管，然后用180°的回弯管将多段套管串联而成，如图8—7所示。每一段套管称为一程，程数可根据传热要求而增减，每程的有效长度为4 ~ 6 m，因若管子太长，管中间会向下弯曲，使环形中的流体分布不均匀。

套管换热器的优点为构造简单；能耐高压；传热面积可根据需要而增减，适当地选择管内、外径，可使流体的流速较大，且双方的流体作严格的逆流，都有利于传热。其缺点为管间接头较多，易发生泄漏，单位长度传热面积较小。在需要传热面积不太大且要求压强较高或传热效果较好时，宜采用套管式换热器。

(3) 列管式换热器

列管式换热器是暖通工程中应用最广泛的传热设备。与前述的各种换热器相比，主要优点是单位体积所具有的传热面积较大以及传热效果较好；此外，结构简单，制造的材料范围较广，操作弹性也较大等，因此在高温、高压和大型装置上多采用列管式换热器。几种列管式换热器外形如图8—8所示。

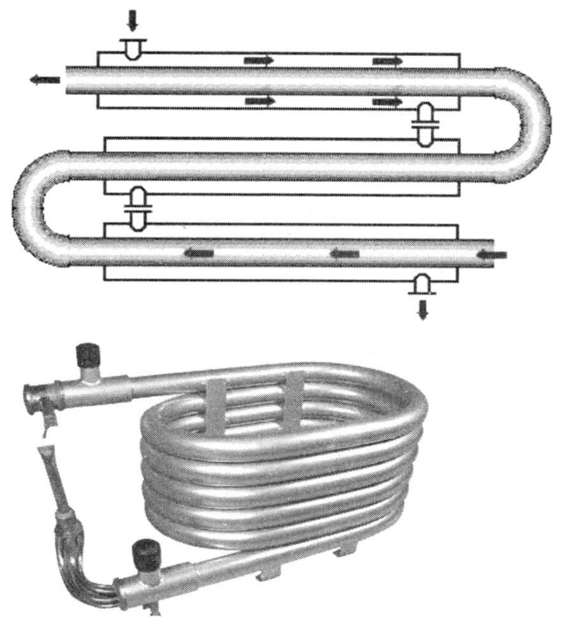

图 8—7　套管式换热器

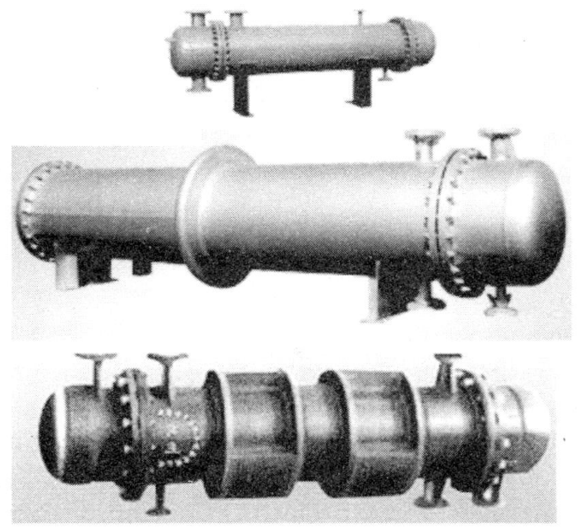

图 8—8　几种列管式换热器外形

列管式换热器中，由于两流体的温度不同，使管束和壳体的温度也不相同，因此它们的热膨胀程度也有差别。若两流体的温度差较大（50℃以上）时，就可能由于热应力而引起设备的变形，甚至弯曲或破裂，因此必须考虑这种热膨胀的影响。列管式换热器常见膨胀节的形式如图 8—9 所示。

根据热补偿方法的不同，列管换热器有下面几种形式。

1）固定管板式。所谓固定管板式即两端管板和壳体连接成一体，因此它具有结构简单和造价低廉的优点。但是由于壳程不易检修和清洗，因此壳内流体应是较洁净且不易结垢的流体。当两流体的温度差较大时，应考虑热补偿。

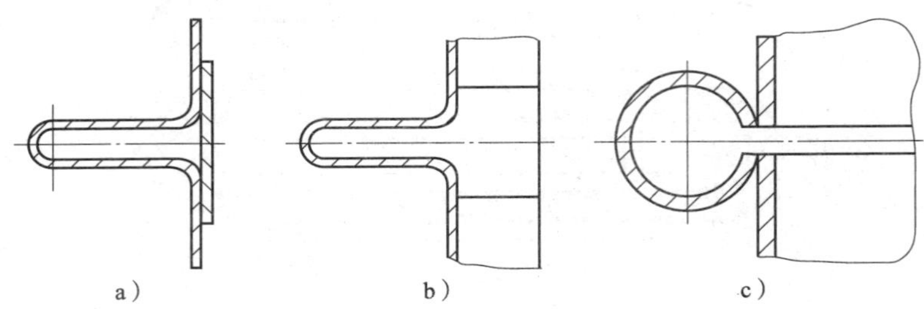

图 8—9　列管式换热器常见膨胀节的形式

a）U 形　b）平板形　c）Ω 形

如图 8—10 所示为具有补偿圈（或称膨胀节）的固定板式换热器，即在外壳的适当部位焊上一个补偿圈，当外壳和管束热膨胀不同时，补偿圈发生弹性变形（拉伸或压缩），以适应外壳和管束的不同的热膨胀程度。这种热补偿方法简单，但不宜用于两流体的温度差太大（不大于 70℃）和壳方流体压强过高（一般不高于 600 kPa）的场合。

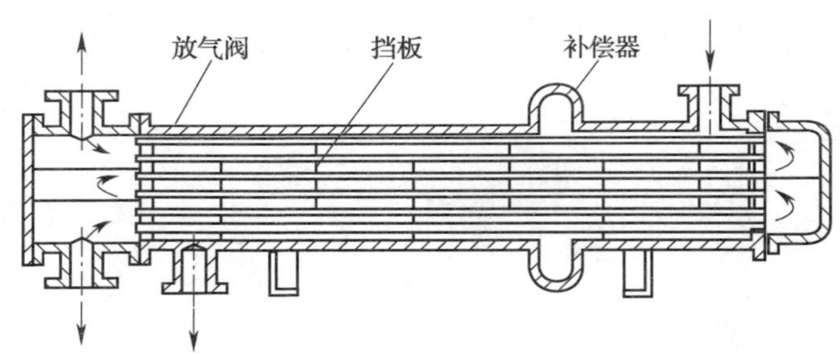

图 8—10　具有补偿圈的固定板式换热器

2）U 形管换热器。U 形管换热器如图 8—11 所示。管子弯成 U 形，管子的两端固定在同一管板上。封头内用隔板分成两室。因此每根管子可以自由伸缩，而与其他管子及壳体无关。

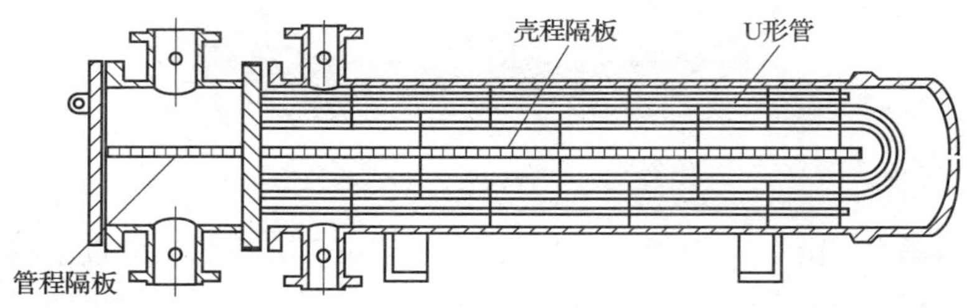

图 8—11　U 形管式换热器

这种形式换热器的结构也较简单，质量轻，适用于高温和高压的场合。其主要缺点是管内清洗比较困难，因此管内流体必须洁净；且因管子需一定的弯曲半径，故管板的利用率较差。

3）浮头式换热器。如图 8—12 所示，两端管板之一不与外壳固定连接，该端称为浮头。当管子受热（或受冷）时，管束连同浮头可以自由伸缩，而与外壳的膨胀无关。浮头式换热器不但可以补偿热膨胀，而且由于固定端的管板是以法兰与壳体相连接的，因此管束可从壳体中抽出，便于清洗和检修，故浮头式换热器应用较为普遍。但该种换热器结构较复杂，金属耗量较多，造价也较高。

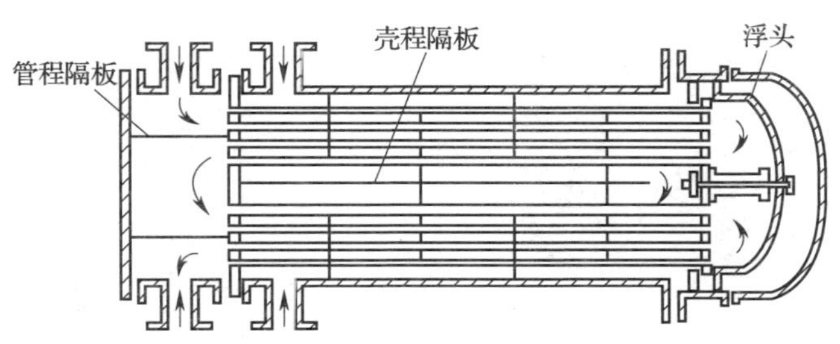

图 8—12　浮头式换热器

以上几种类型的列管换热器都有系列标准，可供选用。规格型号中通常标明形式、壳体直径、传热面积、承受的压强和管程数等。

2. 板式换热器

（1）平板式换热器

平板式换热器主要由一组长方形的薄金属板平行排列、夹紧组装于支架上而构成。两相邻板片的边缘衬有垫片，压紧后可达到密封的目的，且可用垫片的厚度调节两板间流体通道的大小。每块板的四个角上，各开一个圆孔，其中有两个圆孔和板面上的流道相通，另外两个圆孔则不相通，它们的位置在相邻板上是错开的，以分别形成两流体的通道。冷、热流体交替地在板片两侧流过，通过金属板片进行换热。每块金属板面冲压成凹凸规则的波纹，以使流体均匀流过板面，增加传热面积，并促使流体湍动，有利于传热。平板式换热器如图 8—13 所示。

图 8—13　平板式换热器

平板式换热器的优点是结构紧凑，单位体积设备所提供的传热面积大；总传热系数高，如对低黏度液体的传热，K 值可高达 7 000 W/（m^2 · ℃）；可根据需要增减板数以调节传热面积；检修和清洗都较方便。

平板式换热器的缺点是处理量不太大；操作压强较低，一般低于 1 500 kPa，最高也不超过 2 000 kPa；因受垫片耐热性能的限制，操作温度不能过高，一般对合成橡胶垫圈不超过 130℃，压缩石棉垫圈低于 250℃。

（2）螺旋板式换热器

如图 8—14 所示，螺旋板式换热器是由两块薄金属板焊接在一块分隔挡板（图中心的短板）上并卷成螺旋形而形成的。两块薄金属板在换热器内形成两条螺旋形通道，在顶、底部上分别焊有盖板或封头。进行换热时，冷、热流体分别进入两条通道，在换热器内做严格的逆流流动。

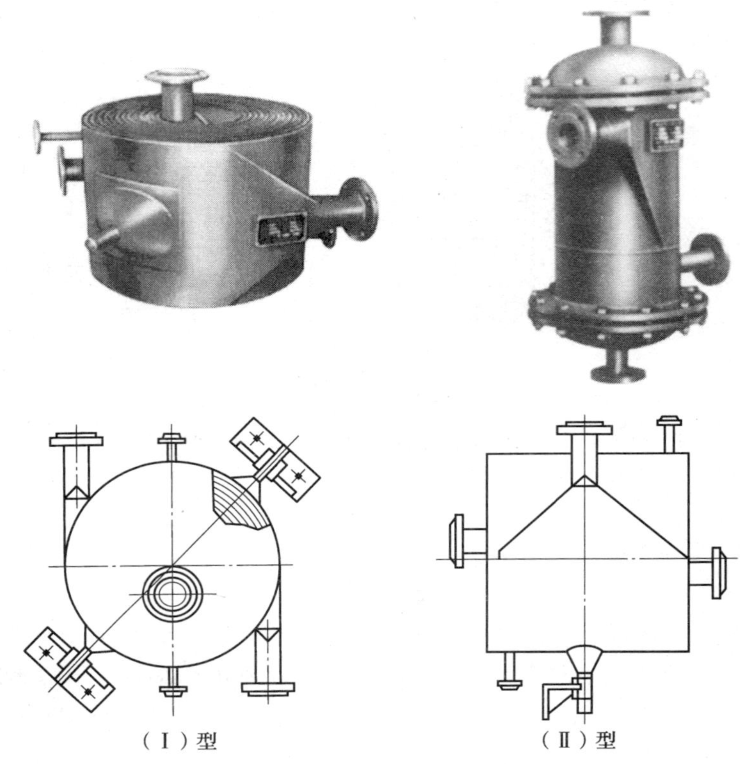

图 8—14　螺旋板式换热器

因用途不同，螺旋板式换热器的流道布置和封盖形式有Ⅰ型、Ⅱ型、Ⅲ型三种形式。

“Ⅰ”型结构两个螺旋流道的两侧完全为焊接密封的结构，是不可拆结构。两流体均做螺旋流动，通常冷流体由外周流向中心，热流体从中心流向外周，即完全逆流流动。这种形式主要应用于液体与液体间传热。

“Ⅱ”型结构两个螺旋通道不同，一个螺旋流道的两侧为焊接密封，另一流道的两侧是敞开的，因而一流体在螺旋流道中做螺旋流动，另一流体在另一流道中做轴向流动，是可拆结构。这种形式适用于两流体流量差别很大的场合，常用作冷凝器、气体冷却器等。

“Ⅲ”型可拆式螺旋板换热器结构原理与不可拆式换热器基本相同，但其两个通道可拆开清洗，适用范围较广。

螺旋板换热器的直径一般在 1.6 m 以内，板宽 200 ~ 1 200 mm，板厚 2 ~ 4 mm，两板间的距离为 5 ~ 25 mm。常用材料为碳钢和不锈钢。

1）螺旋板换热器的优点

①总传热系数高。由于流体在螺旋通道中流动，在较低的雷诺值（一般 Re = 1 400 ~

1 800，有时低到500）下即可达到湍流，并且可选用较高的流速（对液体为2 m/s，气体为20 m/s），故总传热系数较大。

②不易堵塞。由于流体的流速较高，流体中悬浮物不易沉积下来，并且任何沉积物将减小单流道的横断面，因而使速度增大，对堵塞区域又起到冲刷作用，故螺旋板换热器不易被堵塞。

③能利用低温热源和精密控制温度。这是由于流体流动的流道长及两流体完全逆流的缘故。

④结构紧凑。单位体积的传热面积为列管换热器的3倍。

2）螺旋板换热器的缺点

①操作压强和温度不宜太高，目前最高操作压强为2 000 kPa，温度约在400℃以下。

②不易检修。因整个换热器为卷制而成，一旦发生泄漏，修理内部很困难。

3. 翅片管式换热器

如图8—15所示，翅片管式换热器的构造特点是在换热管子表面上装有径向或轴向翅片。当两种流体的对流传热系数相差很大时，例如，用水蒸气加热空气，此传热过程的热阻主要在气体一侧。若气体在管外流动，则在管外装置翅片，既可扩大传热面积，又可增加流体的湍动，从而提高换热器的传热效果。一般来说，当两种流体的对流传热系数之比为3∶1或更大时，宜采用翅片式换热器。

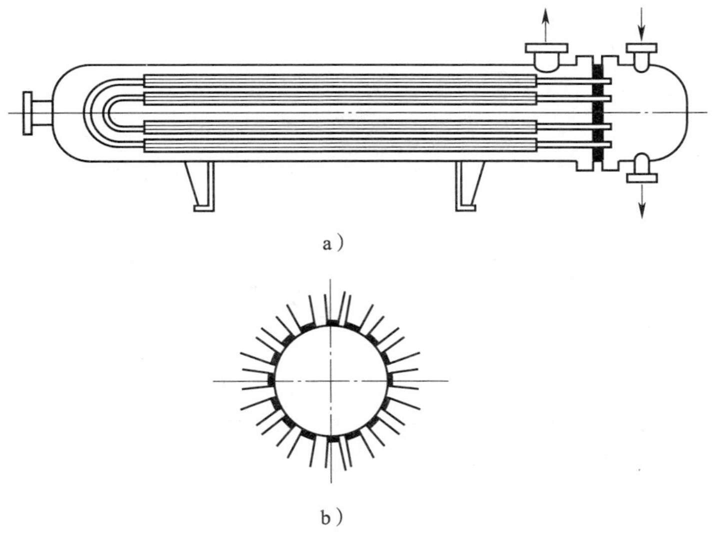

图8—15 翅片管式换热器
a）翅片管式换热器 b）翅片管截面

翅片的种类很多，按翅片的高度不同，可分为高翅片和低翅片两种。低翅片一般为螺纹管。高翅片一般适用于管内、外对流传热系数相差较大的场合，现已广泛地应用于空气冷却器上。低翅片一般适用于两流体的对流传热系数相差不太大的场合，如对黏度较大液体的加热或冷却等。常见的翅片如图8—16所示。

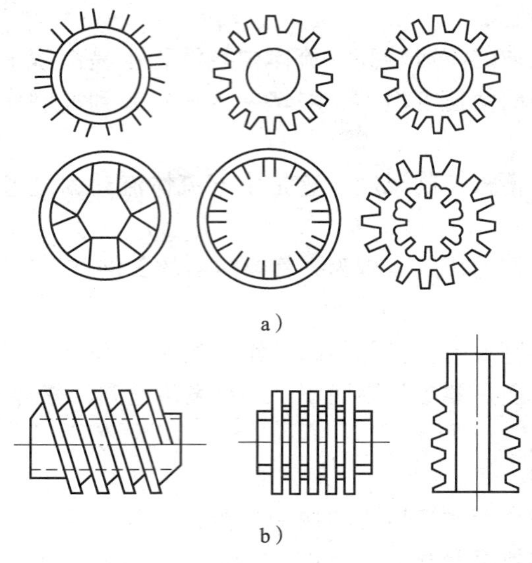

图 8—16　常见的翅片形式

a）横向　b）纵向

4. 板翅式换热器

板翅式换热器的结构形式很多，但其基本结构元件相同，如图 8—17、图 8—18 所示，即在两块平行的薄金属板（平隔板）间，夹入波纹状的金属翅片，两边以侧条密封，组成一个单元体。将各单元体进行不同的叠积和适当地排列，再用钎焊给予固定，即可得到常用的逆流、并流和错流的板翅式换热器的组装件，称为芯部或板束。

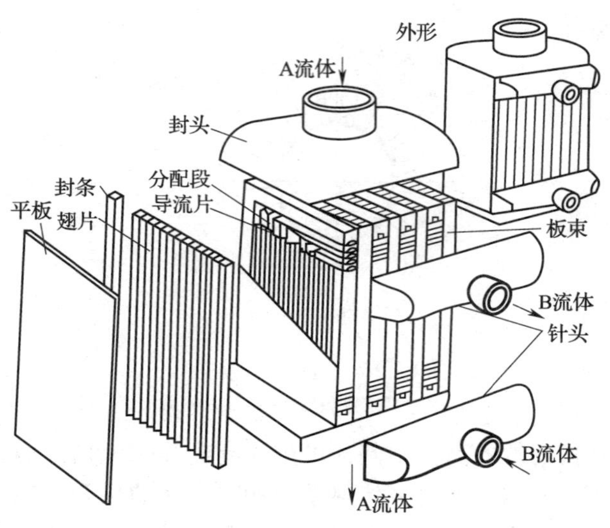

图 8—17　板翅式换热器结构

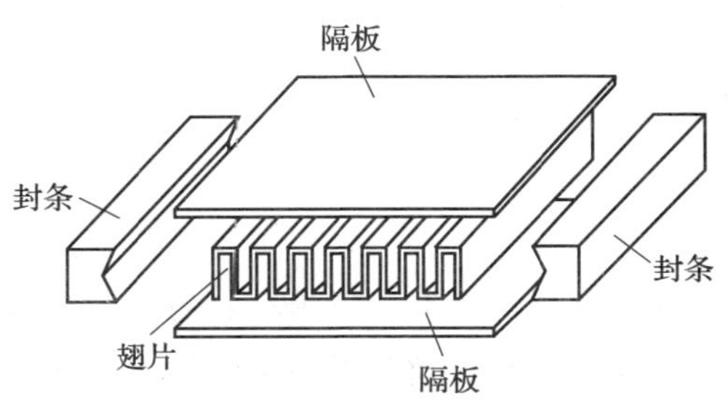

图 8—18 板翅式换热器芯体单元结构

将带有流体进、出口的集流箱焊到板束上，就成为板翅式换热器。目前常用的翅片形式有光直形翅片、铝齿形翅片和多孔形翅片等，如图 8—19 所示。

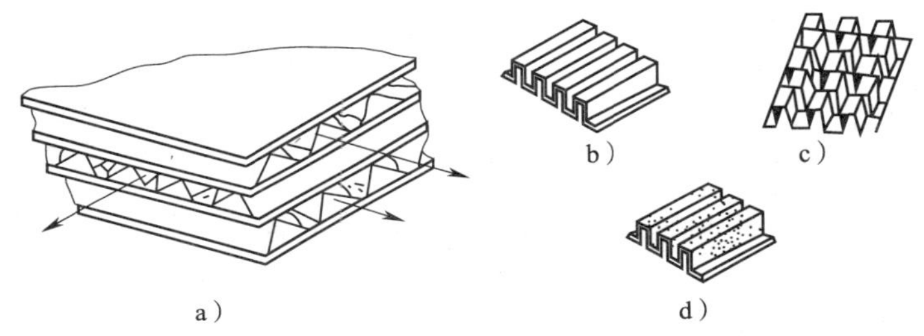

图 8—19 板翅式换热器的板束及翅片形式
a）板束 b）光直形翅片 c）铝齿形翅片 d）多孔形翅片

（1）板翅式换热器的主要优点

1）总传热系数高，传热效果好。由于翅片在不同程度上促进了湍流并破坏了传热边界层的发展，故总传热系数高。同时冷、热流体间换热不仅以平隔板为传热面，而且大部分热量通过翅片传递，因此提高了传热效果。

2）结构紧凑。单位体积设备提供的传热面积一般能达到 2 500 m^2，最高可达 4 300 m^2，而列管式换热器一般仅有 160 m^2。

3）轻巧牢固。因结构紧凑，一般用铝合金制造，故质量轻。在相同的传热面积下，其质量约为列管式换热器的十分之一。波形翅片不仅是传热面的支撑，而且是两板间的支撑，故其强度很高。

4）适应性强、操作范围广。由于铝合金的导热系数高，且在 0℃以下操作时，其延展性和抗拉强度都可提高，故操作范围广，适用于低温和超低温的场合。适应性也较强，既可用于各种情况下的热交换，也可用于蒸发或冷凝。操作方式可以是逆流、并流、错流或错逆流同时并进等。此外，还可用于多种不同介质在同一设备内进行换热。

（2）板翅式换热器的缺点

1）由于设备流道很小，故容易堵塞，换热器一旦结垢，清洗和检修很困难，所以处理的物料应较洁净或预先进行净制。

2）由于隔板和翅片都由薄铝片制成，故要求介质对铝不发生腐蚀。

三、表面式换热器计算的基本原理

1. 热计算公式

表面式换热器的传热计算可分两种情况，即设计计算和校核计算。

在设计热交换器时，计算的目的是要确定换热面积。对已经制成的换热器，换热面积是已知的，校核计算的目的就在于确定换热量和求出冷、热流体的出口温度。

这两种计算所使用的基本方程式均为传热方程式和热平衡方程式。

（1）热平衡方程式

在不考虑热损失的情况下，换热器冷流体吸收的热量应等于热流体放出的热量。则热平衡方程式为：

$$Q = m_1 c_{p1}(t_1' - t_1'') = m_2 c_{p2}(t_2'' - t_2')$$

式中　m——质量流量，kg/h；

c_p——流体的定压质量比热，J/kg · ℃。

在上述公式中，凡标有下角码“1”者表示热流体的各有关量，下角码“2”者表示冷流体的各有关量；凡右上角有“′”者表示流体在换热器进口处的温度；右上角有“″”者表示流体在换热器出口处的温度。

令

$$m_1 c_{p1} = W_1,\ m_2 c_{p2} = W_2$$

W_1和W_2分别称为单位时间内流过热、冷流体的热容量。上述平衡方程式则可写为：

$$W_1(t_1' - t_1'') = W_2(t_2'' - t_2')$$

可见，冷、热两种流体的温度变化和流体各自的热容量成反比。

（2）传热方程式

换热器的传热方程式为：

$$Q = KF(t_1 - t_2) = KF\Delta t_m$$

式中　F——为换热器的面积；

K——为换热器的传热系数。

各种换热器精确的K值应由实验确定。热交换器经过一段时间运行后，换热面两侧常会积有各种污垢、泥垢、油垢、灰尘等，这些污垢层都构成了附加的导热热阻，减少了传热系数的数值。

污垢形成的原因很多，与流体流速和清洗程度、换热面的材料和表面情况以及是否经常清洗等有关，因而实际上垢层的厚度是很难确切知道的。

在实际计算中，并不采用计算垢层实际导热热阻的办法，而是采用附加一项由经验所得的污垢热阻来考虑它对传热的影响。

传热方程式中的（$t_1 - t_2$）表示冷、热流体的温差。因为冷、热两种流体沿传热面进行热交换，其温度沿流动方向不断变化，因此冷、热流体间的温差也是不断变化的。所以只能取其平均温差，以Δt_m来表示。下面讨论平均温差的计算方法。

2. 平均温差的计算

(1) 冷、热流体的流动方式

在表面式换热器中，因两种流体的流向不同，流体可形成顺流、逆流和横流三种基本流动方式，如图 8—20 所示。

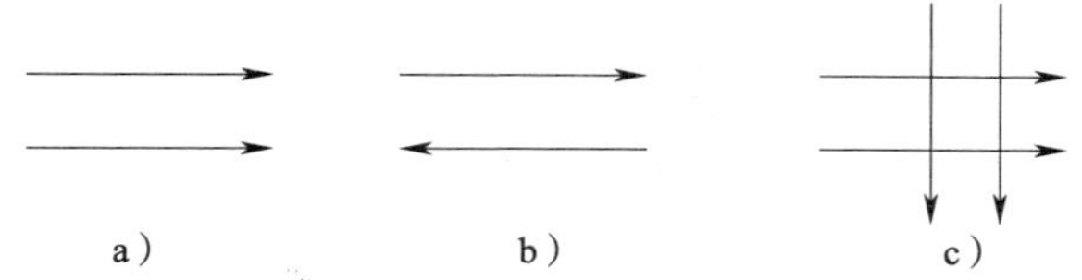

图 8—20 冷、热流体进行热交换的流动方式

a）顺流 b）逆流 c）横流

顺流：在换热器里，热流体和冷流体朝着同一个方向流动。

逆流：在换热器里，两种流体平行流动但方向相反。

横流：冷、热流体在相互垂直的方向上做交叉流动。

以上三种流动方式是三种典型的情况，其他各式各样的流动都可以看成是这三种情况的组合。

顺流和逆流是冷、热流体在表面式换热器中的两种最基本的流动方式，现在将这两种流动方式的温度变化加以比较。

根据冷、热流体的流动方式及 W_1 和 W_2 的大小，得到的沿全部换热面的温度分布的四对曲线如图 8—21 所示。温度分布曲线图中横坐标表示换热面积 F，纵坐标表示工作流体温度。四对曲线是根据流体热容量与温度变化成反比的关系绘成的。

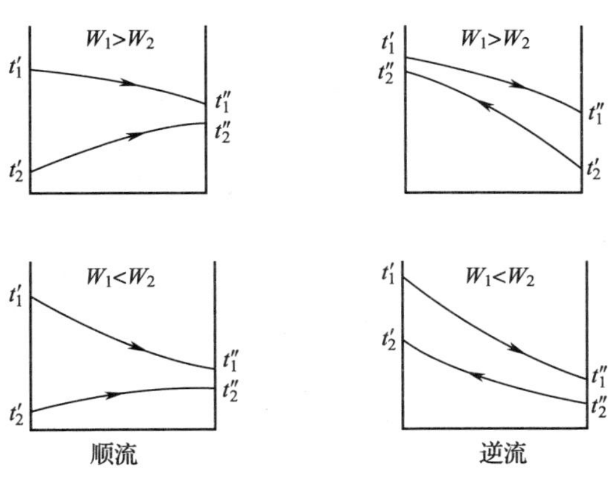

图 8—21 冷、热流体热交换方式的温度变化

从图上可以看出，顺流时冷流体的终温度 t_2'' 永远要低于热流体的终温度 t_1''；而逆流时冷流体的终温度 t_2'' 可能超过热流体的终温度 t_1''。因此，对于初温度相同的冷流体，采用逆流方式比采用顺流方式能把冷流体加热到更高的温度。

另外，在一定的进、出口温度下，逆流的平均温差比顺流大。因此，当传递一定热量

Q，采用逆流时换热面积 F 就比较小，因而换热器的体积可减小；当换热面积一定时，采用逆流则比顺流能传导更多的热量，即换热器的传热能力提高了。换热器一般总是尽可能采用逆流或接近逆流的方式布置。

逆流布置也有它的缺点，即冷、热流体的最高温度发生在换热面的同一端，使此处管壁温度比顺流时要高得多，不利于安全运行。以致必须采用耐热性能较好的金属或合金，因而提高了换热器的造价。

（2）顺流和逆流时平均温差的计算

平均温差是指热流体和冷流体之间的温度差沿整个换热面（温度在随时变化）的平均值，用 Δt_m 表示。确定 Δt_m 的最简单的办法是采用进、出口处两流体温度差 $\Delta t'$ 和 $\Delta t''$ 的算术平均值，即：

$$\Delta t_m = \frac{\Delta t' + \Delta t''}{2}$$

算术平均温差求法简便，但它未能反映出温度变化的实际情况，具有一定的误差。只有在冷、热流体间的温度差沿换热面变化不大时，才可近似地用作传热温差。

在要求比较精确的计算中，应采用对数平均温差作为传热温差。对数平均温差是根据温度变化规律推导出来的。不论对顺流或逆流，对数平均温差公式均可用下式来表示为：

$$\Delta t_m = \frac{\Delta t_{大} - \Delta t_{小}}{\ln \frac{\Delta t_{大}}{\Delta t_{小}}}$$

式中　$\Delta t_{大}$——代表两端温差中较大者；

$\Delta t_{小}$——代表两端温差中较小者。

对数平均温差值也是近似的，但对工程计算已足够准确。

（3）其他流动形式的平均温差

在各种流动类型中，逆流时平均温差最大，顺流时的平均温差最小，而其他各种流动方式都介于逆流和顺流之间，如图 8—22 所示。

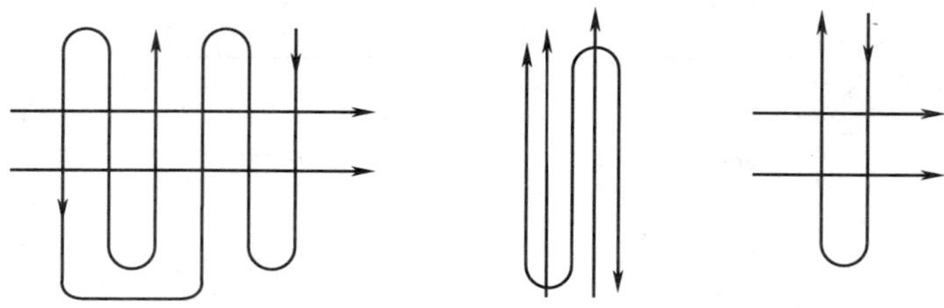

图 8—22　换热器的其他换热流动方式

这些混合流动的平均温差需要很复杂的数学演算才能求出。一般先计算出按逆流方式布置的对数平均温差，然后乘以温差修正系数，即得实际流动的平均温差。有关值从相关图中曲线查得，在此不述。

3. 表面式换热器传热计算的基本方法

不论是换热器的设计计算还是校核计算，从原理上看，都可以归纳为平均温压法和传热单元数法，下面简要介绍平均温压法。

平均温压法常用于换热器的设计计算，其具体计算步骤如下。

（1）用已知条件由热平衡方程式求出另一个求知温度。

（2）由冷、热流体的四个进、出口温度求出平均温差，注意保持修正系数具有合适的数值，一般大于0.8。

（3）布置换热面，并计算相应的传热系数。

（4）由传热方程式 $Q=KF\Delta t_m$。求出所需的换热面积 F，并核算两侧流体的流动阻力，如流动阻力过大，则应改变方案重新设计。

换热器的设计切忌不顾实际条件片面追求高传热性能，盲目提高传热温度。必须全面综合考虑，例如，提高流速可以增大传热系数，减少换热面积，从而减小外形尺寸，节约材料，降低初投资费用。但此时阻力增加，使泵或风机功率过大，运行费用提高。

一台好的换热器，应该在满足设计所给定的任务情况下，消耗单位泵功所传递的热量、每单位质量和每单位体积换热元件所传递的热量越大越好。此外，还应满足成本低、易维护和工作可靠等要求。

换热器计算比较复杂，除传热计算、流动计算外，还必须对各种方案进行经济性比较，以求设计的最佳化，目前已广泛采用电子计算机进行换热器的最佳化计算。

四、换热器计算实例

【例题8—7】 已知一散热器，热水进、出口温度分别为95℃和70℃，室内要求保持18℃，要求其散热量为4 180 W，传热系数为8.1 W/（m²·℃），求散热器的散热面积 F。

【解】（1）用算术平均温差法计算

先求热水平均温度：

$$t_{pj}=\frac{95+70}{2}=82.5(℃)$$

再求平均温差：

$$\Delta t_m=82.5-18=64.5(℃)$$

最后求需要的散热面积 F：

$$F=\frac{Q}{K\Delta t_m}=\frac{4\ 180}{8.1\times 64.5}=8(\mathrm{m}^2)$$

散热器的散热面积为8 m²。

（2）用对数平均温差法计算

$$\Delta t_{大}=95-18=77(℃)$$

$$\Delta t_{小}=70-18=52(℃)$$

对数平均温差为：

$$\Delta t_m=\frac{\Delta t_{大}-\Delta t_{小}}{\ln\dfrac{\Delta t_{大}}{\Delta t_{小}}}=\frac{77-52}{\ln\dfrac{77}{52}}=64.1(℃)$$

求需要的散热面积 F：

$$F = \frac{Q}{K\Delta t_m} = \frac{4\ 180}{8.1 \times 64.1} = 8.05(\mathrm{m}^2)$$

两种计算方法的误差为：

$$\frac{8.05 - 8}{8.05} = 0.62\%$$

计算误差小于4%，符合工程要求。

采用算术平均温差时，只有 $\Delta t_{大}/\Delta t_{小}$ 小于 2 时，误差才比较小（小于4%）。因此，只有在冷、热流体间的温差沿传热面的变化不大时，才可能近似采用算术平均温差，否则应采用对数平均温差。

【例题 8—8】 已知一汽—水加热器换热面积为 6 m^2，热流体为 150℃饱和蒸汽，被加热水温为 70～95℃，传热系数为 2 000 W/（m^2·℃），求单位时间换热量。

【解】 先求平均温差 Δt_m：

$$\Delta t_1 = 150 - 70 = 80(℃)$$

$$\Delta t_2 = 150 - 95 = 55(℃)$$

$$\Delta t_m = \frac{\Delta t_1 + \Delta t_2}{2} = \frac{80 + 55}{2} = 67.5(℃)$$

求换热量 Q：

$$Q = KF\Delta t_m = 2\ 000 \times 6 \times 67.5 = 810\ 000(\mathrm{W}) = 810(\mathrm{kW})$$

汽—水换热器单位时间换热量为 810 kW。

请读者自行采用对数平均温差进行计算，并对计算结果进行比较。

【例题 8—9】 一逆流套管式换热器，冷流体为水，温度由 37.8℃加热到 71.1℃，流量为 0.793 kg/s，比热 c_{p2} = 4.18 kJ/（kg·℃）。热流体为油，温度由 110℃降到 65.5℃，比热 c_{p1} = 1.89 kJ/（kg·℃），如图 8—23 所示。若总传热系数已知为 340 W/（m^2·℃），求传热面积。

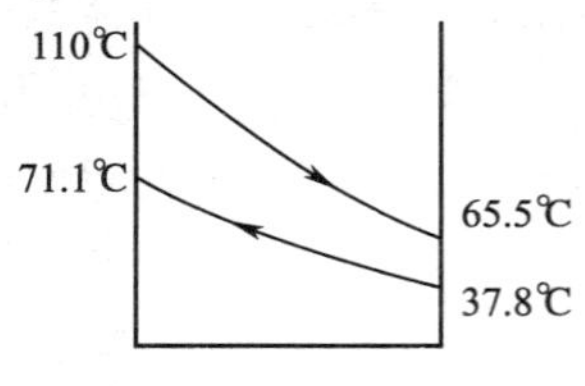

图 8—23 例题 8—9 图

【解】 本题属于设计计算，用平均温压法。

总传热量为：

$$\begin{aligned} Q &= m_2 c_{p2}(t''_2 - t'_2) \\ &= 0.793 \times 4.18(71.1 - 37.8) \\ &= 110.4(\mathrm{kW}) \end{aligned}$$

如图 8—23 所示的温度变化情况，得

$$\Delta t_{大} = 110 - 71.1 = 38.9(℃), \quad \Delta t_{小} = 65.5 - 37.8 = 27.7(℃)$$

对数平均温差为：

$$\Delta t_m = \frac{\Delta t_{大} - \Delta t_{小}}{\ln \dfrac{\Delta t_{大}}{\Delta t_{小}}} = \frac{38.9 - 27.7}{\ln \dfrac{38.9}{27.7}} = 33(℃)$$

由传热方程式可得换热器的传热面积为

$$F=\frac{Q}{K\Delta t_m}=\frac{110.4\times10^3}{340\times33}=9.84(\mathrm{m}^2)$$

答：套管式换热器的传热面积为9.84 m^2。

复习思考题

1. 讨论常用换热器的类型及其结构、运行特点。

2. 管壳式换热器为什么必须从结构上考虑热补偿装置？其热补偿形式有哪几种？

3. 表面式换热器冷热流体的流动方式为逆流时，有什么优缺点？

4. 讨论怎样提高换热器的换热效率。

5. 某一机械采暖热水系统，散热器内热水由95℃降到80℃，室内保持18℃，每片散热器的散热面积为0.28 m^2，散热器的传热系数为8 W/（m^2·℃），求每片散热器的散热量。

6. 有一卧式蒸汽—水换热器，饱和蒸汽温度为133℃，水温由70℃升到95℃，换热面积为8 m^2，传热系数为1 800 W/（m^2·℃），求换热量。

第九章　水泵与风机

思考：如果让你仅用人力将水洒向远处或高处，你会采取什么方法呢？你采取的方法可能有下列几种。

（1）用水杯盛一杯水，然后用力向远处或高处泼洒。

（2）用双手掬一些水，然后用力向远处或高处抛去。

（3）在口中含一些水，然后用力向远处或高处喷出。

你也许还有许多其他办法，但你会发现不管采取哪种方法，这些办法都有一个共同点，那就是要给抛洒的水增加一个推力，用这个推力将水推向远处或高处。实际上你是给水增加了一个运动需要的能量以后，水才会向远处或高处流去。

同样的道理，在暖通工程中，需要将处理好的水或空气输送到远处或高处，也同样需要一个推力（运动能量）。这种推力要使用某种机械。水泵和风机是暖通工程中经常使用的输送水和空气的流体输送机械。

水泵和风机是利用外加能量输送流体的一种机械。它们大量地应用于暖通工程中。暖通工程常用的离心式水泵和风机的外观如图 9—1 所示。

a）

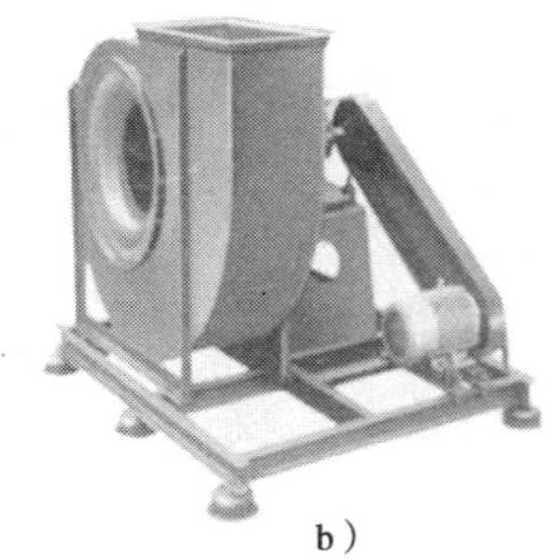

b）

图 9—1　离心式水泵和离心式风机

a）单级单吸卧式离心式水泵　b）带轮传动的离心式风机

水泵和风机的种类较多，本章主要介绍暖通工程中经常使用的离心式水泵和风机的相关知识，对其他的水泵和风机仅作一般性概述。

知识链接

泵：一种用以增加液体或气体的压力，使之输送流动的机械，英语 pump 的音译，是一种用来移动液体、气体或特殊流体介质的装置，即是对流体做功的机械。人类及动物的心脏可说是天然的泵，它把血液输送到身体各个部分。

水泵的国家标准和行业标准：水泵的国家标准和行业标准较多，如 GB/T 3214—2007《水泵流量的测量方法》、GB/T 3216—2005《回转动力泵 水力性能验收试验 1 级和 2 级》、JB/T 8097—1999《泵的振动测量与评价方法》、JB/T 8098—1999《泵的噪声测量与评价方法》、GB/T 13007—2011《离心泵效率》等。

风机：英文为 draught fan，是我国对气体压缩和气体输送机械的习惯简称，通常所说的风机包括通风机、鼓风机等。风机是把旋转的机械能转换为气体压力能和动能，并将气体输送出去的机械。

风机的国家标准和行业标准：风机的国家标准和行业标准较多，如 GB 10080—2001《空调通风机安全要求》、JB/T 10281—2001《消防排烟通风机 技术条件》、JB/T 6411—1992《暖通、空调用轴流通风机》、JG/T 259—2009《射流诱导机组》、JB/T 7221—1994《单元式空气调节机组用双进风离心通风机》、GB/T 9068—1988《采暖通风与空气调节设备噪声声功率的测定 工程法》等。

第一节 离心式水泵和风机的工作原理及构造

学习目标

1. 掌握离心式水泵和风机的基本构造及工作原理。
2. 了解离心式水泵和风机的各组成部件的基本作用。
3. 掌握离心式水泵填料的更换方法。

离心现象：离心其实是物体惯性的表现，比如雨伞上的水滴，当雨伞缓慢转动时，水滴会跟随雨伞转动，这是雨伞与水滴之间的摩擦力作用所致，使水滴具有向心力而不能脱离雨伞。但是如果雨伞转动加快，摩擦力不足以使水滴再做圆周运动，那么水滴将脱离雨伞向外缘运动。就像用一根绳子拉着石块做圆周运动，如果速度太快，绳子会断开，石块将会飞出。这个就是所谓的离心。

离心小试验：先用盆盛一些水，水的深度约为 10 cm。然后用一根小棍（如一根竹筷）搅动盆中的水，使水在盆中做圆周旋转。

在旋转过程中，可以发现盆边的水位越来越高，而盆中间的水位越来越低。而且，水的旋转速度越快，盆边的水位和盆中间的水位高度差越大。

现在，用试验使水在容器中旋转，进一步观察容器中水面的变化。在静止状态时，容器中的水面呈水平状。若是该容器绕中心轴以等角速度 ω 旋转时，由于水的黏滞性作用，容器中的水随着容器旋转，并产生惯性离心力。在离心力的作用下，圆筒内的水面便呈抛物线上升的旋转凹面，如图 9—2 所示。圆筒转得越快时，液体沿圆筒壁上升的高度 h 就越大。

一、离心式水泵的工作原理和基本构造

1. 离心式水泵的工作原理

离心式水泵就是基于离心这一原理来工作的，所不同的是离心式水泵的叶轮、泵壳都是经过专门的水力计算再设计完成的。在离心式水泵中，水的旋转是依靠叶轮的旋转来推动的，而泵壳则是静止不动的。

单级离心泵构造如图 9—3 所示。离心泵在启动前，必须把泵壳和吸水管都充满水，然后驱动电动机，使泵轴带动叶轮和水做高速旋转运动。

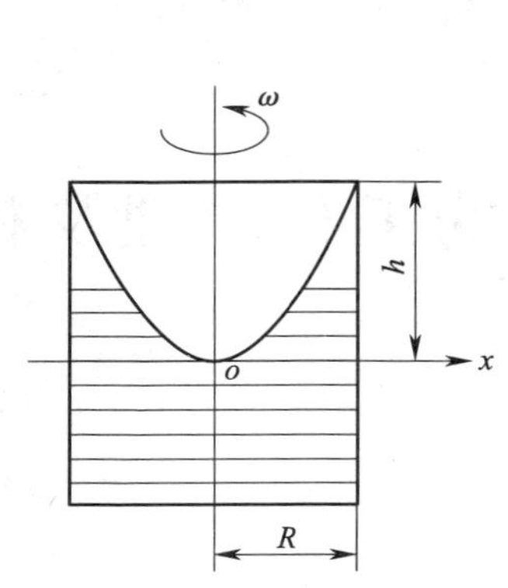

图 9—2　旋转水面变化示意图

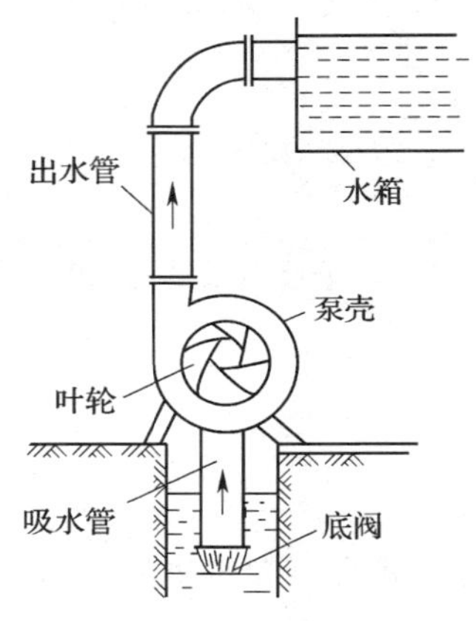

图 9—3　离心式水泵工作过程图

当电动机通过泵轴带动叶轮旋转时，此时的叶轮像一把在雨中转动的雨伞，叶片间的水也随叶轮旋转而获得离心力，叶轮中的水受到离心力的作用便飞离叶轮，向四周甩去。甩出去的液体沿着蜗形泵壳的流道而进入水泵的出水管路。与此同时，水泵叶轮中心处由于水被甩出而形成真空，吸水池中的水便在大气压力的作用下，沿吸水管进入叶轮。叶轮不停地旋转，水就不断地被甩出，又不断地被吸入，这就形成了离心式水泵的连续输水。

实际上，水在进入蜗形泵壳后其流速也逐渐减慢，而压力能则逐渐增大。此时，水的很大一部分动能转换成了压力能。于是水泵壳体内的流体压强增高，然后经蜗形泵壳中的流道从导向出口排出。因此，离心式水泵输送水的过程，实际上完成了能量的传递和转换。

2. 离心式水泵的构造

离心式水泵的种类较多，下面介绍暖通工程中常用的单级单吸卧式离心式水泵的构造，如图 9—4 所示。其主要零件有叶轮、泵壳、泵轴、轴承、密封环、填料函等。

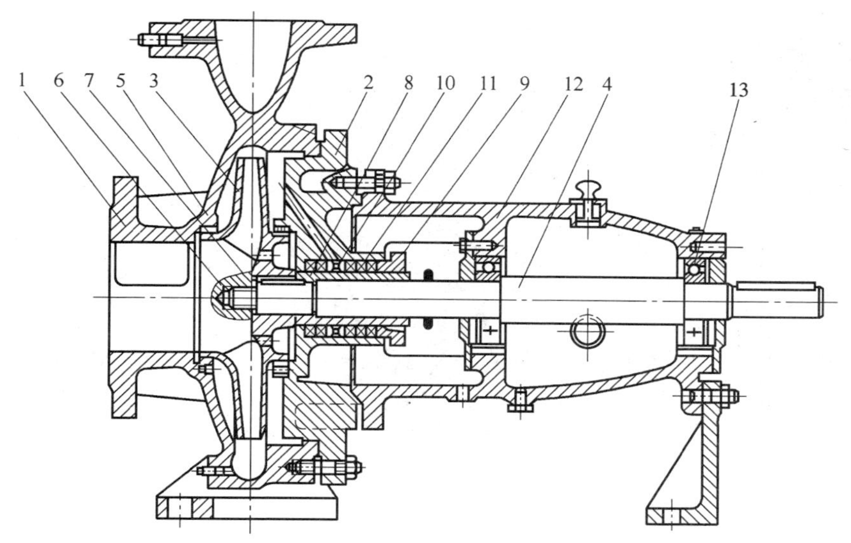

图 9—4　单级单吸离心式水泵结构图

1—泵壳　2—泵体　3—叶轮　4—泵轴　5—密封环　6—叶轮螺母
7—外舌止退垫圈　8—轴套　9—填料函压盖　10—水封环
11—填料　12—悬架轴承体　13—滚动轴承

(1) 叶轮

叶轮又称工作轮，是泵的核心。水泵依靠旋转的叶轮将原动机的机械能传递给液体。因此，其几何形状、尺寸、所用材料和加工工艺等与泵的性能有极密切的关系。

叶轮一般可分为单吸式叶轮和双吸式叶轮，如图 9—5 所示的单吸式叶轮由前盖板、后盖板、叶片和轮毂组成。在叶轮吸入口一侧为前盖板，后侧为后盖板，叶片夹于两盖板之间，叶片和盖板的内壁构成的槽道称为叶槽。水自叶轮吸入口流入，经叶槽后再从叶轮四周甩出，所以水在叶轮中的流动方向是轴向流入，径向流出。

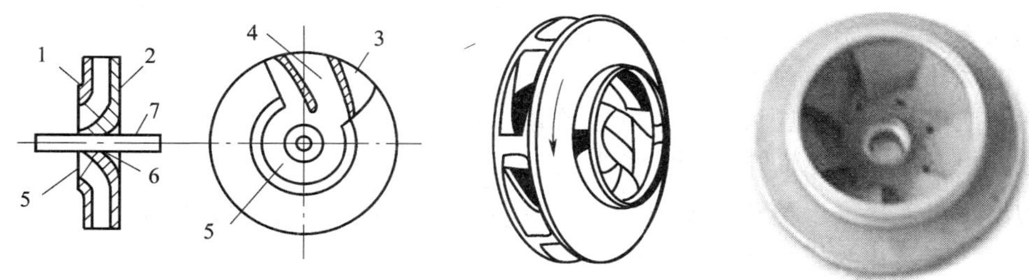

图 9—5　单级封闭式水泵叶轮

1—前盖板　2—后盖板　3—叶片　4—叶槽　5—吸入口　6—轮毂　7—泵轴

叶轮按其盖板情况有封闭式叶轮、敞开式叶轮和半开式叶轮三种形式，如图 9—6 所示。

图 9—6　离心泵叶轮形式

a）双级封闭式叶轮　b）半开式叶轮　c）敞开式叶轮

封闭式叶轮有单级和双级（单吸口和双吸口）两种，具有前、后盖板，用于输送清水，一般有 6 ~ 8 片叶片。敞开式叶轮只有叶片没有盖板。半开式叶轮只有后盖板，没有前盖板。敞开式叶轮和半开式叶轮一般用于输送含杂质的液体，叶片少，流槽宽，不易堵塞，但其能量损失大，水泵效率低，如污水泵等。

叶轮的材料必须具有足够的机械强度和耐磨、耐腐蚀性能。目前，多采用铸铁、铸钢、不锈钢和青铜等制成。叶轮内外加工表面要具有一定的表面粗糙度，铸件不能有砂眼、孔洞，否则会降低水泵效率和叶轮的使用寿命。

(2) 泵壳

泵壳由泵盖和泵体组成，如图 9—7 所示。泵体包括泵的吸水口，蜗壳形流道和泵的出水口。

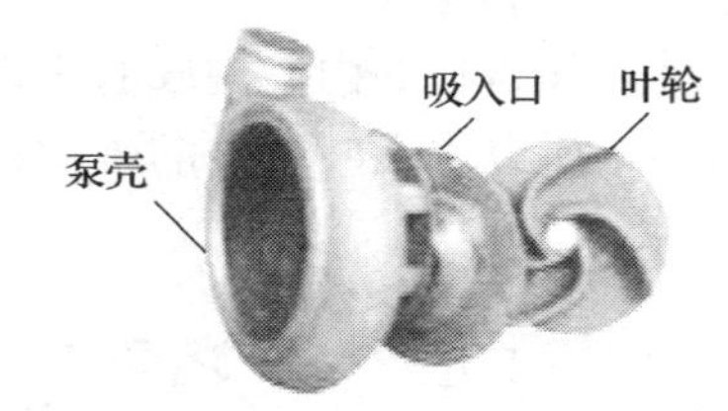

图 9—7　蜗壳形泵壳、吸入口、叶轮

泵的吸水口连接一段渐缩的锥形管，其作用是把水以最小的损失均匀地引向叶轮。在吸水口法兰上制有安装真空表的螺孔。蜗壳形流道断面沿着流出方向不断增大，它除了汇流作用外，还可使其中的水流速度基本不变，以减少由于流速变化而产生的能量损失。

泵的出水口连接一段扩散的锥形管，水流随断面的增大，速度逐渐减小，压力逐渐增加，将部分动能转化为压力能。在泵体出水法兰上，制有安装压力表的螺孔。

另外，在泵体顶部设有放气或注水的螺孔，以便在水泵启动前用于抽真空或灌水。在泵体底部设有放水孔，当泵停止使用时，泵内的水由此放空，以防锈蚀和冬季冻裂。泵体和泵盖一般用铸铁制成。

(3) 泵轴

泵轴是用来带动叶轮旋转的，制造材料要求有足够的抗扭强度和刚度，常用碳素钢和不锈钢制成。泵轴一端用键、叶轮螺母和外舌止退垫圈固定叶轮，另一端装联轴器或带轮。为了防止填料与泵轴直接摩擦，多数泵轴在穿过填料函的部位装有轴套，轴套磨损后可以更新。

(4) 轴承

轴承用以支撑转动部件的质量以及承受泵运行时的轴向力和径向力，并减小轴转动时的摩擦力。常用的轴承有滚动轴承和滑动轴承两种，单级单吸泵采用滚动轴承。如图9—4中13所示，滚动轴承安装在悬架轴承体内。

(5) 密封环

在转动的叶轮吸入口的外缘与固定的泵体内缘之间存在一个间隙，它处于高低压交界面，这一间隙如过大，则泵体内高压水便会经过此间隙翻回到叶轮的吸入口，从而减少水泵的实际出水量，降低水泵的效率。这一间隙如过小，叶轮转动时就会和泵体发生摩擦，引起机械磨损。

如图9—4中5、10所示，为了尽可能减小漏水损失，同时又能保护泵体不被磨损，在泵体上或泵体和叶轮上分别装一铸铁密封环，该环磨损后可以更换。

密封环通常有平环式、角接式和双环迷宫式三种不同形式。一般使用平环式、角接式，当高压泵中单级扬程较大时，为了减少泄漏可采用双环迷宫式。密封环应采用耐磨材料，通常由青铜或碳钢制成。

(6) 填料函

在泵轴穿出泵盖处、转动的轴与固定的泵壳之间也存在着间隙，为了防止高压水通过该处的间隙向外大量流出和空气进入泵内，必须设置轴封装置，填料函就是常用的一种轴封装置。图9—8所示为常见的压盖填料型填料函剖面图，它由填料、水封环、填料函压盖等组成。

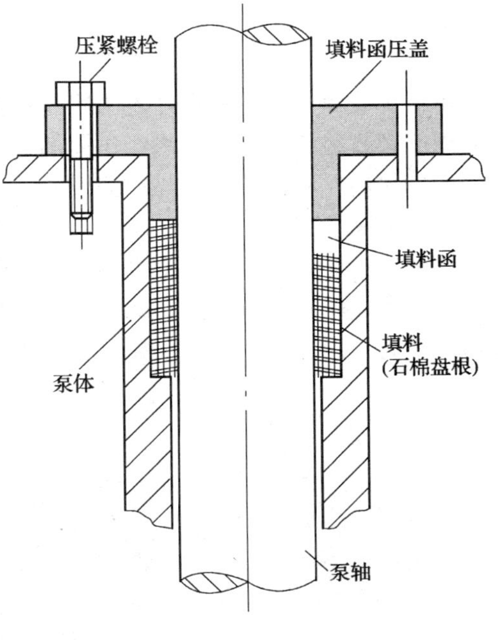

图9—8 水泵填料函

常用的填料为石棉盘根，它是一种浸油、浸石墨的石棉绳填料，外表涂黑铅粉，断面一般为方形。其作用是填充填料函间隙进行密封，通常用4 ~6 圈。

填料函压紧的程度用压盖上的螺钉调节，如压得太紧，虽然能减少泄漏，但填料与泵轴摩擦损失增加，消耗功率也大，甚至可能造成抱轴现象，产生严重的发热和磨损；压得过松，达不到密封效果。一般比较合适的压紧程度是使水能呈滴状连续漏出。

填料密封结构简单，工作可靠，但填料使用寿命不长，需要经常更换。当被密封的介质为高温、高压而且泵轴转数又高时，不宜采用填料式密封函，可采用机械式密封、浮动环密封等轴封装置。

更换填料的过程一般有以下几个步骤。

1）松开填料函压紧螺栓的两个螺母，将填料函压盖取出退后到可以添加填料的位置。

2）将填料函中已经磨损坏的填料取出。

3）根据填料函间隙的大小选择合适的石棉盘根规格，将石棉盘根填入到填料函间隙中。

4）填好石棉盘根后，将填料函压盖盖上，然后拧紧压紧螺栓的螺母。

5）用手盘动水泵轴，使其能灵活转动。

（7）轴向力平衡装置

单吸式离心泵或某些多级泵的叶轮有轴向推力存在，产生轴向推力的原因是作用在叶轮两侧的流体压强不平衡造成的。图 9—9a 表明了单吸泵叶轮轴向受力。当叶轮旋转时，叶轮进水侧上部压强高，下部压强低，而叶轮背面全部受到高压作用。因此，叶轮前后两侧形成压强差而产生推力。如果不消除推力，将导致泵轴及叶轮的窜动和受力引起的相互研磨而损害部件。

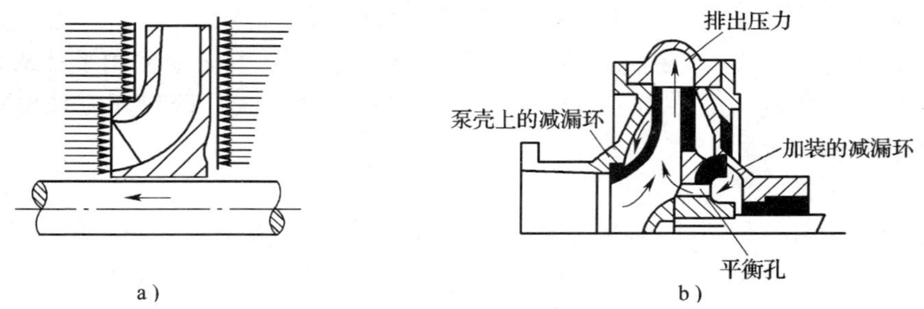

图 9—9　叶轮轴受力和平衡孔

a）单吸泵叶轮轴向受力　b）减漏环和平衡孔

单级单吸离心泵一般在叶轮的后盖板上加装减漏环（见图 9—9b）。此减漏环与前盖板上的承磨环直径相等。高压水经过此增设的密封环后压强降低，再经过平衡孔流回叶轮中去，使叶轮后盖板上的压力与前盖板的压力相接近，这样就消除了轴向压力。

（8）联轴器

联轴器是水泵转轴和电动机转轴之间的一种连接装置。联轴器内装有缓冲垫，可使水泵启动或停止时实现软碰撞，减少了联轴器的磨损。水泵常用的联轴器是爪形联轴器。联轴器两个为一副，配套使用，如图 9—10 所示。

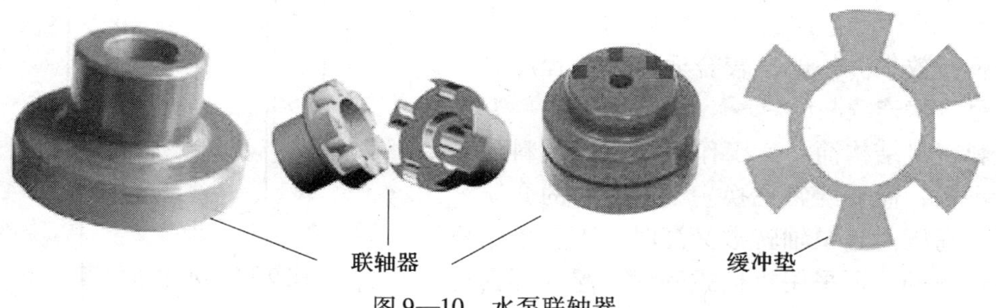

图 9—10　水泵联轴器

暖通设备常用的水泵都是泵与电动机同座，当联轴器发生故障或磨损，需要更换联轴器或联轴器内的橡胶缓冲垫时，将固定电动机的螺栓卸下后，就可以直接更换。

（9）水泵底座

泵座的作用是固定泵壳，泵壳通过螺栓被固定在泵与电动机共同的底座上，或者直接安装在混凝土底座上，如图 9—11 所示。

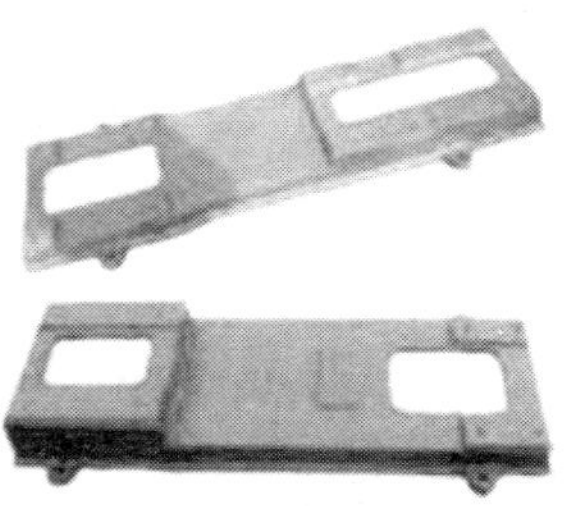

图 9—11 水泵底座

二、离心式风机的工作原理和构造

1. 离心式风机的工作原理

离心式风机的工作原理与离心式水泵相同，也是依靠离心力作用的。当通风机的叶轮被原动机带动旋转时，充满叶轮的叶片间槽道中的气体在离心力的作用下，被甩出叶轮，其动能和势能都有所提高；被甩出的气体汇集于螺旋形机壳构成的流道中，然后沿着流道流向风口而排入输气道。与此同时，风机中部便产生了真空，外界气体在大气压强作用下，经进风口进入风机，就这样，气体不断地流入，又不断地排出，风机就不停地送风了。

2. 离心式风机的构造

离心式风机主要由吸入口、叶轮、机壳和出口等组成，如图 9—12 所示。

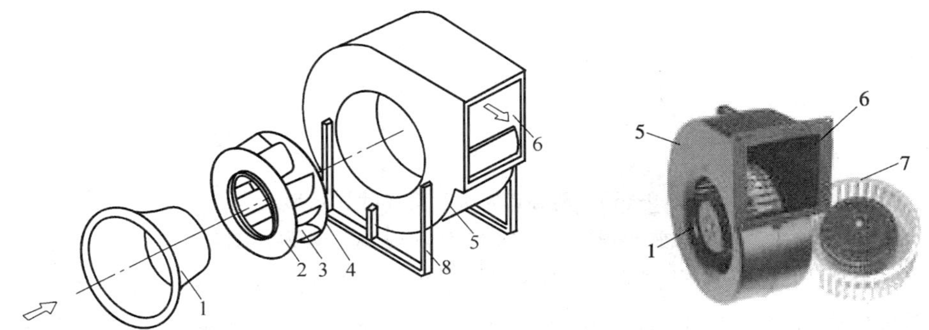

图 9—12 离心式风机的主要结构

1—吸入口 2—叶轮前盘 3—叶片 4—后盘 5—机壳 6—出口 7—叶轮

（1）吸入口

离心式风机的吸入口主要有三种形式，如图 9—13 所示。吸入口有集气作用，可以直接从大气中吸气，使气流以最小的压头损失均匀流入机内。

如图 9—13a 所示为圆筒形吸入口，制作简单，压头损失较大；图 9—13b 所示是圆锥形吸入口，制作较简单，压头损失较小；图 9—13c 所示是圆弧形吸入口，制作较困难，压头损失小。

（2）叶轮

叶轮由叶片和连接叶片的前盘和后盘组成，叶轮的后盘与轴相连，如图 9—14 所示。

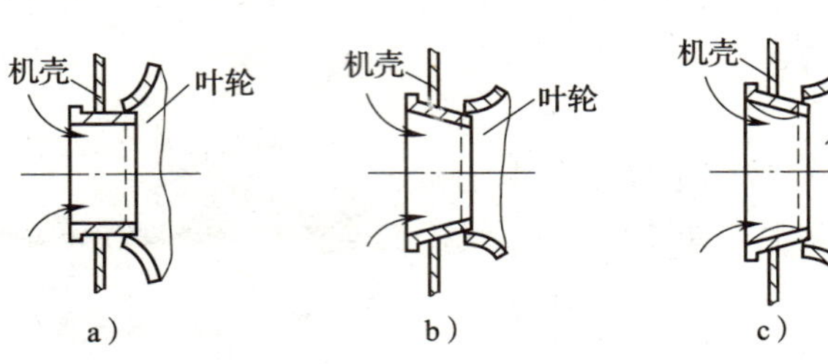

图 9—13　离心式风机吸入口形式

a）圆筒形吸入口　b）圆锥形吸入口　c）圆弧形吸入口

图 9—14　离心式风机叶轮

叶轮根据叶形的不同有三种不同的形式，如图 9—15 所示为离心式风机叶轮（叶片）形式。

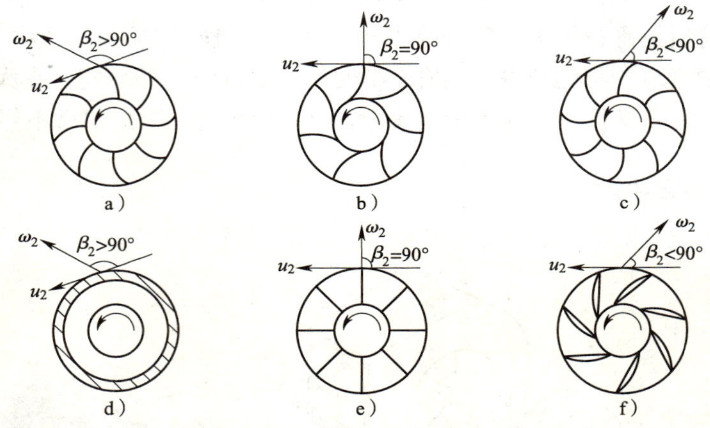

图 9—15　离心式风机叶轮（叶片）形式

a）薄板前向叶轮　b）曲线形径向叶轮　c）薄板后向叶轮

d）多叶前向叶轮　e）直线形径向叶轮　f）中空机翼形后向叶轮

1）前向叶形叶轮。叶片出口安装角度 $\beta_2>90°$，叶片出口方向和叶轮旋转方向相同，前向叶形叶轮有薄板前向叶轮（见图 9—15a）和多叶前向叶轮（见图 9—15d）。多叶式流道很短，而出口宽度较宽。

2）径向叶形叶轮。叶片出口安装角度 $\beta_2=90°$，叶片出口是径向方向。径向叶形叶轮分为直线形径向叶轮（见图 9—15e）和曲线形径向叶轮（见图 9—15b）两种。前者制作简单，但损失较大，后者则反之。

3）后向叶形叶轮。叶片出口安装角度 $\beta_2<90°$，叶片出口方向和叶轮旋转方向相反，后向叶形叶轮有薄板后向叶轮（见图 9—15c）和空气动力性能好的中空机翼形（见图 9—15f），后向叶轮的整机效率可达 90%。

（3）机壳

中压和低压离心风机的机壳一般是用钢板制成的蜗壳状箱体。其作用是收集来自叶轮的气体，并将部分动压转换为静压，最后将气体导向出口。

机壳的出口方向一般是固定的。一些新型风机的机壳能在一定范围内转动，以适应用户对出口方向的不同需要。

(4) 支撑与传动方式

我国离心式风机的支撑与传动方式已经定型，其传动方式共分 A、B、C、D、E 及 F 型六种形式（见表 9—1 和图 9—16）。A 型风机的叶轮直接固定在风机的轴上；B 型、C 型与 E 型均为带传动，这种传动方式便于改变风机的转速，有利于调节；D 型与 F 型为联轴器传动；E 型和 F 型的轴承分布于叶轮两侧，运动比较平稳，大都用于较大型风机。

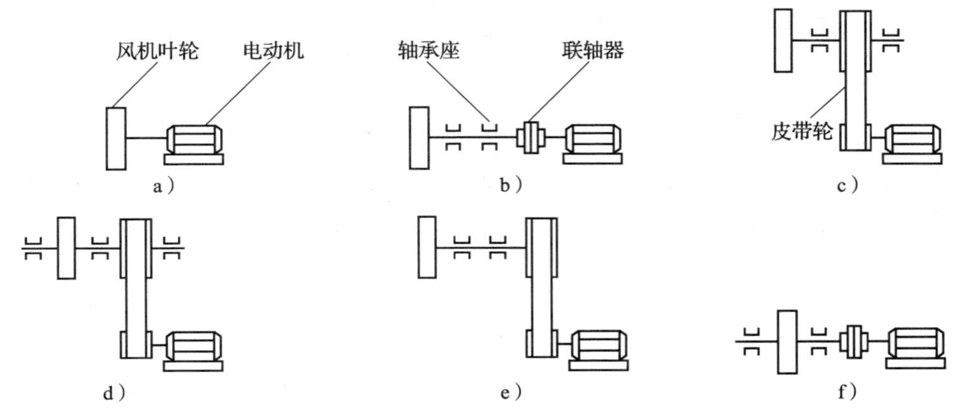

图 9—16　离心式风机的传动方式

a) A 型传动　b) B 型传动　c) C 型传动

d) D 型传动　e) E 型传动　f) F 型传动

表 9—1　离心式风机六种传动方式

代号	A	B	C	D	E	F
传动方式	无轴撑	悬臂支撑	悬臂支撑	悬臂支撑	双轴承支撑	双轴承支撑
	电动机直联传动	皮带轮在轴承中间	皮带轮在轴承外侧	联轴器传动	皮带轮在外侧	双轴承支撑

复习思考题

1. 简述离心式水泵和风机的工作原理。
2. 简述离心式水泵更换填料函中填料的过程。
3. 简述离心式风机的传动方式及其应用。
4. 离心式水泵有哪些主要构件？并对图 9—1a 进行识读。
5. 离心式风机有哪些主要构件？并对图 9—1b 进行识读。

第二节　水泵与风机的基本性能

学习目标

1. 掌握离心式水泵和风机的基本性能参数。
2. 了解离心式水泵和风机的性能曲线。

日常生活中，家庭里使用的电扇有大有小，而且电扇的风量可以进行大小调节，有时会说“风太大了”，或者说“风太小了”，如果将这句话上升到理论高度，也就是电扇的运行参数发生了变化。水泵流量的变化和水泵将水提升高度的不同，同样也使水泵的运行参数发生了变化。

离心式水泵和风机的性能参数就是对水泵与风机基本性能的一种表述，而离心式水泵和风机的性能曲线则是对各基本性能参数之间关系的一种表述。

一、离心式水泵和风机的基本性能参数

离心式水泵和风机的基本性能通常由六个性能参数来表示，即流量、扬程、功率、效率、转速及允许吸上真空高度。这些参数之间互为关联，当其中某一参数发生变化时，其他工作参数也会发生相应的变化，但变化的规律取决于水泵与风机叶轮的结构形式和特性。

在这六个参数中，流量和扬程是水泵与风机最主要的性能参数，它们之间的关系是水泵与风机理论的核心部分之一。

1. 流量

流量是指水泵或风机在单位时间内输送的流体体积，即体积流量，以符号 Q 表示，常用单位为 m^3/s、m^3/h、L/s。

2. 扬程

扬程是指单位质量流体通过水泵或风机后获得的能量，以符号 H 表示。对于水泵来说，此能量称为扬程，单位是 mH_2O。对于风机来说，此能量称为全压或压头，单位是 Pa。

3. 转速

转速也可以称为转数，是指水泵或风机叶轮每分钟旋转的转数，用符号 n 表示，单位是 r/min（转/分）。每台水泵或风机都有规定的转速，称为额定转速。

水泵或风机在额定转速下工作时，流量、扬程才可能得到保证。因此，水泵或风机的转速不能任意提高或降低，随意提高转速可能使电动机超载，也容易损坏机械部件；降低转速会使流量和扬程降低，使水泵或风机的效率降低。

4．功率

功率包括轴功率和有效功率两种，常用单位是 W、kW。

（1）轴功率

轴功率是指原动机（如电动机）加在水泵或风机转轴上的功率，以符号 N 表示。水泵或风机不可能将原动机输出的功率完全传递给流体，还有一部分功率被损耗掉了。这些损耗包括传动和转动产生的机械损失、克服流动阻力产生的水力损失、由于泄漏产生的能量损失等。

（2）有效功率

有效功率是指单位时间内通过水泵或风机的全部流体获得的能量。这部分功率完全传递给通过的流体，以符号 N_e 表示。可按下式计算：

$$N_e = \gamma QH$$

式中　N_e——有效功率，kW；

Q——流量，m^3/s；

H——扬程，mH_2O；

γ——输送液体的容重，kN/m^3。

5．效率

效率反映了水泵或风机将轴功率转化为有效功率的程度。有效功率与轴功率的比值称为效率 η。效率是衡量水泵或风机性能好坏的一项重要指标。

$$\eta = \frac{N_e}{N} \times 100\%$$

轴功率的计算公式为：

$$N = \frac{N_e}{\eta} = \frac{\gamma QH}{\eta}$$

由于传动方式的不同，各种传动方式都有其不同的能量损失，因此，轴功率并不是水泵或风机的原动力功率，而原动力功率应比轴功率大一些，也就是水泵或风机的配套功率才是原动力功率。

配套功率是指水泵或风机应选配的电动机功率，以 N_p 表示。主要是考虑到电动机和水泵或风机转轴的连接损失。一般用传动效率 η_x 来反映其损失大小。直接连接传动时，$\eta_x = 100\%$；采用弹性联轴器连接时，η_x 在 95% 以上；用带轮传动时，$\eta_x = 90\% \sim 95\%$。

为保证水泵或风机安全运行及适应负荷变化的需要，配套功率还要考虑一个备用系数，用 k 表示，则配套功率为：

$$N_P = k\frac{N}{\eta_z}$$

备用系数 k 值随轴功率的增加而减少，其值可参照表 9—2 选用。

表 9—2　　备用系数 k 值

轴功率/kW	<5	5～10	10～50	50～100	>100
k 值	1.5	1.3～1.15	1.25～1.15	1.15～1.08	1.05

【例 9—1】 已知轴功率 $N=15.6$ kW，转速 $n=2\ 900$ r/min，用弹性联轴器传动，传动效率接近 98%。求配套功率。

【解】 查表 9—2，选 $k=1.25$

采用公式 $N_P=k\dfrac{N}{\eta_z}$，则配套功率为：

$$N_P=k\frac{N}{\eta_z}=1.25\times\frac{15.6}{0.98}\approx 19.9\ \text{kW}$$

实际工程中，根据 $N_p=19.9$ kW，$n=2\ 900$ r/min，就可以选择电动机的型号。

【例 9—2】 已知某水泵的铭牌上的流量 $Q=90\ \text{m}^3/\text{h}$，$H=43\ \text{mH}_2\text{O}$。轴功率 $N=15.6$ kW，水的容重 $\gamma=9.8\ \text{kN/m}^3$，求水泵的有效功率和效率。

【解】 采用公式 $N_e=\gamma QH$，水泵的有效功率为：

$$N_e=\gamma QH=9.8\times\frac{90}{3\ 600}\times 43=10.54\ \text{kW}$$

采用公式 $\eta=\dfrac{N_e}{N}\times 100\%$，水泵的效率为：

$$\eta=\frac{N_e}{N}\times 100\%=\frac{10.54}{15.6}\times 100\%=67.6\%$$

6. 允许吸上真空高度

允许吸上真空高度是确定水泵安装高度的主要参数。

二、水泵与风机的性能曲线

离心泵和风机工作时，由原动机带动叶轮旋转，叶轮旋转后，叶轮上的叶片对流体做功，从而使流体的能量增加。那么，叶轮传递给流体多少能量？这些能量与哪些因素有关？

1. 流体在叶轮中运动的基本方程式的概念

水泵和风机在工作时，流体质点在叶轮中的运动是一种复合运动。一是流体质点有一个随叶轮旋转的圆周运动（牵连运动），其运动速度称为圆周速度（牵连速度），用符号 u 表示，它的方向与圆周的切线方向一致。二是流体质点对旋转的叶轮做相对运动，其运动速度称为相对速度，用符号 ω 表示。ω 的方向与 u 的反方向之间的夹角 β 表明了叶片的弯曲方向，称为叶片的安装角，如图 9—15 所示。

为了便于推导和分析离心式水泵与风机的基本方程式，通常采用三个理想化的假设，以建立流动模型。三个理想化的假设如下。

（1）叶轮中流体的流动是恒定流动。

（2）叶轮叶槽中，流体运动均匀一致，叶轮同半径处流体的同名速度相等。即认为叶轮共有无限多及无限薄的叶片，流体质点严格地沿着叶片的流线流动。

（3）经过叶轮的流体是理想流体，即流动不显示黏滞性，流动过程中不考虑能量损失。

由以上假设，根据动量原理就可以得到理想化条件下，单位质量流体的能量增量与流体在叶轮中运动的关系，也就是离心式水泵和风机的基本方程式。

2. 理想性能曲线

在水泵与风机的六个基本性能参数中，通常转速 n 是一个常量，根据离心式水泵和风机的基本方程式可以分析出水泵或风机的扬程、流量和功率等性能是互相影响的，所以通常用三种函数关系式来表示性能参数之间的关系。

（1）水泵或风机流量和扬程之间的关系，用 $H=f_1(Q)$ 来表示。

（2）水泵或风机流量和外加轴功率之间的关系，用 $N=f_2(Q)$ 来表示。

（3）水泵或风机流量和设备本身效率之间的关系，用 $\eta=f_3(Q)$ 来表示。

上述三种关系常以曲线形式绘在以流量 Q 为横坐标的坐标图上，这些曲线称为水泵或风机的性能曲线。图 9—17 绘制出了三种不同叶形的水泵或风机的 $Q—H$ 曲线，显然由于所代表的曲线斜率是不同的，因而三种叶形的曲线具有各自的曲线倾向。

在不考虑流动阻力即无能量损失流动的条件下，理论上有效功率就是轴功率。由前所述：

$$Ne = N = \gamma QH$$

当输送流体的容重不变时，函数曲线的形状也不同。当流量为零时，三种叶形的理论轴功率都等于零，三条曲线交于原点，如图 9—18 所示。径向叶形叶轮，$\beta_2=90°$，功率曲线为一直线。前向叶形叶轮，$\beta_2>90°$，功率曲线为一上凹的二次曲线。后向叶形叶轮，$\beta_2<90°$，功率曲线为一向下凹的二次曲线。

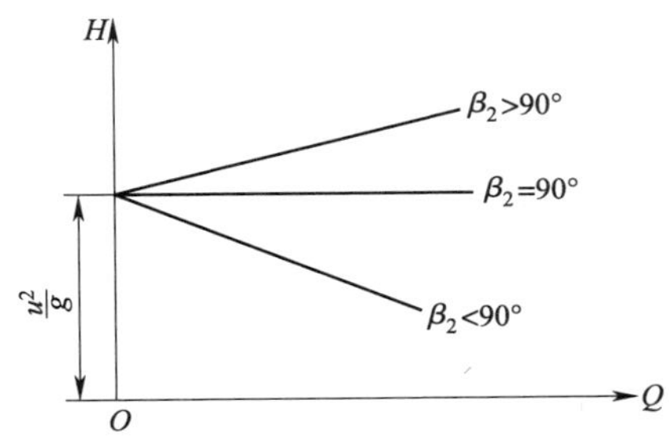

图 9—17　不同叶形的 $Q—H$ 曲线

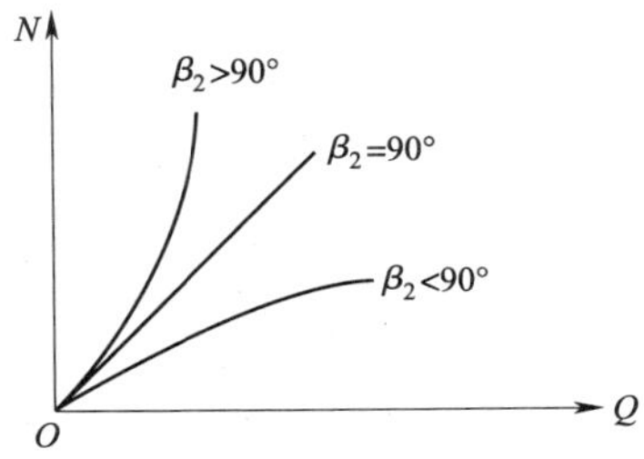

图 9—18　不同叶形的 $Q—N$ 曲线

从图 9—18 中可以看出，前向叶形的风机所需的轴功率随流量的增加增长得很快，这种风机在运行中增加流量时，原动机超载的可能性要比径向叶形风机大很多。而后向叶形风机几乎不会发生原动机超载现象。

3. 实际性能曲线

流体在流动中总是有阻力损失的，而图 9—17 和图 9—18 所示的性能曲线均属于水泵和风机的理论性能曲线，是在不考虑能量损失的条件下分析出来的，也就是一种理想状态下的性能曲线，那么，水泵和风机的实际性能曲线是什么呢?

所谓水泵和风机的实际性能曲线，就是在计入各项阻力损失的情况下所得的性能曲线。通常将水泵和风机的机内损失按其产生的原因分为水力损失、容积损失和机械损失三类。

(1) 水力损失

流体流经水泵或风机时，必然产生水力损失。这种水力损失同样也包括局部水力损失和沿程水力损失。机内水力损失主要包括以下几个部分。

1）流体从水泵或风机入口到叶片进口处，由于克服沿程阻力和局部阻力而存在能量损失。这部分流体流速往往不高，损失不大。

2）流体经过叶轮，将克服阻力而产生摩擦损失。

3）流体离开叶轮到机壳出口，要克服沿程阻力和局部阻力而产生能量损失。

(2) 容积损失

叶轮工作时，机内会有低压区和高压区，水泵或风机的运动部件和固定部件之间存在着缝隙，这就会使流体通过缝隙从高压区泄漏到低压区。对于离心式水泵来说，还有为平衡轴向推力而设置的平衡孔的泄漏回流量，这些回流量经过叶轮时也获得了能量，但未能有效利用。这种由于机械部件之间缝隙造成的流体泄漏损失就是容积损失。

(3) 机械损失

水泵或风机的机械损失包括轴承和轴封之间的摩擦损失；叶轮转动时盖板与机壳内流体之间发生的圆盘摩擦损失。

由于流体在水泵或风机内流动情况十分复杂，目前还不能用理论分析的方法精确地计算这些损失。只能用实验方法直接得出实际的性能曲线。如图 9—19 所示为某离心式水泵的实际性能曲线。图中包括 $Q—H$、$Q—N$ 和 $Q—\eta$ 三条曲线。

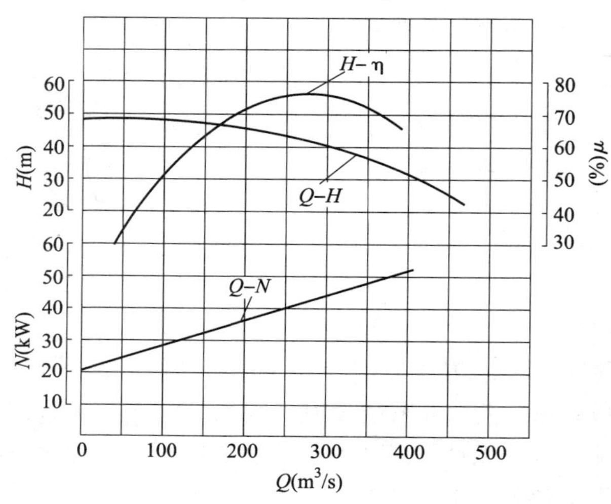

图 9—19　某离心式水泵的实际性能曲线

从性能曲线可以看出，当流量 Q 变化时，扬程 H 发生变化，轴功率 N 也发生变化。当流量 $Q=0$ 时，轴功率不等于零，此时，功率主要消耗在机械损失上。作用的结果使机壳内温度上升，机壳和轴承发热。

因此，在实际运行中，只允许在短时间内进行 $Q=0$ 的运行。然而水泵或风机的启动一般是闭闸启动，相当于是在 $Q=0$ 的情况下启动。此时水泵或风机的轴功率较小，而扬程值却是最大，完全符合电动机轻载启动的要求。

这些实际性能曲线是制造厂根据实验得出的，绘在同一坐标上。一般水泵和风机在出厂的产品样板或说明书中就会提供，供用户使用。

复习思考题

1. 离心式水泵和风机的基本性能参数有哪几种？各自的概念是什么？
2. 为什么不能任意更换水泵与风机的电动机？
3. 水泵与风机的基本方程式是建立在哪几个假想条件下？
4. 什么是水泵与风机的性能曲线？
5. 水泵与风机实际运行时，有哪几种能量损失？
6. 讨论水泵与风机产品提供的性能曲线的作用。

第三节 离心式水泵的安装高度

学习目标

1. 掌握离心式水泵汽蚀现象及其危害。
2. 掌握离心式水泵防止汽蚀现象发生的措施。
3. 掌握离心式水泵安装高度的计算方法。

日常现象：在日常生活中，水并不是必须升温到100℃时才能汽化。在平原地区，水温升高到100℃时才开始汽化；而在高原地区，水不到100℃时就开始汽化。例如，在珠穆朗玛峰顶上，水温上升到72℃左右时，就开始沸腾汽化。

问题：在高原地区，为什么水温不到100℃时就沸腾汽化呢？

这是因为水的沸腾汽化不但与水温有关，而且与水面上的绝对压强有关。实验证明：在一个标准大气压（101.325 kPa）下，将水加热到100℃时，水就会变成蒸汽，形成沸腾现象。如果水面绝对压力降到0.24个标准大气压（2.34 kPa）时，20℃的水也能沸腾起来。

大气压力不是一个恒定值，它随高度的增加而减少，气压越低，水的汽化温度也越低。这就是为什么在高原地区，水温不到100℃时就开始沸腾汽化的道理。

水泵在运行过程中，如果泵体内部水由于压力的变化，以致出现水的汽化现象，对水泵有没有影响？如果有，水泵内的水汽化现象对水泵有什么影响呢？

水泵的安装高度有没有限制？如果有限制，怎样确定水泵的安装高度呢？

一、离心式水泵的汽蚀现象和允许吸上真空高度

1. 水泵的汽蚀现象

水在叶轮进口处压力一般都比较低，如果叶轮进口的水压力低于水的沸腾汽化压力时，水就会开始汽化。那么，叶轮中水的汽化对水泵有什么影响呢？

当水保持一定温度进入叶轮时，如果离心式水泵叶轮进口处的水压力等于或小于此温度下的汽化压力时，就会有蒸汽和溶解在水中的气体从水中大量逸出，形成许多蒸汽和气体混合的小气泡。这些气泡随水流到叶轮出口处的高压区时，气泡突然受压破裂，液态水便从四周向气泡中心加速运动，而产生极大的冲击力。

靠近叶轮壁面的气泡破裂时，其冲击就作用在叶轮壁面上，叶轮壁面在这种冲击力的反复作用下，起初是出现麻点，继而变成蜂窝状，严重时叶轮的叶片会被蚀穿。这种在水泵内反复地出现液体汽化和凝聚过程中，引起金属表面受到破坏的现象就是汽蚀。汽蚀后的叶轮如图 9—20 所示。

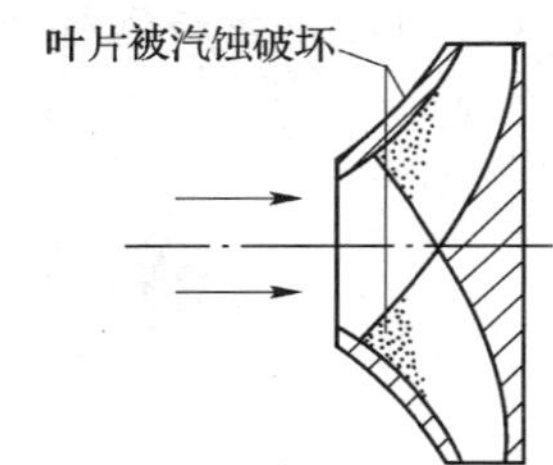

图 9—20　叶轮内缘叶片背面汽蚀现象示意图

汽蚀发生时，水泵的性能显著变化。由于水击作用会使水泵在运转中产生振动和噪声，流量、扬程和效率急剧降低，甚至造成断流的现象，使水泵不能维持正常工作。最后必将缩短水泵的使用年限。因此，水泵在运行过程中，应严格防止汽蚀现象。

2. 允许吸上真空高度

思考：水泵发生汽蚀后，对水泵的危害很大，那么，怎样防止水泵的汽蚀现象发生呢？

通常水泵叶轮进口处的压强越低或真空度越大，就越容易产生汽蚀现象。所以必须对水泵进口处的真空度加以限制，使其不超过某一范围，这样就可以避免水泵汽蚀现象的发生。这一参数就是允许吸上真空高度，用符号 H_s 表示。它一般由厂家通过实验确定。

所谓允许吸上真空高度，就是在一个标准大气压下，水温为 20℃ 时水泵进口处允许达到的最大真空值。超过此值，水泵就会发生汽蚀现象。

在实际使用中的水泵，如果使用条件不是一个标准大气压，水温也不是 20℃，那么就要对 H_s 做出修正。如果不进行修正，水泵安装仍按 H_s 计算，就有可能使水泵运行的安全得不到保证。

允许吸上真空高度可用下式进行修正：

$$H'_s = H_s - (10.33 - h_a) + (0.24 - h_v)$$

式中 H'_s——修正后的允许吸上真空高度，m；

H_s——水泵铭牌上的允许吸上真空高度，m；

h_a——当地大气压的水头，m，与当地的海拔高度有关，见表 9—3；

h_v——实际工作时水温对应的汽化压强水头，m，见表 9—4；

0.24——水温为 20℃时的汽化压强水头，m。

表 9—3　　不同海拔高度的大气压强水头

海拔高度/m	-600	0	100	200	300	400	500	600	700	800	900	1 000	1 500	2 000
大气压强/mH_2O	11.3	10.3	10.2	10.1	10.0	9.8	9.7	9.6	9.5	9.4	9.3	9.2	8.6	8.4

表 9—4　　不同温度水的汽化压强水头

温度/℃	5	10	20	30	40	50	60	70	80	90	100
汽化压强/mH_2O	0.09	0.12	0.24	0.43	0.75	1.25	2.00	3.17	4.82	7.14	10.33

二、水泵的安装高度

实际工程中，用户一般希望水泵的安装高度尽可能高一些，这样对安装、维修、使用及安全都有好处。但安装高度受到水泵吸水能力和流动阻力损失的限制。

离心式水泵是在水泵吸入口处形成真空，使吸水池中水在大气压的作用下通过吸水管流入水泵。在一个标准大气压下水柱高度约为 10 m。事实上吸水口处不可能达到绝对真空，吸入管段也不可能没有流动阻力，而且在吸水口压强过低时，水会汽化而引起汽蚀现象。所以水泵的几何安装高度不可能达到 10 m。那么，水泵的安装高度应如何计算呢？

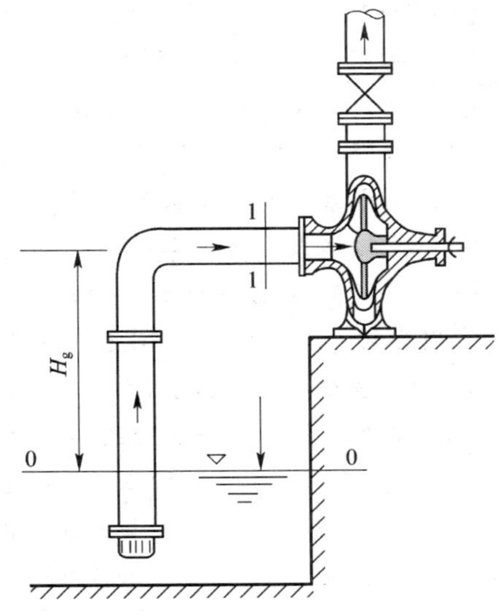

图 9—21　水泵安装高度示意图

水泵的安装高度如图 9—21 所示，以吸水池水面为基准面，列吸水池水面 0—0 和吸入口断面 1—1 的能量方程式：

$$0+\frac{p_0}{\gamma}+\frac{u_0^2}{2g}=H_g+\frac{p_1}{\gamma}+\frac{u_1^2}{2g}+h_W$$

式中 H_g——水泵允许的安装高度，m；

u_1——水泵进口处流速，m/s；

h_w——水泵吸水管路中各种水头损失之和，m。

水池面上的流速一般较小，则$\frac{u_0^2}{2g}\approx 0$，那么

$$\frac{p_0-p_1}{\gamma}=H_g+\frac{u_1^2}{2g}+h_W$$

$\frac{p_0-p_1}{\gamma}$表示吸水池水面与水泵吸入口断面之间的压强差。令 $H_B=\frac{p_0-p_1}{\gamma}$，$H_B$ 就是吸入口处大气真空计所测得的真空高度

$$H_B=H_g+\frac{u_1^2}{2g}+h_W$$

为避免水泵产生气蚀现象，必须对水泵吸入口处的真空高度做出规定，这个规定的真空度就是水泵铭牌上提供的允许吸上真空高度。则水泵的最大安装高度按下式计算

$$H_g=H_s-\frac{u_1^2}{2g}-h_W$$

采用上述公式计算水泵的允许安装高度时，必须注意以下两点。

（1）流量增加时，流动阻力和流速水头均增加，以致允许吸上真空高度 H_s 将随流量的增加而有所降低。

（2）按照水泵实际使用条件，对水泵铭牌上的允许吸上真空高度 H_s 进行换算。

【例 9—3】 一台离心水泵，其吸入口直径为 250 m^2，安装在海拔 1 000 m 的地方，抽水水温为 40℃，流量 $Q=120$ L/s，水泵铭牌上的允许吸上真空高度 $H_s=6.2$，吸水管总的水头损失为 1.0 m，回答下列问题。

（1）求修正后的允许吸上真空高度 H_s'。

（2）求水泵的允许安装高度 H_g。

（3）比较水泵在规定条件下使用的允许安装高度。

【解】 （1）求修正后水泵的允许吸上真空高度 H_s'

采用公式 $H_s'=H_s-(10.33-h_a)+(0.24-h_v)$

查表 9—3 得：海拔高度 1 000 m 时，$h_a=9.2$ m；查表 9—4 得：水温 40℃时，$h_v=0.75$ m。将已知数据代入上式，修正后的水泵允许吸上真空高度为：

$$\begin{aligned}H_s'&=H_s-(10.33-h_a)+(0.24-h_v)\\&=6.2-(10.33-9.2)+(0.24-0.75)\\&=4.56\ \text{m}\end{aligned}$$

（2）求水泵的允许安装高度 H_g

采用公式
$$H_g=H_s'-\frac{u_1^2}{2g}-h_W$$

其中：

$$u_1=\frac{q}{\frac{\pi}{4}d^2}=\frac{0.12\times4}{3.14\times0.25^2}\approx2.45\ \text{m/s}$$

$$\frac{u_1^2}{2g}=\frac{2.45^2}{2\times9.81}\approx0.31\ \text{m}$$

则，水泵的允许安装高度为：

$$H_g=4.56-0.31-1.0=3.25\ \text{m}$$

(3) 比较水泵在规定条件下使用的允许安装高度

水泵在规定条件下的允许安装高度计算时，其允许吸上真空高度就不用进行修正，直接由已知条件 $H_s'=6.2$ m 求得。

采用公式 $H_g=H_s-\frac{u_1^2}{2g}-h_W$，可得水泵在规定条件下使用的允许安装高度为：

$$H_g=6.2-0.31-1.0=4.89\ \text{m}$$

从计算结果可以发现，当水温升高、海拔高度增加时，其水泵的允许安装高度将变小。因此，在高原地区和输送高温水的水泵中特别要注意这方面的问题，否则水泵将不能正常工作。

水泵在运转中，其进口处的真空表读教就是实际真空度，它应小于水泵的允许吸上真空高度。真空度过大可采取下列措施，以防止水泵汽蚀的发生：关小出水阀门，减少出水量；降低水泵转速；减少吸水管的水头损失，如减少弯头等配件、放大管径等。

如果水泵进口的真空度超出允许吸上真空高度较多时，最好重新确定泵的安装高度或调换水泵，以保证水泵系统的正常运转。

复习思考题

1. 什么是水泵的汽蚀现象?

2. 什么叫水泵的允许吸上真空高度?

3. 为防止发生水泵汽蚀现象可以采取哪些措施?

4. 在不考虑能量损失的前提下，水泵的最大安装高度是多少?

5. 某离心式水泵的输出水量为 $Q=10$ L/s，水泵进口直径为 $D=50$ mm，经过计算吸水管的水头损失为 $h_w=2.0\ \text{mH}_2\text{O}$，水泵铭牌上的允许吸上真空高度 $H_s=7.4$ m。输送水温为 40℃清水，若安装地点的海拔高度为 800 m，求水泵的允许安装高度。

6. 某一单级单吸离心泵，流量为 $Q=0.18\ \text{m}^3/\text{s}$，水泵吸入管直径为 $D=300$ mm。输送水温为 30℃清水时，水泵铭牌上的允许吸上真空高度 $H_s=6$ m。吸水池水面标高为 100 m，水面为大气压，吸水管的阻力损失为 $h_w=0.8\ \text{mH}_2\text{O}$，试求：

(1) 泵轴的最高标高是多少?

(2) 如果此泵安装在海拔 1 000 m，泵输送水温为 40℃清水时，泵的安装位置标高为多少?

第四节 水泵与风机工作点的确定

学习目标

1. 理解管路特性曲线的意义。
2. 掌握水泵与风机工作点的确定方法。

前文中已经对水泵和风机的性能曲线进行了讨论，它反映了水泵和风机本身潜在的工作能力。在实际工作中，水泵和风机究竟是处于性能曲线上哪一点工作呢？它又是由什么来决定的呢？

水泵和风机的实际工作点不是完全由水泵和风机本身决定的，而是由水泵和风机及其管路系统共同决定的。因此，若要确定水泵和风机的实际工作点（或工况点），还需要研究管路特性。

一、管路的特性曲线

从流体动力学得知，流体在管路中流动时克服阻力而消耗水泵和风机所提供的能量（又称为压头）。所需克服的阻力一般有以下两种。

1. 管路系统两端的位置（高差）和压差H_1

$$H_1 = H_Z + \frac{p_2 - p_1}{\gamma}$$

上式中H_1为两液面的高差。如果两流体面上的压强均为大气压强时，则有$\frac{p_2 - p_1}{\gamma} = 0$。总之，对于一定的管路系统来说，$H_1$是一个不变的量。

2. 流体在管路系统中的流动阻力H_2

此流动阻力包括全部的沿程阻力和局部阻力，以及管路末端出口的流速水头，总称为作用水头H_e。

$$H_e = H_2 + \frac{u^2}{2g} = \sum h_f + \sum h_j + \frac{u^2}{2g}$$

如果管路末端具有自由液面，呈淹没出流和循环管路系统，则$\frac{u^2}{2g} = 0$。最后将阻力损失表示为流量的函数关系式。即

$$H_2 = H_e = SQ^2$$

式中，S 表示管路长度、管径已定的管路的沿程阻力和局部阻力之和的系数，称为管路的特性阻力系数（又称阻抗），单位为 s^2/m^5（详见前述内容）。流体在管路系统中流动时所需的总水头 H_e 为

$$H_e = H_1 + H_2 = H_1 + SQ^2$$

此式表明了实际工程条件下所需的总水头，如果将这一关系绘在以流量 Q 与压头 H 组成的直角坐标图上（见图 9—22），就可得到图中的曲线 CE，此曲线就称为管路的特性曲线。

从以上分析可知，所谓管路的特性曲线，就是管路中通过的流量与流体运动所消耗的总能量之间的关系曲线。讨论管路特性曲线的目的就是确定水泵和风机的工作点。

二、水泵和风机工作点的确定

由管路特性曲线可知，管路系统的特性由包括管路系统在内的整个水泵或风机装置以及实际要求决定，与水泵或风机本身的性能无关。但是工程中所需要的流量和压头必须由水泵或风机来提供。这是一对矛盾的两个方面，那么，水泵或风机在某个具体管路中工作时，其工作点如何确定呢？可以用图解法加以说明。

如图 9—22 所示，水泵与风机的性能曲线 $H = f_1(Q)$ 随着流量的增大而下降，管路特性曲线 $H = f_2(Q)$ 随着流量的增大而上升。

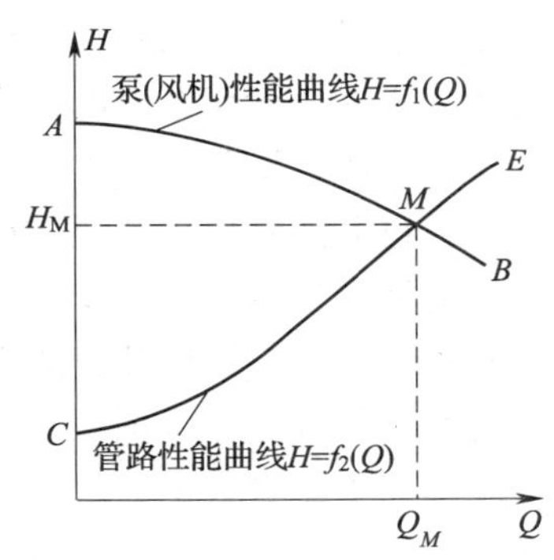

图 9—22 水泵或风机工作点的确定

水泵或风机工作点的确定方法如下。

首先画出水泵或风机样本中提供的 $H = f_1(Q)$ 曲线，再按管路特性方程 $H = f_2(Q)$ 即 $He = H_1 + SQ^2$ 画出管路特性曲线，两条曲线相交于 M 点，即为水泵或风机的工作点。M 点相应流量为 Q_M，扬程为 H_M。

在 M 点处，水泵或风机所供给的扬程与管路系统所需要的扬程相等。所以，M 点是供需的平衡点，即矛盾的统一点。只要外界条件不发生变化，水泵或风机装置将稳定在 M 点工作。

如果水泵或风机所供给的扬程大于管路系统所需要的扬程，这时，多余的能量将以动能的形式，使管中流速增加，流量加大，水泵或风机的工作点将自动向流量大的一侧移动，直到移到 M 点为止。反之，如果水泵或风机所供给的扬程小于管路系统所需要的扬程，管路流量不足，使管路流速减缓，流量随之减少，水泵或风机的工作点将自动向流量小的一侧移动，直到退回到 M 点为止。

水泵或风机装置工作点确定后，其对应的各项性能参数值可从其相应的特性曲线中查得。

复习思考题

1. 什么是管路特性曲线？
2. 怎样确定水泵与风机的工作点？

第五节　水泵与风机装置工作点的调节

学习目标

1. 熟悉水泵与风机性能的调节方法。
2. 掌握变速调节和阀门调节的具体方法。
3. 掌握水泵并联和串联的运行特点。

水泵与风机装置的工作点是建立在水泵与风机和管路系统能量供需关系的平衡上。但是，水泵与风机和管路系统供需矛盾的统一是有条件的、暂时的、相对的。这个条件就是水泵与风机性能、管路损失和静扬程等因素不变。如果其中任一因素发生变化，供需就会失去平衡，这时，只有在新的条件下，才能重新平衡。

实际工程中，管路系统的运行状况是随时都在发生变化的。例如，用水高峰时用水量增大，管网内压力下降；用水低谷时用水量减少，管网内压力增大。集中式空调系统的静压和流量，也会随着使用情况的改变而改变。自然，水泵与风机装置的工作点也做相应的变动，自动地去建立新的平衡。

实际上，水泵与风机装置的工作点是在一个相当幅度的区间内移动着的。然而，当管网中压力的变化幅度太大时，水泵与风机的工作点将会移出“高效段”，在较低效率段工作。若要提高工作点效率，就必须人为地改变水泵与风机装置的工作点，这种人为改变工作点的方法，称为工作点的调节。

思考：怎样改变水泵和风机的工作点，以满足用户流量变化的要求？

水泵或风机的工作点是由其性能曲线和管路特性曲线的交点来确定的。因此，人为地调节工作点，可以用两种方法来达到：一是改变水泵与风机本身的性能曲线；二是改变管路特性曲线。

一、水泵与风机性能的调节方法

改变水泵与风机本身性能曲线的方法有变径调节、变角调节、变速调节等。

1. 变径调节

将水泵与风机叶轮外径切削，叶轮外径变小，其性能随之改变，扩大了水泵与风机的适用范围，也就是装置工作点移动，系统的流量和压头变小，这种调节方法称为变径调节，又称切削调节。

变径调节在水泵与风机的生产制造中已广泛应用。叶轮切削后，水泵与风机的流量、扬程、功率都相应降低。切削定律是建立在试验资料的基础上，它认为如果叶轮的切削量控制在一定限度内，则切削前后水泵与风机相应的效率可看作近似不变。切削时要注意切削限量，切削后须对叶轮做平衡试验。

变径调节一般适用于季节性调节，而且需要停机换叶轮。

2. 变角调节

用改变叶轮叶片安装角度使水泵性能改变的方法，称为水泵工作点的变角调节。此法适用于叶片可调节的轴流泵。

安装角是指轴流叶片工作面一侧，叶片首尾两端的连线与叶片的圆周方向之间的夹角。安装角不同，水泵的工况也就不同，设计工况的安装角称为设计安装角，一般以设计安装角为0。安装角加大时为正，减小时为负。

通过分析证明，采用变角调节是很方便的。当静扬程减少时，将安装角调大，在保持较高效率的条件下，增加出水量，使原动机满载运行；当静扬程增大时，将安装角调小，适当地减少出水量，使原动机不止过载运行。所以，采用变角调节，使轴流泵在最有利的工作状态下运行，即可达到效率高，出水量多，并使电动机长期保持或接近满载运行，以提高电动机效率和功率因数。

3. 变速调节

改变水泵或风机的转速，可以改变水泵或风机装置的特性曲线，从而使工作点移动，流量也随之改变：转速改变时，水泵或风机的性能参数变化如下：

$$\frac{n}{n'} = \frac{Q}{Q'} = \sqrt{\frac{H}{H'}} = \sqrt[3]{\frac{N}{N'}}$$

变速调节的工况分析如图9—23所示，图中曲线①为转速 n 时水泵或风机装置的特性曲线，曲线②为管路特性曲线，因管路及阀门都没有改变，所以曲线②不变。曲线③为改变转速为 n' 后水泵或风机装置的性能曲线，工作点由 M 点移到 M' 点。

改变水泵或风机转速的方法有以下几种。

（1）改变电动机的转速

用电动机带动的水泵或风机可以改变电动机的转速，还可以采用可变极数的电动机。

（2）调换带轮

改变风机或电动机的带轮大小，可以在一定范围内调节转速，它不增加额外的能量损失，但调节范围有限，并且要停机换轮。一般只作为季节性或阶段性的调节。

（3）采用水力联轴器

一般只在大型设备中采用。

改变水泵或风机转速来调节工况的方法就水泵或风机本身来说，通常没有附加能量损失，也不致严重降低效

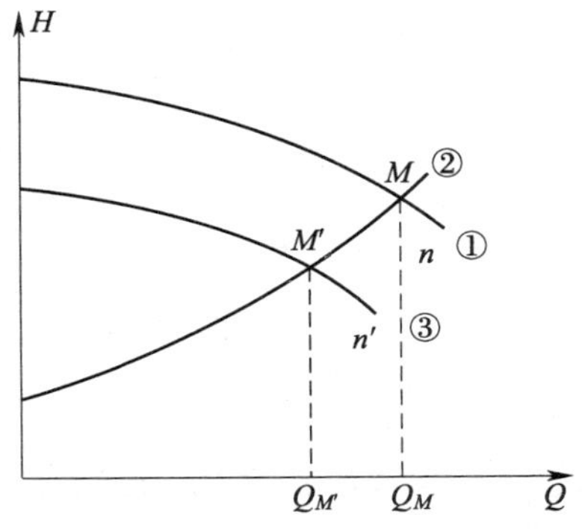

图9—23 变速调节的工况分析

率，但调速的措施比较复杂麻烦，应用并不广泛，或只在季节转换等情况下做有限的调节。

在理论上可以用增加转速的办法来提高流量。但是当转速增加以后也使叶轮圆周速度增加，因而可能增大振动或噪声，且可能发生机械强度和电动机超载等问题，所以实际中一般不采用增速方法调节工况。

二、改变管路性能的调节方法

改变管路性能的调节方法就是改变管路的特性曲线，最常用的方法是节流法，又称阀门调节法。这种方法是通过改变阀门的开启度，从而改变管路的特性系数 S，使管路的特性曲线改变。

这种调节方法十分简单，但是因为增加了阀门的阻力，故额外增加了水头损失。这种方法用于频繁的临时性调节。阀门调节的工况分析如图 9—24 所示，图中曲线①是原来的管路特性曲线。阀门关小，阻力增大，管路特性曲线变陡为曲线②。曲线③是水泵或风机的性能曲线。

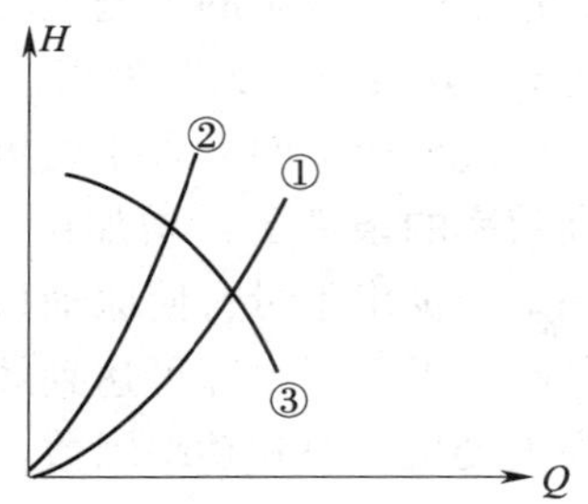

图 9—24　阀门调节的工况分析

水泵安装阀门调节时，通常只能安装在水泵的出水管上，因为装在吸水管上会使水泵的真空度增加，易引起汽蚀。

除以上两种调节工况的方法外，某些大型的风机还在进口处设有导流器进行调节。采用导流器的调节方法会增加进口的撞击损失，从节能角度看，不如变速调节，但比阀门调节消耗功率小，因而也是一种比较经济的调节方法。此外，导流器叶片是风机的组成部分，调节性能上比较灵活，操作方便，可以在不停机的情况下进行。

【例 9—4】 已知水泵性能曲线如图 9—25a 所示，泵的转速 $n = 2\ 900$ r/min，叶轮直径 $D_2 = 200$ mm，管路的性能曲线为 $H = 19 + 76\ 000Q^2$，试求：

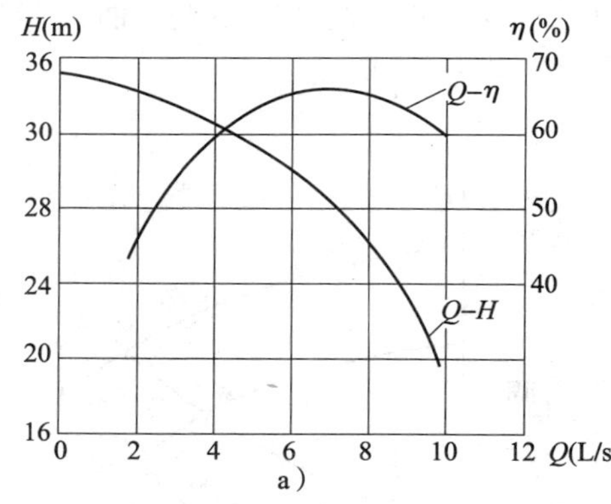

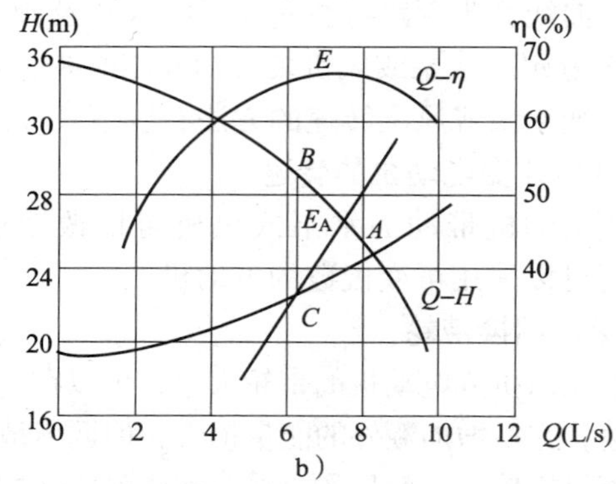

图 9—25　例题 9—4 图

（1）水泵的流量 Q、扬程 H、效率 η 及轴功率 N。

（2）在压出管路上采用阀门调节方法使流量减少 25%，求此时水泵的流量、扬程、轴功率和阀门消耗的功率。

【解】 （1）根据管路的性能曲线为 $H=19+76\ 000Q^2$，代入适当的流量可得表 9—5 的数据。

表 9—5　　管路性能参数表

Q/（L/s）	0	2	4	6	8	10
H/m	19	19.30	20.22	21.74	23.86	26.60

根据表中数据，可绘制出管路性能曲线，如图 9—25b，与水泵性能曲线交于 A 点，A 点即为工作点，从图中可查出该泵的工作参数为：

$$Q_A = 8.5\ \text{L/s}、\ H_A = 24.5\ \text{m}、\ \eta_A = 65\%$$

所需轴功率　$$N_A=\frac{\gamma Q_A H_A}{\eta_A}=\frac{9\ 810\times 0.008\ 5\times 24.5}{0.65}=3\ 143\ \text{W}$$

（2）用阀门调节流量时，水泵性能曲线不变，工作点移到如图 9—25b 所示的 B 点，B 点的流量为：

$$Q_B=(1-0.25)Q_A=0.75\times 8.5=6.38\text{L/s}$$

从图中可查出：$H_B=28.8\ \text{m}$、$\eta_B=65\%$

所需轴功率　$$N_B=\frac{\gamma Q_B H_B}{\eta_B}=\frac{9\ 810\times 0.006\ 38\times 28.8}{0.65}=2\ 773\ \text{W}$$

由 B 点做垂线与管路性能曲线交于 C 点

$$H_C=19+76\ 000Q^2=19+76\ 000\times(0.006\ 38)^2=22.09\ \text{m}$$

阀门增加的水头损失

$$\Delta H=H_B-H_C=28.8-22.09=6.71\ \text{m}$$

阀门消耗的功率

$$\Delta N=\frac{\gamma Q_B \Delta H}{\eta_B}=\frac{9\ 810\times 0.006\ 38\times 6.71}{0.65}=646\ \text{W}$$

三、改变并联水泵台数的调节方法

在较大型暖通系统中通常设有水泵房。在水泵房中，除了单台水泵工作外，往往采用两台或两台以上的水泵联合工作。水泵联合工作可分为并联和串联两种形式。

1. 离心式水泵的并联工作

两台或两台以上的水泵共同向公共输水管路输水，称为水泵并联工作。并联的目的有以下几点。

（1）可以增加供水量。输水干管中的流量等于各台水泵的出水量总和。

（2）可以通过开停水泵的台数来调节水泵房的流量和扬程，以适应管网中用水量和水压的变化。

（3）可以提高水泵房中水泵工作的可靠性。一台水泵损坏时，其他几台水泵仍可继续工作。

因此，水泵并联工作提高了水泵房运行调度的灵活性和供水的可靠性，从而达到节能和安全供水的目的，水泵并联工作是水泵房最常见的一种运行方式。

需要说明的是，并联工作的水泵宜采用型号相同的水泵。在这里必须指出，不同型号的水泵并联工作是建立在各水泵扬程范围比较接近的基础上的，否则若出现高扬程泵出水，低扬程泵不出水，则这种并联工作是无效的。

2. 离心式水泵的串联工作

将一台水泵的出水管作为另一台水泵的吸水管，水由一台水泵流入另一台水泵，这种系统称为水泵的串联工作。串联工作的目的是增加水泵扬程。

两台不同型号水泵串联工作时，同一流量经过每一台水泵。因此，串联水泵的总扬程等于两台水泵在同一流量时的扬程之和。多级水泵实际上就相当于几台单机水泵工作，离心式水泵的串联工作只有特殊情况下才采用。

当水泵串联运行时，必须注意以下几点。

(1) 水泵串联工作时应尽量采用同型号水泵，否则出水量不匹配，影响水泵工作效率。

(2) 串联工作时应考虑后面水泵的强度能否适应，以免水泵受到破坏。

(3) 串联工作启动水泵顺序：先启动靠近水池水泵，待运行正常后，打开出水管阀门，再启动第二台水泵。停车时顺序与启动时相反。

复习思考题

1. 水泵与风机性能调节的方法有哪几种？
2. 什么是变速调节？变速调节有哪几种具体方法？
3. 什么是阀门调节法？
4. 什么是水泵的并联工作？其目的又是什么？
5. 什么是水泵的串联工作？其目的又是什么？水泵串联运行时应注意哪些问题？

第六节　常用水泵与风机的类型、型号及选用

学习目标

1. 能够识读离心式水泵与风机的型号。
2. 基本掌握离心式水泵与风机的选用方法。

由于水泵或风机装置的用途和使用条件千变万化，水泵或风机的产品种类繁多。正确

选用水泵和风机的类型、大小来满足各种不同的工程实际要求是非常必要的。

实际中怎样根据水泵或风机的型号正确选择合适的水泵或风机呢?

在暖通设备系统中，最常用的是离心式水泵和离心式风机。这里主要叙述离心式水泵和离心式风机的类型、型号和选用。

一、离心式水泵的类型、型号

1. 离心式水泵的类型

离心式水泵按泵的基本结构分为单级悬臂式离心式水泵、单级双吸离心式水泵、分段式多级离心式水泵、中开式多级离心式水泵等。

2. 水泵的命名和型号

为方便用户使用和维修，每台离心式水泵出厂时上面都设有一块铭牌，铭牌上标明了水泵的型号，从型号上就可以了解水泵的性能。我国水泵型号一般采用三段式表示法，现举例如下：

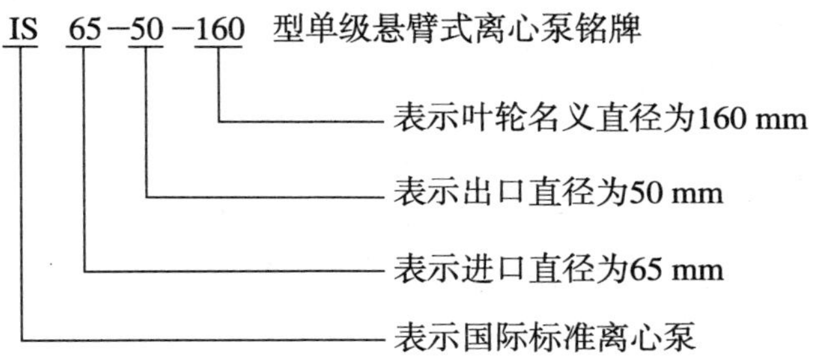

离心式清水泵

型号：IS 65—50—160	转速：2 900 r/min
流量：25 m^3/h	效率：66%
扬程：32 m	电动机功率：4 kW
允许吸上真空高度：7 m	质量：40 kg
出厂编号：	出厂：　　年　月　日

S 型泵的意义可用 150S78A 型说明：150——水泵的进口直径为 150 mm；S——单级双吸离心式水泵；78——扬程为 78mH_2O；A——叶轮外径切削过一次。

多级水泵的意义可用 100D45 ×8 型说明：水泵的进口直径为 100 mm；单级扬程为 45mH_2O，总扬程为 45 ×8 =360mH_2O 的 8 级分段式多级离心式水泵。

热水离心式水泵可用 ISR10065315 型说明：ISR 表示单级单吸热水离心式泵，泵的进口直径为 100 mm，出口直径为 65 mm，叶轮名义直径为 315 mm。

二、离心式通风机的类型、型号

我国对离心式通风机的命名主要是采用压强系数 $p\times10$ 和比转数 n_y 这两个数字。例如，4—72 型离心通风机，“4” 为压强系数 0.4×10，“72” 表示比转数 $n_y=72$（取正整数）。

1. 离心式通风机的类型

离心式通风机根据用途分为排尘通风机、工业用炉通风机、隧道通风换气机、高炉鼓风机、空气调节用通风机、工业冷却水通风机、煤粉输送用的通风机、锅炉引风机等。

2. 离心式通风机的命名和型号

离心式通风机的全称包括用途（有的这一项省略不写）、名称、型号、机号、传动方式、旋转方向、风口位置七项内容。

(1) 名称

名称用汉字写出，写在用途代号之后。通风机用途的代号用汉语拼音字母的缩写（第一个字母大写）来表示，如 C—排尘通风机；GY—工业用炉通风机；CD—隧道通风换气机；GL—高炉鼓风机；KT—空气调节用通风机；L—工业冷却水通风机；M—煤粉输送用的通风机；Y—锅炉引风机。

(2) 型号

型号用三组阿拉伯数字表示，其间用短横线连接。第 1 组数字代表全压系数，它是通风机在最高效率工作时的压强系数乘以 10 后再按四舍五入进位取一位数；第 2 组数字代表比转速；第 3 组数字的左边代表进风口形式，右边代表设计顺序号，通风机进口吸入形式代号见表 9—6。

表 9—6　通风机进口吸入形式代号

代号	0	1	2
通风机进口吸入形式	双侧吸入	单侧吸入	二级串联吸入

(3) 机号

机号用叶轮外径的毫米数除以 100（尾数四舍五入），冠以 “No” 表示。

(4) 传动方式

离心通风机的传动方式有六种，其型号及代号如图 9—16 所示。

(5) 旋转方向

它是指叶轮的旋转方向，有 “右旋转”（从主轴槽轮或电动机位置看叶轮旋转方向为顺时针）和 “左旋转”（从主轴槽轮或电动机位置看叶轮旋转方向为逆时针）两种。

(6) 风口位置

分进风口和出风口两种，按叶轮旋转方向区别，写法是右（左）出风口（进风口）角度。

基本出风口位置为八个：0°、45°、90°、135°、180°、225°、270°、315°（315°尽可能不采用），特殊用途可增加补充。

基本进风口位置为五个：0°、45°、90°、135°、180°，特殊用途例外。若不装进气室的风机，则进风口位置不予表示，这时风口位置的写法是右（左）出风口位置，如左135°。

举例1：某一般通风机全压系数为0.4（4），比转数为72，单侧吸入（1），第一次设计（1），叶轮直径1 000 mm（No10），用三角带传动、悬臂支撑，带轮在轴承外侧（C），从带轮方向看叶轮为顺时针旋转，出风口位置是向上（右90°）。按规定其全称应为：

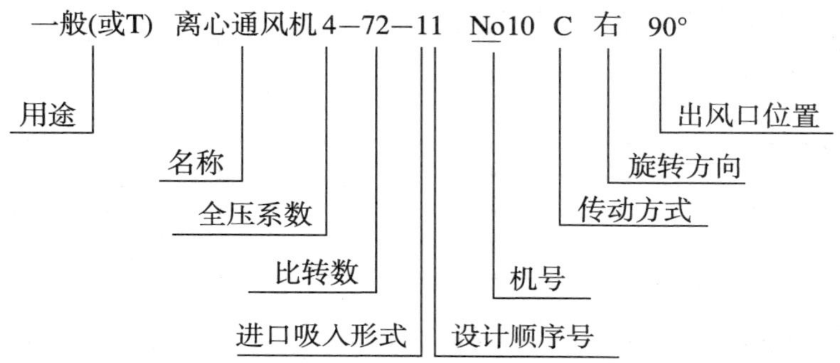

举例2：离心式通风机 8—18—1 2 No 6 A 右 90°

"离心式通风机"型号表示：某一般通风机全压系数为0.8（8），比转数为18，单侧吸入（1），第二次设计（2），叶轮直径600 mm（No6），用电动机直联传动、无轴承（A），从皮带轮方向看叶轮为顺时针旋转，出风口位置是向上（右90°）。

三、离心式水泵与风机的选用

水泵或风机的选用工作实际上包括选定水泵或风机的种类或形式以及决定其大小两项。正确选择水泵或风机的一般原则是：保证水泵或风机的系统正常而又经济地运行，即所选择的水泵或风机不仅能满足管路系统的流量、扬程或风压要求，而且能保证水泵或风机经常在效率最高的区域内稳定地运行。选择时按以下几个步骤进行。

（1）首先确定系统需要的最大流量，进行管路计算求出需要的最大扬程或风压。以系统需要的最大流量和最大扬程或风压作为选水泵或风机的依据。选择时一般考虑一定的安全系数（如渗漏、计算误差等）。

$$Q=(1.05\sim1.10)\ Q_{max}$$

$$H=(1.10\sim1.15)\ H_{max}$$

（2）分析水泵或风机的工作条件，以便确定水泵或风机的种类。水泵要分析液体杂质情况、温度、腐蚀性以及需要的流量和扬程等以确定水泵的种类及形式；风机则要分析气体含不含尘、纤维或其他杂质，易燃易爆，温度等情况以确定风机的种类。

（3）利用水泵或风机的综合性能图或性能表进行初选，确定水泵或风机的型号。

水泵的综合性能图就是水泵厂将所生产的某种型号、不同规格的水泵的性能曲线，在高效率区（$\eta \geqslant 0.9\eta_{max}$）的部分成系列地绘在同一张坐标图上。

一般水泵的样本在水泵的性能曲线高效率区上选择三个工况点，将这些点的性能参数编制成水泵的性能表。表9—7是IS型单级单吸离心式水泵性能表的一部分。

表9—7　　IS型单级单吸离心式水泵性能（摘录）

型号	转速 n /（r/min）	流量 Q /（m^3/h）	流量 Q /（L/s）	扬程 H /m	效率 η /（%）	功率/kW 轴功率	功率/kW 电动机功率	允许吸上真空高度/m
IS-80-65-125	2 900	30	8.33	22.5	64	2.85	5.5	3.0
		50	13.9	20	75	3.63		3.0
		60	16.7	18	74	3.98		3.5
	1 450	15	4.17	5.6	55	0.42	0.75	2.5
		25	6.94	5	71	0.48		2.5
		30	8.38	4.5	72	0.51		0
IS-80-65-160	2 900	30	8.33	36	61	4.82	7.5	2.5
		50	13.9	32	73	5.97		2.5
		60	16.7	29	72	6.59		3.0
	1 450	15	4.17	9	55	0.67	1.5	2.5
		25	6.94	8	69	0.79		2.5
		30	8.33	7.2	68	0.86		3.0
IS-80-50-200	2 900	30	8.33	53	55	7.87	15	2.5
		50	13.9	50	69	9.87		2.5
		60	16.7	47	71	10.8		3.0
	1 450	15	4.17	13.2	51	1.06	2.2	2.5
		25	6.94	12.5	65	1.31		2.5
		30	8.33	11.8	67	1.44		3.0
IS-80-50-250	2 900	30	8.33	84	52	13.2	22	2.5
		50	13.9	80	63	17.3		2.5
		60	16.7	75	64	19.2		3.0
	1 450	15	4.17	21	49	1.75	3	2.5
		25	6.94	20	60	2.27		2.5
		30	8.33	18.5	61	2.52		3.0
IS-80-50-315	2 900	30	8.33	128	41	25.2	37	2.5
		50	13.9	125	54	31.5		2.5
		60	16.7	123	57	35.3		3.0
	1 450	15	4.17	32.5	39	3.4	5.5	2.5
		25	6.94	32	52	1.49		2.5
		30	8.33	31.5	56	4.6		3.0

同泵的综合性能图一样，风机的选择性能曲线就是将某型号风机不同机号（叶轮直径不同）、不同转速下高效区的流量—全压性能曲线的一部分绘制在一张坐标图上，供选择风机之用。

有些风机样板将选择性能曲线上高效区的流量—全压性能曲线，均匀地选取 6 ~ 8 个工况点，将这些点的数据编成风机性能表，供用户选择风机时采用，表 9—8 是 T4 – 72 – 11No6A 型风机性能的一部分。

表 9—8　　T4 – 72 – 11 No 6 A 型风机性能

转速 / (r/min)	序号	出口风速 / (m/s)	全压 /Pa	风量 / (m^3/s)	电动机	
					型号	/kw
1 450	1	8.3	1 150	6 860	Y112M – 4 (B35)	4
	2	9.3	1 120	7 760		
	3	10.3	1 090	8 550		
	4	11.3	1 060	9 360		
	5	12.4	990	10 200		
	6	13.2	940	10 900		
	7	13.4	840	11 840		
	8	15.3	720	12 620		
960	1	5.5	500	4 540	Y100L – 6 (B35)	1.5
	2	6.2	490	5 070		
	3	6.8	480	5 630		
	4	7.5	460	6 220		
	5	8.2	430	6 760		
	6	8.8	410	7 220		
	7	9.5	370	7 840		
	8	10.1	320	8 360		

(4) 利用泵的性能曲线或性能表，绘制管路性能曲线找出工作点，进行校核。工作点处在高效区时还要注意泵的工作稳定性。

(5) 利用资料查明允许吸上真空高度或汽蚀余量，核算水泵的安装高度。风机核算圆周速度 $u_2\left(u_2=\frac{n\pi D^2}{60}\right)$是否符合噪声标准。一般规定圆周速度不得超过表 9—9 的规定，以控制噪声。

表 9—9　　通风机最大圆周速度

建筑性质	居住建筑	公共建筑	工业建筑 I	工业建筑 II
u_2/ (m/s)	20 ~ 25	25 ~ 30	30 ~ 35	35 ~ 45

注：工业建筑 I 是指工作条件较安静的车间；工业建筑 II 是指工作条件有其他噪声源的车间。

（6）结合具体情况，确定风机传动方式、旋转方向及出风口位置。

【例题9—5】 某工厂供水系统由清水池往水塔充水，水泵将水提升的总高度为42 m，经计算管路水头损失为：吸水管路1.0 m，出水管路2.5 m。现要求管路流量为30 m^3/s，试根据条件选择水泵。

【解】（1）计算选择水泵的参数

$$Q = 1.1 \times 30 = 33\ m^3/s$$

$$H = 1.15 \times (42 + 1.0 + 2.5) = 52.3\ m$$

（2）选择水泵

根据已知条件，要求水泵装置输送的液体是温度不高的清水，且系统要求的扬程又不是很高，可选用IS型单级单吸离心式清水泵。查IS型清水泵的性能表（见表9—7），可采用IS80－50－200型水泵，参数范围为流量30～50 m^3/s，扬程50～53 m，能满足系统工况要求。

从性能表上可以看出，当$n = 2\ 900$ r/min时，配用电动机功率15 kW，水泵的效率为55%～69%，水泵的吸上真空高度为2.5 m。

此管路系统为工厂的供水管路，考虑不至于影响生产，保证用水的可靠性，可增设同样型号的水泵一台作为备用。

【例题9—6】 有一工业厂房，海拔高度为500 m，夏季温度为40℃，通风需要风量为2.41 m^3/s，风压为86 mmH_2O。试选用一台风机。

【解】 该厂房为一般工业厂房，无特殊要求，故选用一般离心式风机4－72－11型。风量与风压考虑一般安全值为：

$$Q = 1.05 \times 2.4 \times 3\ 600 = 9\ 072\ m^3/h$$

$$p = 1.10 \times 86 \times 9.81 = 928\ Pa$$

由于当地大气压及温度与标准条件（标准大气压及20℃）不符，风压需进行换算，查表9—3，海拔高度500 m的当地大气压强为：

$$9.7 \times 9.81 = 95.16\ kPa$$

则标准条件的风压为

$$p = 928 \times \frac{101.325}{95.16} \times \frac{273 + 40}{273 + 20} = 1\ 056\ kPa$$

由表9—8的4－72－11型No6A风机，转速$n = 1\ 450$ r/min时，第4工况点的风压为1 060 kPa，风量为9 360 m^3/h，可满足此厂房的通风需要。

核算圆周速度

$$u_2 = \frac{n\pi D^2}{60} = \frac{1\ 450 \times 3.14 \times 0.6^2}{60} = 27.32\ m/s$$

对于Ⅱ类工业建筑则符合噪声要求。

知识链接

噪声的物理学定义：噪声是发声体做无规则振动时发出的声音。

噪声的生物学定义：凡是妨碍人们正常休息、学习和工作的声音，以及对人们要听的声音产生干扰的声音。从这个意义上来说，噪音的来源很多，如街道上的汽车声、安静的图书馆里的说话声、建筑工地的机器声，以及邻居电视机过大的声音，都是噪声。

噪声的通信领域定义：干扰信号传输的能量场，称为噪音。这种能量场的产生源可以来自内部系统，也可以产生于外部环境。

噪声的单位：dB（分贝，英文 Decibel）。

噪声的危害：听力损伤；心脏血管伤害；内分泌紊乱；影响睡眠；心情烦躁等。

防治噪声的法律及标准：《中华人民共和国环境保护法》、《中华人民共和国环境噪声污染防治法》、《声环境质量标准》（GB 3096—2008）、《工业企业厂界环境噪声排放标准》（GB 12348—2008）、《社会生活环境噪声排放标准》（GB 22337—2008）等。

复习思考题

1. 水泵的型号一般表示水泵的哪些性能参数？
2. 风机的型号一般表示风机的哪些性能参数？
3. 水泵与风机一般选择原则是什么？
4. 讨论怎样简单选用水泵与风机。

第七节 其他常用水泵及风机

学习目标

1. 掌握暖通工程中其他几种常用水泵与风机的类型及作用。
2. 熟悉暖通工程中其他几种常用水泵与风机的基本构造和工作过程。

离心式水泵和离心式风机是暖通设备中最常用的水泵和风机。实际上水泵和风机的品种很多。水泵和风机构造不同，其用途也不同，按其不同的工作原理可分为三类。

叶片式：叶片式水泵与风机是利用轴带动叶轮高速旋转，使流体的压力能和动能增加，根据流体的运动方式可分为离心式、混流式及轴流式三种基本类型。

容积式：容积式水泵与风机吸入或排出流体是利用工作室容积周期性变化，以增加流体的机械能，达到输送流体的目的。如利用活塞在泵缸内做往复运动的活塞式往复泵、柱塞式往复泵等。

其他类型：这类水泵与风机只改变流体的位能，如水车、螺旋泵等，还有利用高速工作的流体（液体或气体）能量来输送流体的射流泵等。

一、分段式多级泵

分段式多级泵具有较高的扬程，这类泵在结构上是将几个叶轮安装在同一个转轴上，每个叶轮称为一级，一台泵可以有两级到十余级。每级叶轮之间设有固定的导叶。流体进入第一级叶轮加压后经导叶依次进入第二级、第三级叶轮。第一级一般为单吸式，但也可以制成双吸式。为了平衡轴向推力，泵内通常装有平衡盘。

我国生产的分段式多级泵，中压的流量在5～720 m^3/h，扬程为100～650 m。高压多级泵的扬程可达2 800 m左右。

多级泵有立式和卧式两种，立式多级泵多用于消防给水系统或高层建筑给水系统。卧式多级泵多用于水泵加压站或锅炉给水。如图9—26所示为分段式多级离心水泵的外观图。

a）　　b）

图9—26　多级离心式水泵

a）立式多级水泵　b）卧式多级水泵

二、管道泵

管道泵也称管道离心泵，其结构如图9—27所示。该泵的基本结构与离心泵十分相似，主要由泵体、泵盖、叶轮、轴、泵体密封圈等零件构成，泵与电动机共轴，叶轮直接装在电动机轴上。

管道泵是一种比较适合于水暖系统应用的水泵，与一般离心泵相比有以下几个特点。

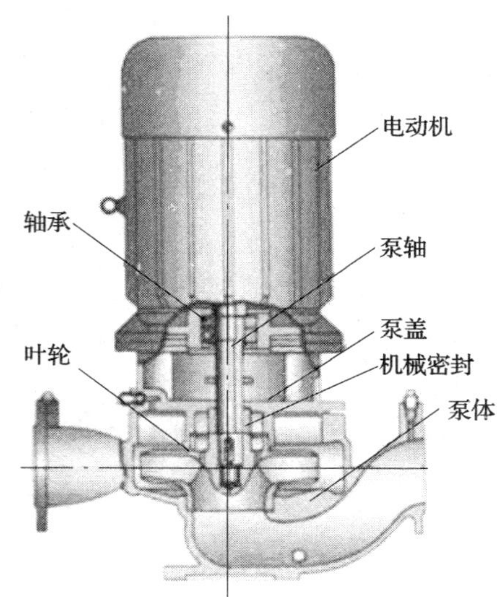

图 9—27　离心式管道泵

（1）管道泵的体积小、质量轻，进出水口均在同一直线上，可以直接安装在管道上，不需设置混凝土基础，安装方便，占地少。

（2）采用机械密封，密封性能好，泵运行不易渗水。

（3）泵的效率高、耗电小、噪声低。

常用的管道泵有 G 型和 BG 型两种，均为立式单级单吸离心式水泵。G 型管道泵适用于输送介质温度低于 80℃、无腐蚀性的清水或其物理、化学性质类似于清水的液体，宜作为循环水或高楼供水用。

BG 型管道泵适用于介质温度低于 80℃、石油产品及其他无腐蚀性的液体，可供城市给水、供暖管道中途加压用。

三、蒸汽活塞泵

蒸汽活塞泵又称蒸汽往复泵。它依靠蒸汽为动力，驱动活塞在泵缸内往复运动，改变工作容积，从而对流体做功使流体获得能量，是一种容积式泵。如图 9—28 所示为蒸汽往复泵的外观图。

蒸汽活塞泵由蒸汽机和活塞泵两部分组成。活塞泵结构及工作示意如图 9—29 所示。曲柄连杆机构带动活塞在泵缸内往复运动，当活塞自右向左运动时，泵缸内造成低压，上端压水阀关闭，下端吸水阀被泵外大气压作用下的水压推开，水由吸水管进入泵缸，完成吸水过程。

当活塞自左向右运动时，泵缸内造成高压，吸水阀关闭，压水阀受压而开启，将水由压水管排出，完成压水过程。活塞不断往复运动，水就不断被吸入和排出。

活塞泵由于启动时不需灌泵的引水，所以活塞泵很适合要求自吸能力高的场所使用。再加上蒸汽活塞泵是利用蒸汽为动力，很适合作为锅炉补给水泵。

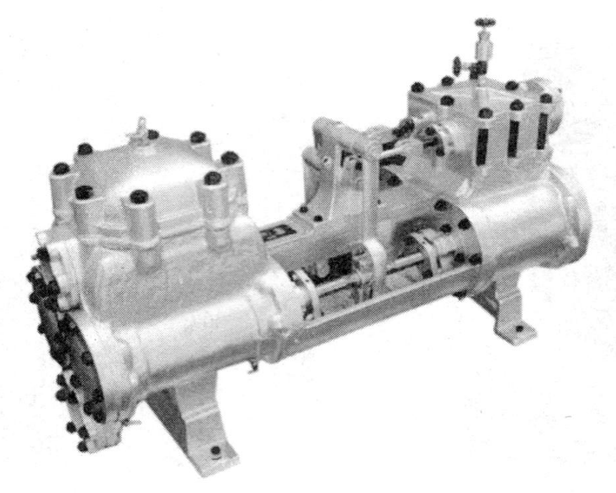

图 9—28　蒸汽往复泵

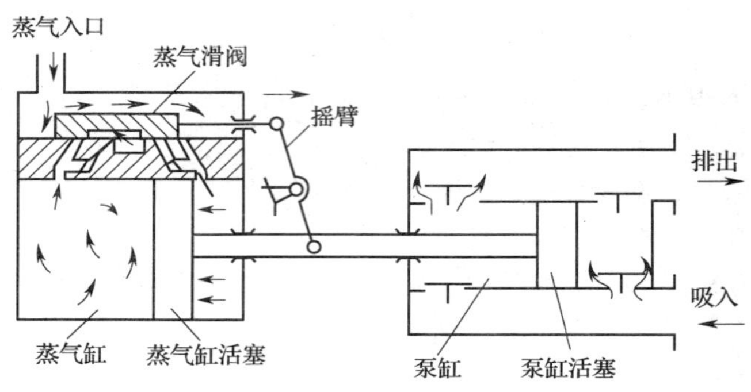

图 9—29　蒸汽往复泵机构及工作过程

四、真空泵

真空泵是将容器中的气体抽出形成真空的装置。在真空式气体输送系统中，常用真空泵使管路中保持一定的真空度，在大型水泵装置中，也常利用真空泵作为启动前的抽气引水设备。

真空泵的形式也较多，常用的真空泵是水环式真空泵。水环式真空泵外形如图 9—30 所示。

水环式真空泵构造及工作过程如图 9—31 所示，水环式真空泵由水环式泵体和泵盖组成圆形工作室，在工作室内偏心地装置一个由多个呈放射状均匀分布的叶片和轮毂组成的叶轮。

水环式真空泵启动前，先往工作室内充水。当电动机带动叶轮转动时，由于离心力的作用，将水甩到工作室内壁而形成一个旋转水环，水环间的进气腔逐渐扩大，压强下降而形成真空，气体则自进气管被吸入进气腔。当气体随旋转的叶轮进入排气腔时，因轮毂与水环间的空腔被压缩而逐渐缩小，压强升高，从而使气体自排气腔经排气管排出泵外。

图 9—30 水环式真空泵

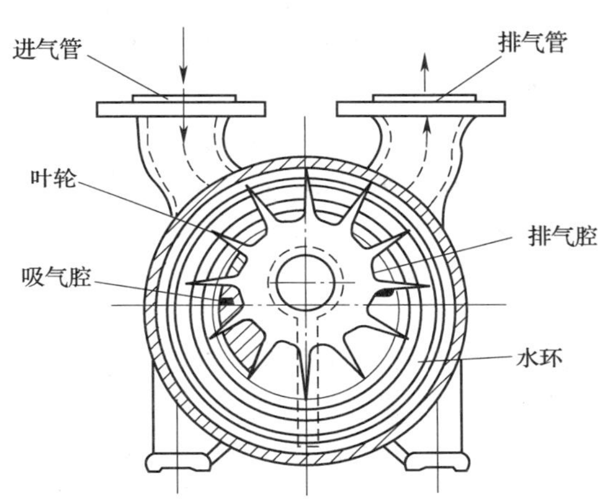

图 9—31 水环式真空泵结构及工作过程

叶轮每转一周，吸气一次，排气一次，形成真空。真空泵工作时，应不断补充水，以保证水环的形成和带走摩擦产生的热能。

五、轴流式风机

轴流式风机是叶片式通风机的一种。这种通风机在工作时，气流沿轴向进入叶轮，又沿轴向排出，故称为轴流式。轴流式风机的特点是流量大而压头小。轴流式风机的基本结构如图 9—32 所示。

轴流式风机的工作原理与离心式风机不同。轴流式风机的叶轮旋转时，由集风器吸入的空气通过叶片时获得能量，然后流入导叶。导叶将一部分偏转的气体动能变为静压能，最后气体通过扩散筒将一部分轴向气体动能变为静压能，再由扩散筒流出，输入排气管路。

轴流式通风机的性能曲线如图 9—33 所示，它表示在一定转速下，流量与压头、功率及效率等参数之间的内在关系。与离心式风机的性能曲线相比，轴流式风机的性能曲线有以下特点。

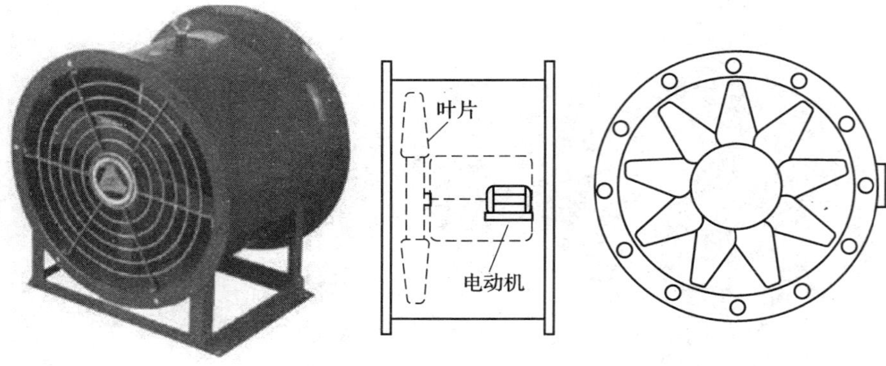

图 9—32　轴流式风机

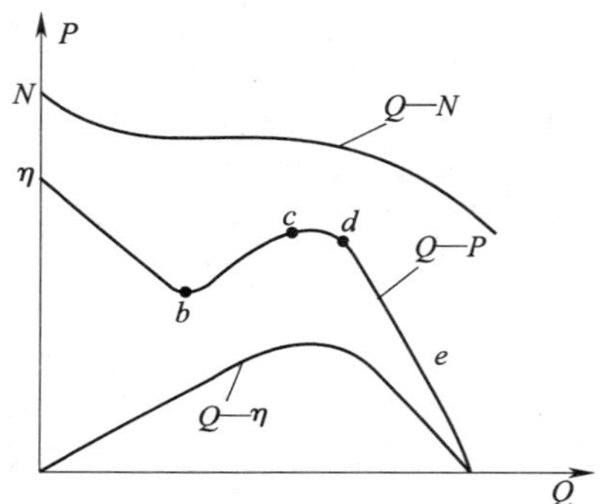

图 9—33　轴流式通风机的性能曲线

（1）Q—P 曲线的右侧陡降，而左侧呈马鞍形，c 点的左边为不稳定工况区。当轴流式风机在不稳定工况区运行时，就会产生“旋转脱流”现象（即气流在叶片背部的流动遭到破坏，升力减小，阻力急剧增大，压力迅速降低），使叶片疲劳破裂，造成严重破坏事故。因此，轴流式风机在运行过程中只适宜在较大流量下工作。

（2）Q—N 曲线呈陡降形。风机所需的轴功率随流量的减小而迅速增大，当流量为零时功率达到最大。因此，轴流式风机不能空载启动，启动时应将排气管闸板打开。

（3）Q—η 曲线呈驼峰形。这表明轴流式风机的高效区很窄。最高效率点位置相当接近不稳定工况区时的起始点 c。因此，轴流式风机均不设置调节阀门来调节流量，而采用调节叶片安装角度或改变风机的转速的方法来调节流量。

复习思考题

1. 多级泵有何特点？常用于什么场合？
2. 管道泵有哪些类型？各用于什么场合？管道泵的特点是什么？
3. 蒸汽往复泵怎样工作？常用于什么场合？
4. 什么是真空泵？真空泵的作用是什么？
5. 轴流式风机怎样工作？其特点是什么？讨论轴流式风机性能曲线的特点。
6. 在现实中还见过哪些水泵和风机，知道它们是怎样工作的吗？

第十章　制冷技术

炎热的夏季，空调器给房间输送冷风，使人们不会感到夏季的酷热；打开电冰箱，可以喝到冰凉的冷饮，似乎感到夏季不是那么热了。这一切，都是房间空调器、电冰箱将室内或饮料的热量运载到室外的结果，也就是它们在制取人们需要的冷量，这一过程称为制冷。

思考：房间空调器和电冰箱是怎样将环境或物质的热量导走而达到制冷目的的？这些制冷设备中的工作物质又是什么？

冷和热是同一范畴的两个物理概念，都是物质分子运动平均动能的特征。日常生活中常说的“热”或“冷”是指温度高低的相对概念，是人体对温度高低感觉的反应。在制冷技术中所说的冷，是指某空间内物体的温度低于周围环境介质（如水或空气）温度。

因此，制冷就是使某一空间内物体的温度低于周围环境介质（如自然界的空气和水）的温度，并连续维持这样一个温度的过程。

人工制冷的方法很多，可利用物质融化、汽化、升华等相态变化时的吸热效应实现制冷；可利用气体膨胀产生冷效应实现制冷；还可利用半导体的温差电效应实现制冷。以上三种方法中应用最广的是第一种，这种方法就是蒸汽制冷。

根据制冷过程中补偿能量的方法不同，制冷又可分为消耗机械能的蒸汽压缩式制冷、消耗热能为主的吸收式制冷和蒸汽喷射式制冷等。如图 10—1 所示为制冷机组外观。

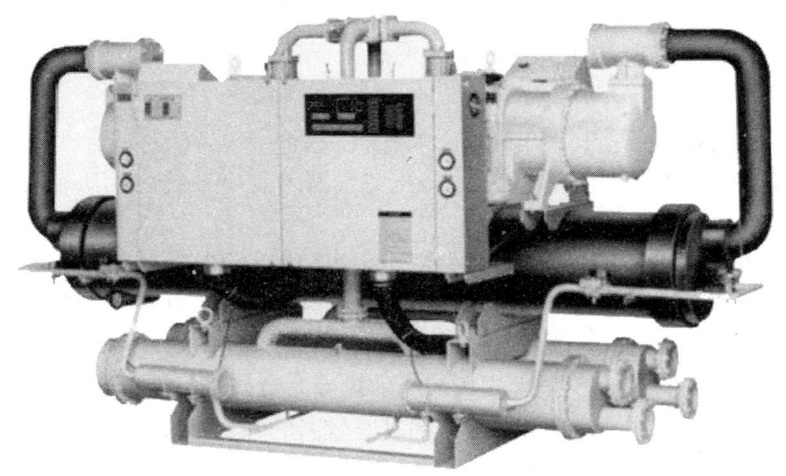

图 10—1　制冷机组外观

第一节　制冷剂、载冷剂及冷冻机油

学习目标

1. 掌握制冷剂的概念及常用制冷剂的种类。
2. 掌握载冷剂的概念及常用载冷剂的种类。
3. 掌握冷冻机油的作用。

思考：制冷设备中的工作物质是什么？冷量是靠什么物质传递的？

一、制冷剂

制冷剂又称制冷工作物质，是制冷循环的工作介质。在制冷系统中，利用制冷剂的相变来传递热量，即制冷剂在蒸发器中汽化时吸热，在冷凝器中凝结时放热。当前能用作制冷剂的物质有很多种，最常用的是氨、氟利昂类、水和少数碳氢化合物等。

制冷剂的标准命名方法是用英文单词“制冷剂”（Refrigerant）首写字母“R”作为制冷剂代号，在R后面用规定的数字及字母来表示制冷剂的种类和化学构成等。例如，R22、R134a。

1. 制冷剂的选择

制冷剂的性质直接关系到制冷机的种类、构造、尺寸和运转特性，同时也会影响到制冷循环的形式、设备结构及经济技术性能。因此，合理地选择制冷剂是一个很重要的问题。通常对制冷剂的性能要求从以下几方面加以考虑。

（1）热力学特性

1）工作压力和温度应适中。在稍高于大气压力下的沸点应足够低，以保证在取得较低的制冷温度时，避免蒸发器内形成负压，防止空气漏入制冷系统内而降低传热效率和缩短设备使用寿命。

在常温下，制冷剂的冷凝压力不宜过高。否则，由于冷凝压力过高，不但导致对制冷系统的密封性和所选用管道、设备的机械强度有较高的要求，从而增加投资费用，同时使压缩机的功耗增加，排气温度升高，制冷剂易渗漏。此外，若运行时冷凝压力过高将会造成冷凝压力与蒸发压力两者比值增大，压缩机的输气系数降低，使得制冷量减少。

2）临界温度应高，凝固点要低。制冷剂具有较高的临界温度，则在常温或制冷温度下就可液化。而有较低的凝固点时，可使制冷剂的制冷温度范围扩大。

3）应具有较大的单位容积制冷量。单位容积制冷量是指制冷压缩机每输送1 m^3 制冷剂蒸汽（以吸入状态计）经循环从低温环境吸取的热量。

同一制冷系统，选用的制冷剂具有较大的单位容积制冷量，则其制冷量也较大。在同一运行工况下，对于要求的制冷量一定时，单位容积制冷量越大，则系统中的制冷剂循环量越小，相应地可缩小系统的结构尺寸，减少投资费用。

（2）物理特性

1）制冷剂的黏度和密度宜小。制冷剂在系统中的循环流动阻力大小，与其黏度和密度有直接关系。黏度与密度变大时，流动阻力增加，使制冷循环的耗功量增加。

2）制冷剂的导热系数和放热系数应尽量大。为了提高制冷剂在换热器中的传热效果，缩小换热器的结构尺寸，要求制冷剂应具有较大的导热系数和放热系数。

（3）化学特性

1）制冷剂应具有良好的化学稳定性，不燃烧、不爆炸，在高温下不分解、不变质；对系统中所使用的材料应无腐蚀性，即使与油或水混合后，也应没有明显的腐蚀作用和溶胀作用。

2）制冷剂宜有一定的吸水性，以防止因系统内含有少量水分时在低温下造成“冰塞”，而破坏制冷系统的正常运行。

3）与油的互溶性。制冷剂溶解于润滑油的性质应从两方面分析。如果制冷剂与润滑油能任意互溶，润滑油能与制冷剂一起渗到压缩机的各个部件，为机体润滑创造良好条件，在蒸发器和冷凝器的换热面上也不易形成油膜阻碍传热。

但从压缩机带出的油量过多，会使蒸发器中的蒸发温度升高，在蒸发器和冷凝器换热面上形成很难清除的油膜，因而影响了传热。

4）制冷剂应有较好的安全性。制冷剂应对人体健康无损害。常用制冷剂对人体毒害程度由大到小的排列次序是 R717、R22。

（4）电绝缘性能

在全封闭和半封闭式压缩机中，制冷剂和润滑油是直接与电动机的绕组接触的，要求制冷剂和润滑油必须具有良好的电绝缘性能。制冷剂和润滑油电绝缘性能的好坏，一般以其电击穿强度来表示。润滑油的电击穿强度一般要求 10 kV/cm 以上。

必须指出，若制冷剂和润滑油中含有微量杂质，如灰尘、纤维等，均会使其绝缘性能降低。

（5）安全性的要求

由于制冷剂在运行中可能泄漏，故要求工作物质对人身健康无损害、无毒性、无刺激作用。制冷剂的毒性级别是针对制冷剂的化学性质及其在空气中的浓度造成对人体危害程度而言，它取决于空气中制冷剂蒸汽的浓度和人体在其间停留时间的长短。

有些无毒的制冷剂往往也会由于在空气中含量过多，造成缺氧而使人窒息（如 CO_2）。有些制冷剂遇火还会分解产生有毒气体（如光气）。一些制冷剂的毒性数据见表 10—1。

表 10—1　　一些制冷剂的毒性数据

制冷剂	相对毒性级数	引起严重或致命后果的含量及时间	
		容积/%	时间
氨（R717）	2	0.5	30 min
R22	5a	9.5～11.7	2 h

(6) 经济性的要求

制冷剂要能工业化生产，容易获得，并且价格便宜。另外，还应满足对地球生态环境保护的要求。

自从1873年第一台氨蒸汽压缩制冷机问世至今已有一百多年了，在这段时间里，每一种新制冷剂的发现与使用都极大地推动了制冷设备的革新和发展。早期在蒸汽压缩式制冷装置中采用的主要制冷剂是氨（R717），其主要优点是具有良好的热力学特性，但其致命的缺点是毒性较高和有刺激性臭味。

1930年，美国人发现了氟利昂类制冷剂之后，氨制冷剂已逐步被氟类制冷剂所取代，但由于氨具有良好的热力学性能，至今仍在一些大型制冷装置中使用。目前，全世界氟类制冷剂总产量约1 000万吨，据统计，空调用制冷剂约占总产量的1/4。

从20世纪50年代起，各种具有良好特性的共沸溶液制冷剂相继出现，标志着氟类制冷剂的新发展。为了节约能耗，世界各国又相继研制出"非共沸混合制冷剂"，其优点为循环损耗少，可进一步降低功耗。

20世纪70年代，科学家发现氯氟烃类制冷剂对大气臭氧层的破坏，引起了全世界各国的关注。联合国环境署召开了一系列国际会议，采取措施保护大气臭氧层。我国政府承诺2005年停止有氟冰箱的生产和销售。

2. 常用制冷剂

目前使用的制冷剂有很多种，归纳起来可分为无机化合物（水、氨）、卤代烃（氟利昂类）、多元混合溶液（R502）和烃类（碳氢化合物）。

(1) 水（R718）

水无毒、无味，不燃烧、不爆炸，水在一个标准大气压（101 325 Pa）下的汽化（沸腾）温度为100℃，在0℃时结冰，因此，水只能用于吸收式制冷和蒸气式制冷。

(2) 氨（R717）

1）氨（NH_3）在一个标准大气压（101 325 Pa）下的蒸发温度为-33.4℃，使用温度范围是-70～5℃，当冷却水温度达到30℃时，冷凝器中的工作压力一般不超过1.5 MPa。

2）氨的临界温度为132℃。氨的汽化潜热大，在大气压力下为1 164 kJ/kg，单位容积制冷量也大，氨压缩机的尺寸可以较小。

3）纯氨对润滑油无不良影响，但有水分时，会降低冷冻油的润滑作用。

4）纯氨对钢铁无腐蚀作用，但当氨中含有水分时将腐蚀铜和铜合金（磷青铜除外），故在氨制冷系统中对管道及阀件均不采用铜和铜合金。

5）氨的蒸气无色，有强烈的刺激性臭味。氨对人体有较大的毒性，当氨液飞溅到皮肤上时会引起冻伤。当空气中氨蒸气的容积达到0.5%～0.6%时可引起爆炸。故氨制冷机房内空气中氨的浓度不得超过0.02 mg/L。

6）氨在常温下不易燃烧，但加热至350℃时，则分解为氮和氢气，氢气与空气中的氧气混合后会发生爆炸。

(3) 氟利昂

氟利昂是饱和烃类（碳氢化合物）的卤族衍生物的总称。它是一种透明、无味、无毒、不易燃烧爆炸和化学性稳定的制冷剂。不同的化学组成和结构的氟利昂制冷剂热力学性质相差很大，可适应不同制冷温度的要求。

氟利昂对水的溶解度小，制冷装置中进入水分后会产生酸性物质，并容易造成低温系统的"冰堵"，堵塞节流阀或管道。另外，水分还能使氟利昂发生水解而产生酸，使制冷系统内发生"镀铜"现象。

氟利昂与天然橡胶起作用，其装置中应采用丁腈橡胶作垫片或密封圈。

氟利昂一般是易溶于冷冻油的，但在高温时，氟利昂就会从冷冻油内分解出来。所以在大型冷水机组中的油箱里都有加热器，保持在一定的温度来防止氟利昂的溶解。

氟利昂虽然以其无毒无臭、不燃不爆、稳定性好、对设备有良好的润滑作用而成为制冷工业应用广泛的制冷剂，但是，氟利昂有其致命的缺点，它是一种"温室效应气体"，温室效应值比二氧化碳大 1 700 倍，更危险的是它会破坏大气层中的臭氧。

由于氟利昂对臭氧层的破坏，科学家甚至在地球两极的上空发现了臭氧空洞。所以，1990 年《蒙特利尔议定书》规定，世界各国要逐渐停止氟利昂的生产和排放。现在各国都在寻找氟利昂的替代产品，这些产品因符合环保要求而被称做"绿色环保制冷剂"。要找到既符合环保要求又具有实际使用性能的替代产品是一件很困难的事情，目前替代的产品有 R134a、R152a 等。

在《蒙特利尔议定书》中 R22 被限定 2020 年淘汰，R123 被限定 2030 年淘汰，发展中国家可以推迟 10 年。虽然 R134a、R125、R407C、R410A、R152 等制冷剂对大气臭氧层没有破坏能力，但是气候变暖潜能值很高。

目前所使用的制冷剂全部都是氟利昂制品。从氟利昂的定义可以看出，现在人们所说的非氟利昂的 R134a、R410A 及 R407C 等其实都是氟利昂，非氟利昂制冷剂到目前为止还没有研发出来。在新的制冷剂研发出来之前，人们所要解决的是制冷系统选用的制冷剂对人们赖以生存的环境造成的破坏力相对小一些。

下面对目前使用的几种氟利昂类制冷剂作一简单概述。

1）制冷剂 R22。R22 是制冷剂中应用较多的一种，主要在家用空调和低温冰箱中采用。R22 的热力学性能与氨相近。标准汽化温度为 -40.8℃，通常冷凝压力不超过 1.6 MPa。R22 不燃不爆，使用中比氨安全可靠。R22 的单位容积比 R12 约高 60%，其低温时单位容积制冷量和饱和压力均高于 R12 和氨。近年来大型空调冷水机组的冷媒大都采用 R134a 代替。

2）制冷剂 R134a。R134a 是目前使用最普遍的一种新型制冷剂。R134a 的温室效应很低，对大气臭氧层没有破坏作用，是环保型制冷剂。

R134a 的标准蒸发温度为 -26.5℃，凝固温度为 -96.6℃。无色、无味、毒性小、不燃烧、不爆炸，对人体的生理危害小。

R134a 是部分卤化物，化学性质不如全卤化的碳氢化合物，其氟原子的负电极易发生水解去卤化反应，所以制冷系统中对含水量的要求较严。R134a 要求使用脂类润滑油或合成油多元醇，对金属件有腐蚀性。

3）R410A 制冷剂。R410A 制冷剂是一种不含氯的氟代烷非共沸混合制冷剂，具有清洁、低毒、不燃、制冷效果好、不破坏大气臭氧层等特点，大量应用于家用空调、小型商用空调、户式中央空调等。与 R410A 制冷剂性质相似的制冷剂还有 R407C、R417A、R404A、R507A 等。

另外，制冷剂 R600 也是一种新的环保制冷介质，制冷效果比 R134 好，但由于 R600 是一种易燃易爆物质，对压缩机工艺上要求较高，一般在制冷设备中使用较少。如用 R134 制冷剂来替代 R600，制冷效果会下降，压缩机的耗电量也会明显增加。

（4）烃类（碳氢化合物）制冷剂

烃类制冷剂有烷烃类制冷剂（甲烷、乙烷），链烯烃类制冷剂（乙烯、丙烯）等。从经济观点看是出色的制冷剂，但易燃烧，安全性差，常用于石油化学工业。

3. 制冷剂的储藏

制冷剂一般装在专用的钢瓶中，钢瓶应定期进行耐压试验。装存不同制冷剂的钢瓶不要互相调换使用，切勿将存有制冷剂的钢瓶置于阳光下暴晒和靠近高温处，以免引起爆炸。

制冷剂钢瓶涂有不同的颜色。一般氨瓶漆成黄色，氟利昂漆成银灰色，并在瓶表面标有装存制冷剂的名称。氟利昂 R11 和 R113 则不用瓶装，而用铁桶盛储。如图 10—2 所示为制冷剂钢瓶。

图 10—2　储存制冷剂的钢瓶

4. 制冷剂的更换

制冷剂种类虽多，由于性质各不相同，故适用于不同的情况。一台制冷机若改用制冷剂后，制冷循环的制冷量就会发生相应的变化。改用制冷剂后，还要考虑以下几个问题。

（1）改用的制冷剂不能对制冷压缩机或设备材料有腐蚀。

（2）改用制冷剂时，应更换相应的润滑油。

（3）改用制冷剂后，制冷压缩机结构也要做相应的考虑。

（4）改用制冷剂时，应校核匹配电动机的功率，应校核冷凝器、节流器、蒸发器的负荷，改换相应的种类、型号规格等；应相应改换制冷压缩机的密封结构与密封材料等。

（5）改用制冷剂时，应考虑制冷压缩机和设备的强度，以及制冷压缩机运动部件的受力情况。

二、载冷剂

实际工作中，通常需用制冷机组间接冷却被冷却物，或者将制冷机组产生的冷量远距离输送，这时，均需要一种中间物质在蒸发器内被冷却降温，然后再用它冷却被冷却物，这种中间物质称为载冷剂。

在空气调节中，用冷水机组提供的冷冻水冷却空气就是间接冷却的例子。

采用间接冷却方式的优点是可以减小制冷机系统的容积，因而可以减小制冷剂的充灌量；因载冷剂的热容量较大，被冷却对象的温度易于保持恒定。缺点是系统比较复杂，增大了被冷却物体与制冷剂之间的温度差。

1. 载冷剂的选用

载冷剂是传递冷量的中间媒介物，又称冷媒。载冷剂的物理化学性质应尽可能满足下列要求。

（1）比热容要大。比热容小，会使循环量增大，导致配管直径及泵均变大，功率增加。而载冷剂浓度越大，比热容越小，传热面积越小。

（2）导热系数要大。导热系数的大小直接影响到冷却器的传热面积。导热系数越大，则导热越好。

（3）密度小，黏度小。可以减少流动阻力。

（4）凝固温度要低，挥发性要小。在使用的温度范围内，应不会凝固和汽化。载冷剂的冰点必须低于使用温度（至少低5～8℃），以免结冰而损坏设备。

（5）腐蚀性要小。载冷剂对金属应无腐蚀性。

（6）不易燃烧。

（7）载冷剂应无毒，与食品直接接触时，应不致污染或腐蚀食品。

（8）来源充足，价格低廉。

2. 常用载冷剂

常用的载冷剂主要有空气、水、盐水和有机物。

（1）空气

空气作为载冷剂在通风空调中多有采用。空气的比热容较小，所需传热面积较大。

（2）水

水作为载冷剂只适用于载冷温度0℃以上的场合。通风空调系统经常采用。水在蒸发器中得到冷却，然后进入风机盘管内或直接喷入空气，对空气进行温、湿度调节。

（3）盐水溶液

在0℃以下的温度系统中，都采用盐类水溶液作为载冷剂，常用氯化钠（$NaCl$）、氯化钙（$CaCl_2$）和氯化镁（$MgCl_2$）等配制成的盐水溶液。

盐水溶液的性质取决于溶液中盐的浓度。盐水的凝固点在一定温度下，随着溶液中盐浓度的变化而变化。盐水的浓度越大，其凝固点越低。

氯化钙盐水的浓度在29.4%时，其凝固点可达－50.1℃，但为防止结晶，实际使用最低温度不低于－43℃；氯化钠盐水最低温度为－22℃，实际使用最低温度不低于－18℃。

制冷系统中配制盐水溶液浓度应当考虑以下几点。

1）盐水浓度越大，盐水密度就越大，流动阻力也越大，而热容量却越小。这样为了传递同样的热量，就得增加更多的盐水循环量。为此，盐水浓度大时，会增加功耗。

2）为了保证蒸发器中盐水不含冰，要求盐水的凝固点应低于蒸发温度。一般在选择盐水浓度时，应使其凝固点比制冷剂的蒸发温度低6～8℃，且此时的浓度应低于共晶点浓度（盐水溶液的最大浓度）。

例如，氯化钠盐水的共晶点温度为－21.2℃，蒸发温度高于－16℃时才能采用；氯化钙盐水的共晶点温度为－55℃，蒸发温度高于－50℃时才能采用。

3）制冷装置在工作中，由于盐水会不断吸收空气中的水分，使浓度下降，凝固点升高，因此，必须定时向盐水中添加盐，以维持所要求的浓度。一般用密度计测定盐水的浓度。

4）盐水作为载冷剂的最大缺点是对金属有强烈的腐蚀作用，因此，防腐是盐水系统的突出问题。实践证明，金属被腐蚀与盐水中含氧量的多少有很大关系。含氧量越高，腐蚀性越强。

盐水中的氧主要来自空气，为了减少含氧量，一般采用闭式盐水系统，使之减少与空气接触。目前为了减少腐蚀，在盐水中加入一定量的防腐剂。

盐水中防腐剂一般采用含氢氧化钠（NaOH）的重铬酸钠（$Na_2Cr_2O_2$）。必须注意，重铬酸钠对人体皮肤有腐蚀，调配溶液时应多加小心。防腐剂使用量见表10—2。

表10—2　防腐剂使用量

$CaCl_2$ 溶液		NaCl 溶液	
盐水密度/（kg/L）	每100 kg $CaCl_2$（73%）应用重铬酸钠/kg	盐水密度/（kg/L）	每100 kgNaCl 应用重铬酸钠/kg
1.160	0.695	1.118	1.79
1.169	0.656	1.126	1.67
1.179	0.621	1.134	1.57
1.188	0.587	1.142	1.47
1.198	0.556	1.150	1.39
1.208	0.528	1.158	1.32
1.218	0.502	1.166	1.24
1.229	0.478	1.175	1.18
1.239	0.455		
1.250	0.453		

（4）有机载冷剂

有机载冷剂主要有甲醇、乙醇、乙二醇、丙二醇的水溶液，以及二氯甲烷、一氯三氟甲烷、三氯乙烯等有机物溶液。

有机载冷剂的沸点较低，具有较低的凝固点，载冷系统一般都采用封闭系统循环。

三、冷冻机油

制冷压缩机中用的润滑油又称冷冻机油。它主要用于活塞环和气缸之间的润滑，减少零件的磨损。小型制冷压缩机采用飞溅润滑，大中型压缩机采用压力润滑，设置专门的压力润滑系统。

1. 冷冻机油的要求

冷冻机油是保证压缩机高速、长期、安全、有效运行的关键，必须满足以下的要求。

（1）凝固点要低。

（2）润滑性能好。

（3）发火点要高，要有良好的抗氧化稳定性，即在高温下不氧化、不分解、不出现结胶及结炭现象。

（4）要具有适当的黏度，受温度变化的影响要小。

（5）与制冷剂分离性要好，不产生化学反应，对其他材料也不产生化学作用。

（6）抗乳化性要强，不易挥发。

（7）不含水及酸之类的杂质，电气绝缘性能好。

（8）油膜强度要高。

（9）热稳定性好，冷冻机油在低温状态下不固化。由于油本身固有的特性，黏度高、热稳定性好的品种，低温性能就比较差。实际选用时应以低温性能为主，适当考虑热稳定性的影响。

2. 冷冻机油的选用

目前，制冷机普遍选用的国产润滑油有13号冷冻机油、18号冷冻机油、25号冷冻机油三种（见表10—3）。氨制冷压缩机一般选用13号冷冻机油，R22压缩机多选用25号冷冻机油。进口制冷压缩机的储备冷冻机油用完后，可以根据制冷剂的种类选用国产冷冻机油代替。

表10—3　　　　国产润滑油的牌号与性能

牌号		13号冷冻油	18号冷冻油	25号冷冻油
运动黏度（50℃）	不大于	11.5～114.5	18	25.4
酸值KOH（mg/g）	不大于	0.10	0.03	0.02
灰分（%）	不大于	0.01	0.01	0.01
腐蚀（钢片、铜片，100℃，3 h）		合格	合格	合格

续表

牌号		13 号冷冻油	18 号冷冻油	25 号冷冻油
水溶液中的酸和碱		无	无	无
机械杂质（%）		无	无	无
水分（%）		无	无	无
闪点（开口）（℃）	不低于	160	160	170
凝固点（℃）	不高于	-40	-40	-40
抗氧化稳定性				
氧化后沉淀物（%）	不大于	—	0.005	—
氧化后酸值	不大于	—	0.05	—
浊点（℃）	不高于	—	-28	—

复习思考题

1. 什么是制冷剂？其代号是什么？常用制冷剂有哪些种类？
2. 制冷剂 R134a 有哪些特点？
3. 什么是载冷剂？常用载冷剂有哪些种类？家用空调器的载冷剂是什么？
4. 用盐水作为载冷剂时应注意什么？
5. 冷冻机油有哪几种？

第二节　蒸汽压缩式制冷

学习目标

1. 掌握蒸汽压缩式制冷的基本原理及主要设备的作用。
2. 熟悉单级蒸汽压缩式制冷循环的工况分析。
3. 掌握常用节流元件的种类、构造及其特点。
4. 了解多级蒸汽压缩式制冷的循环过程。
5. 了解蒸汽压缩式制冷循环的热力计算。

思考：制冷设备中的工作物质是什么？冷量是靠什么物质传递的？

根据热力学第二定律，人工制冷装置的作用就是在消耗一定机械功或热能的条件下，将热量被动地从低温物质（被冷冻物质）转移到高温物质中去，从而将被冷却系统的温度降低到低于周围介质的温度并维持此低温。

制冷压缩机是怎样消耗机械能把低温物质的热量传递给高温物质的呢?

蒸汽压缩式制冷是目前应用最广泛的一种制冷方式，按所要求达到的制冷温度不同，可采用单级压缩、双级压缩及复叠式压缩制冷循环。

一、单级蒸汽压缩式制冷

1. 单级蒸汽压缩式制冷理论循环的组成

单级蒸汽压缩制冷理论循环原理如图10—3所示，主要是由制冷压缩机、冷凝器、节流阀（膨胀阀或毛细管）及蒸发器四个最基本部件组成的一个由管道互相连接而又密闭的系统，系统工作时制冷剂沿一定的方向在系统内不断循环流动。

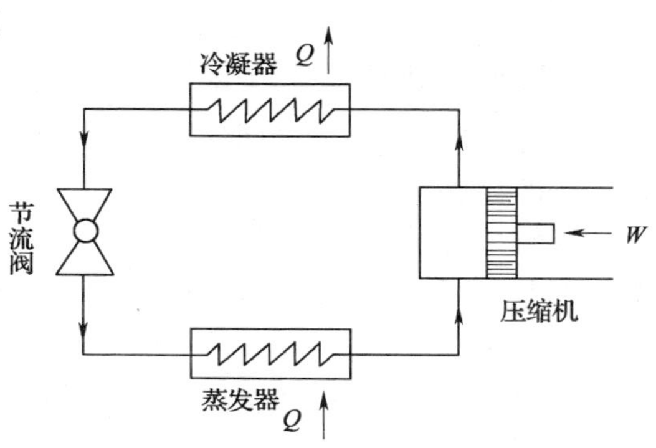

图10—3　单级蒸汽压缩制冷原理

单级蒸汽压缩制冷理论循环工作过程：制冷压缩机从蒸发器吸入低压、低温制冷剂蒸汽，经过压缩机压缩使其压力和温度升高后排入冷凝器；在冷凝器中制冷蒸汽的压力不变，放出热量而被冷凝成高压液体，高压液体制冷剂经节流装置，压力和温度同时降低进入蒸发器；低压、低温制冷剂气液混合物在蒸发器内压力不变，不断吸热（即制冷），蒸汽被压缩机吸走。这样制冷剂便在系统内经过压缩、冷凝、节流和蒸发四个过程完成了一个制冷循环。

要利用制冷机实现连续制冷的目的，制冷系统必须具备上述四个基本部件以促使制冷剂循环并产生制冷剂的状态变化（即制冷剂在蒸发器中吸热汽化，在压缩机中受压缩使其压力和温度均升高），同时由于压缩机的吸气与排气作用促使制冷剂在系统内不断流动循环。

制冷剂在冷凝器中放热而冷凝为高压液体；节流装置使高压液体制冷剂节流降压为低温的湿蒸汽，并不断流入蒸发器中吸热蒸发，如此反复循环，达到人工制冷的目的。

根据热力学第二定律，驱动压缩机所消耗的功起了补偿作用，使制冷剂不断从低温物体（冷藏物品）中吸热使之降温，并向高温物体（空气或水）放热，从而实现了制冷循环。

2. 单级蒸汽压缩式制冷理论循环的假设条件

理论制冷循环是不同于实际制冷循环的，它只是一种理想模型。为了便于分析和研究制冷循环，理论循环提出以下假设。

（1）离开蒸发器和进入压缩机的制冷剂蒸汽是蒸发压力 p_0 下的干饱和蒸汽。

（2）离开冷凝器和进入节流元件的液体是冷凝器压力 p_k 下的饱和液体。

(3) 蒸汽受压缩过程与外界既没有热交换，也没有任何摩擦，为等熵压缩过程。

(4) 制冷剂节流前后焓值相等，制冷剂在冷凝器与蒸发器中流动时没有压力损失，为等压过程。

(5) 制冷剂在各部件之间的连接管道中流动时无压力损失与热交换，即不发生状态变化。

(6) 制冷剂的冷凝温度 t_K 等于外界环境温度，蒸发温度 t_0 等于冷藏室内温度。

显然，上述假设条件与实际制冷循环是有区别的，但这一假设能使实际制冷循环中的许多问题简单化，从而使复杂的实际制冷循环能利用热力学方法来进行分析和研究。

3. 单级蒸汽压缩式制冷理论循环过程在压焓图上的表示

表示制冷剂状态参数的图线有几种，由于定压过程的吸热量、放热量以及绝热压缩过程压缩机的耗功量都可用过程初、终状态的比焓计算，所以，进行制冷循环的热力计算时，常采用压焓图进行计算。压焓图的纵坐标是压力，为了使低压部分表示得清楚，采用对数坐标，即 lg*p*；横坐标是比焓，图上画有等压线、等温线、等比焓线、等比熵线、等比体积线和等干度线，箭头表示各参数值增加的方向。

单级蒸汽压缩制冷理论循环在压焓图上的表示如图 10—4 所示。

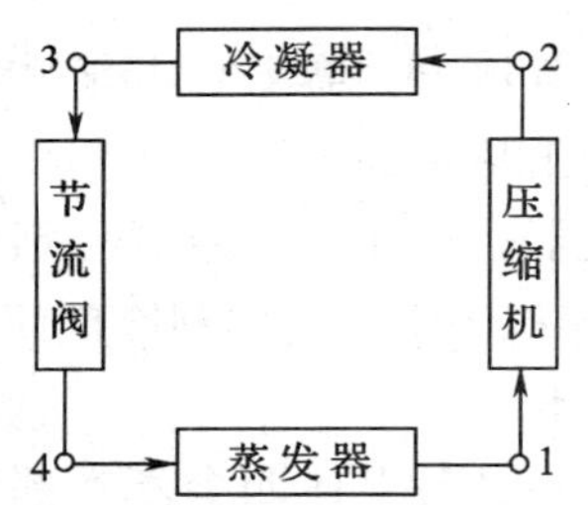

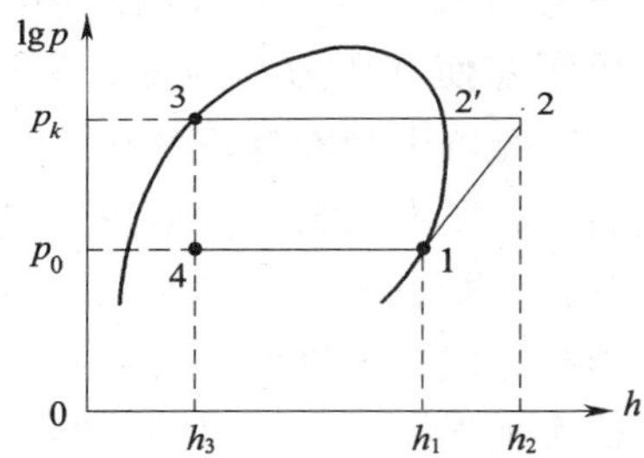

图 10—4　单级蒸汽制冷理论循环 lg*p*—*h* 图

点 1：制冷剂进入压缩机状态。该点位于等压线 p_0 与干饱和蒸汽线（即 x = 1 的等干度线）的交点。

点 2：制冷剂排出压缩机、进入冷凝器的状态过程。1—2 表示制冷蒸汽在压缩机中的等熵压缩过程。点 2 位于等压线 p_k 和过点 1 的等熵线的交点，处于过热蒸汽状态。

点 3：制冷剂排出冷凝器冷凝成饱和液体状态。过程 2—2′—3 表示制冷剂在冷凝器内的冷却（2—2′）和冷凝（2′—3）过程，且是等压过程。

制冷剂过热蒸汽进入冷凝器后先冷却成饱和蒸汽（2—2′），然后在温度不变的情况下冷凝成饱和液体（2′—3）。所以，点 3 位于等压线 p_k 与 $x=0$ 的饱和液体线的交点。

点 4：制冷剂排出节流阀进入蒸发器的状态。过程 3—4 为节流过程，制冷剂焓值不变，压力由 p_k 降到 p_0，温度由 t_k 降到 t_0，液态制冷剂部分汽化，进入两相区。所以点 4 是等压线 p_0 与过点 3 的等焓线的交点。由于节流过程是不可逆过程，所以用虚线表示。

过程 4—1 表示制冷剂在蒸发器中是在等温等压下进行的汽化过程，制冷剂的状态沿等压线 p_0 向干度增大的方向变化，直到全部变为干饱和蒸汽为止。这时制冷剂的状态又重新进入压缩机的状态 1，从而完成一个完整的理论循环。

4. 蒸汽压缩式制冷理论循环的热力学性能分析

对单级蒸汽压缩式制冷的理论循环，其热力计算一般包括以下各项。

(1) 制冷剂单位质量的制冷量 q_0

在制冷过程中，每 1 kg 制冷剂在蒸发器内从被冷却环境内所吸取的热量，称为制冷剂的单位质量制冷量，以 q_0 表示，单位为 kJ/kg。

从图 10—4 可以看出，q_0 等于制冷剂流出与进入蒸发器时所对应状态的焓值之差：

$$q_0 = h_1 - h_4 (\text{kJ/kg})$$

q_0的大小与制冷剂的种类，以及制冷剂的工作压力、温度条件有关。

(2) 制冷剂单位容积的制冷量 q_v

压缩机每吸入 1 m^3 的制冷剂蒸汽在蒸发器中的制冷量称为单位容积制冷量，用 q_v 表示，单位为 kJ/m^3。它由单位制冷量 q_0 及吸气比体积 v_1 求出：

$$q_v = \frac{q_0}{\boldsymbol{v}_1} (\text{kJ/m}^3)$$

q_v的数值与蒸发温度及节流前的温度有关，q_v的数值是一个重要的技术指标，当总的制冷量给定时，q_v越大，表明所需压缩机的体积越小。

(3) 制冷系统的总制冷量 Q_0

总制冷量 Q_0是指单位时间里制冷剂在蒸发器中所吸取的总热量，其单位为 kJ/s 或 kJ/h。Q_0与 q_0、q_v间的关系为：

$$Q_0 = mq_0$$

$$Q_0 = Vq_v$$

V 为单位时间里制冷剂的容积流量，而 v_1 是指对应于压缩机吸气状态下的容积流量，V 的单位为 m^3/s 或 m^3/h。

$$V = q_m \boldsymbol{v}_1$$

其中，q_m为单位时间制冷剂流量，单位为 kg/s 或 kg/h；Q_0的大小与 V 和 q_0有关，前者取决于压缩机的尺寸和转速，后者则取决于制冷剂的种类与工作压力的条件。当 Q_0确定之后，q_v越大，则所需的压缩机排气量越小。

(4) 压缩机的单位理论功耗量 W_0

压缩机按等熵过程每压缩 1 kg 制冷剂所消耗的功，叫做单位理论质量的功耗量，在理论循环中用符号 W_0表示，单位是 kJ/kg。在等熵压缩过程中，压缩机所耗的功，等于制冷剂被压缩终了状态的焓值减去被压缩前状态下的焓值，对应于图 10—4，即为

$$w_0 = h_2 - h_1$$

(5) 制冷系数 ε_0

制冷剂单位质量的制冷量与单位理论功耗量之比，叫做循环制冷系数。理论制冷系数用符号 ε_0表示，于是有：

$$\varepsilon_0 = \frac{q_0}{w_0}$$

显然，ε_0的大小表示每消耗一定的功量所能制取制冷量的多少，ε_0值越大，则系统的经济性能就越好，因此，ε_0是制冷机的重要技术经济指标，它的大小表示了一个制冷系统的制冷完善程度。

（6）冷凝器的单位热负荷 q_k

q_k表示 1 kg 制冷剂在冷凝器中所放出的热量。由图 9—4 可知，1 kg 制冷剂放出的热量等于制冷剂流入与流出冷凝器时的焓值之差，即：

$$q_k = h_2 - h_3$$

由于 $h_2 - h_3 = (h_2 - h_1) + (h_1 - h_3)$，而从图 10—4 可知：$h_2 - h_1 = w_0$，$h_1 - h_3 = q_0$，因此有：

$$q_k = w_0 + q_0$$

上式表明，在理论制冷循环中，制冷剂在冷凝器中所放出的热量，等于它从蒸发器中所吸收的热量与受等熵压缩时压缩耗功所相当的热量之总和。或者说，在理论循环中，当制冷剂在系统内是处于稳定流动状态时，整个系统的热量转换关系是处于平衡状态的。

【例题 10—1】 有单级压缩蒸汽制冷理论循环的制冷量 Q_0为 5.5 kW，蒸发温度 $t_0 = -10℃$，冷凝温度 $t_k = 35℃$，制冷剂为 R22，试对该循环进行热力计算。

【解】 先利用 R22 的 lg$p$—h 图确定各状态点，如图 10—5 所示，并查出有关状态参数见表 10—4。

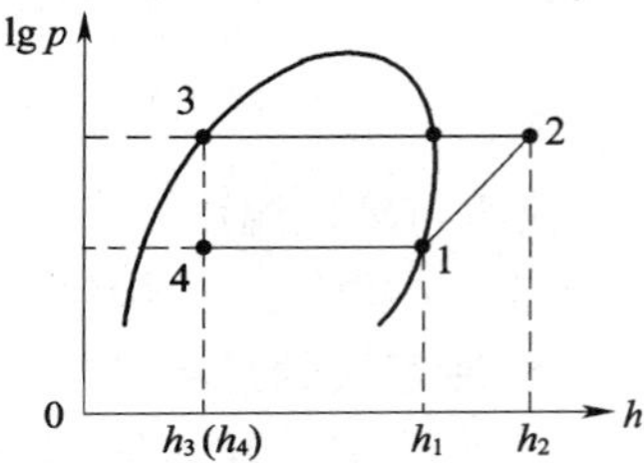

图 10—5　制冷理论循环 lg$p$—h 图

表 10—4　　R22 的 lg$p$—h

状态点	p/（$\times 10^5$ Pa）	t/℃	h/（kJ/kg）	v/（m^3/kg）
1	3.543	-10	401.55	0.065 3
2	13.548	57	435.2	
3	13.548	35	243.11	
4	3.543	-10	243.11	

单位质量制冷量

$$q_0 = h_1 - h_4 = 401.55 - 243.11 = 158.44 \text{ kJ/kg}$$

单位容积制冷量

$$q_v = \frac{q_0}{v_1} = \frac{158.44}{0.065\ 3} = 2\ 426 \text{ kJ/m}^3$$

单位理论功

$$w_0 = h_2 - h_1 = 435.2 - 401.55 = 33.65 \text{ kJ/kg}$$

制冷系数

$$\varepsilon_0 = \frac{q_0}{w_0} = \frac{158.44}{33.65} = 4.71$$

冷凝器的单位热负荷

$$q_k = h_2 - h_3 = 435.2 - 243.11 = 192.09 \text{ kJ/kg}$$

5. 实际循环和理论循环的差别

理论循环是指满足一些假设条件下的理想化循环，它与实际循环之间有较大的区别。因为实际制冷循环中存在着多方面的损失，与理论循环相比，其差别主要有以下几点。

（1）实际吸气过程中吸气管路及阀门存在摩擦阻力，因此，从蒸发压力到吸气压力有一个压力降；低温蒸汽进入汽缸时要吸收汽缸壁的热量，使比体积增大，因而实际吸气量比理想情况减少。

（2）实际的压缩过程不是绝热过程，压缩开始时是从汽缸壁吸热，而压缩终止时将对汽缸壁放热，因此，实际压缩过程比较复杂。

（3）实际排气过程要克服阀门开启弹簧力、阀门和管路的摩擦阻力，因此，排气压力高于冷凝压力。

（4）实际的冷凝和蒸发过程除了存在流动阻力外，还必然有传热温差，因此，也不是可逆过程。

（5）压缩机汽缸不能做成理想状态，即压缩过程终止时不能使全部被压缩气体排出汽缸，总有一部分残留在余隙里，其结果也会减少吸气量。

某些制冷系统为了保证蒸发器出口为干饱和蒸汽或过热蒸汽，通常采用回热方式的循环，图10—6所示为单级压缩回热循环的原理图。

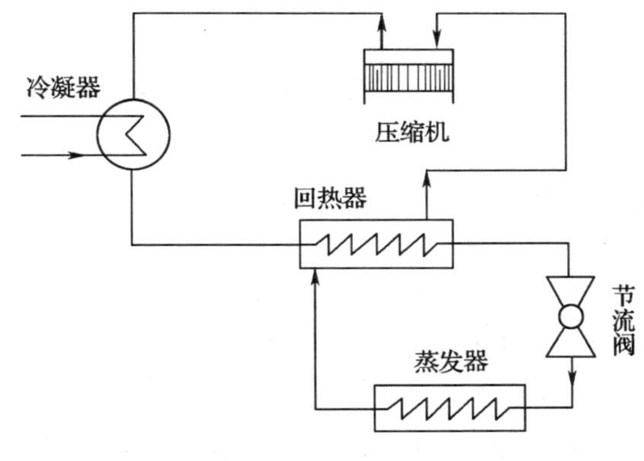

图10—6 回热制冷系统原理

通过对实际循环和理论循环运行的分析，实际循环与理论循环相比有较大的偏离。两循环制冷量基本相同，但实际循环的制冷系数低于理论循环值。

6. 工况及制冷剂变化对循环的影响

(1) 蒸汽过热

制冷剂在蒸发器中不一定能全部汽化，从蒸发器流出的制冷剂可能是湿蒸汽，干饱和蒸汽流经吸气管道时，在压缩蒸汽的同时还会压缩液态制冷剂，以致产生强烈的冲击波而造成液击冲缸事故，使机件遭受破坏。如果使制冷剂吸收管周围环境的热量，造成实际上呈稍过热状态，便可避免事故的发生。

(2) 液体过冷

如果设法使冷凝器得到的制冷剂液体在节流前继续定压放热，使之降低温度变成过冷液体（温度低于饱和温度的液体），可以减少节流过程中产生的蒸发性气体量，从而减少节流损失，提高单位质量的制冷量。

(3) 回热循环

在制冷系统中增设回热器，使节流前的高温冷凝液与来自蒸发器的低温蒸汽交换热量，则既可使冷凝液有较大的过冷度，又可使从蒸发器流出的蒸汽中混有的少量制冷剂液珠因吸热而汽化，并使蒸汽进入压缩机前呈稍过热状态，从而保证压缩机做干压缩。这种增设回热器的循环称为回热循环。

(4) 蒸发和冷凝温度变化对制冷量的影响

1）蒸发温度变化对制冷量的影响。通过分析，蒸发温度降低后，制冷机的制冷量降低，引起制冷系数下降；如果蒸发温度提高，则对循环的影响刚好相反。因此，在运行中只要能满足被冷冻物品的温度要求即可，不宜随意将蒸发温度调得太低，以保证获得较好的经济性能。

2）冷凝温度变化对制冷量的影响。由以上的分析可知，当冷凝温度升高时，冷凝压力随之升高，功率增大，制冷系数降低；当冷凝温度降低时，变化情况则相反。实际中应保持尽可能低的冷凝温度。降低冷凝温度可以提高制冷系数，但是冷凝温度的降低要受到环境温度的限制。

(5) 制冷剂对制冷的影响

在同一运行工况下，采用不同的制冷剂（如 R22 和 R12），由于前者的 q_v 值比后者大得多，故同一台压缩机由 R12 改用 R22 后，V_h 值不变，λ 值变化不大，可视为常数，Q_0将随着 q_v的增加而增大。因此，当压缩机由 R12 改用 R22 时，其制冷量可增大 55% ~65%。

(6) 工况

单级制冷压缩机的制冷量、轴功率和制冷系数，都是随其工作温度而变化的，故在说明制冷机的性能时，必须同时指明其工作温度。为了能在共同的工作条件下说明制冷机的性能，进行不同类型制冷机的性能比较和试验考核，国家对制冷机提出了工况的规定。

所谓工况，是指制冷机运转的温度条件。对于单级压缩制冷机，主要是指冷凝温度和蒸发温度，同时也包括节流前液体的温度和压缩机的吸气温度。有关国家制冷标准工况可查阅相关手册。

必须指出，国家制冷标准工况是用来考核压缩机的各项技术经济指标的，并不意味着压缩机只能在标准工况下运行使用。实际上压缩机只要符合标准规定的“压缩机设计、使用条件”范围，均可按需要在各种工况下运行。

二、两级蒸汽压缩式制冷循环

1. 采用两级蒸汽压缩式循环的原因

对于单级压缩循环，当需要制取较低温度时（如 -40℃以下）或采用较大的压缩比时，会存在以下一些问题。

(1) 排气温度升高，使润滑油变稀。

（2）吸气过热及反膨胀过程加剧，使压缩机的输气系数急剧减小。

（3）实际压缩过程偏离等熵过程的程度增大，使压缩机的效率降低。

因此，活塞式压缩机的压缩比不宜过大，其压缩比一般为 8～10。在这样的情况下，对于常用的中温制冷剂，单级活塞式制冷机的蒸发温度最低只能达到 -40℃。对于单级螺杆式压缩机压缩比也是有限制的。限制因素主要是排气温度、内泄漏和压缩机的效率。

为了达到比较低的蒸发温度，需要采用多级压缩与复叠式制冷机，其蒸发温度取决于所能保持的蒸发压力，是利用制冷剂液体在低压力下的蒸发过程制冷。单级压缩制冷机能达到的最低蒸发温度，取决于冷凝温度（它决定冷凝压力）及单级压缩机的最大压缩比。冷凝温度取决于环境介质（水或空气）的温度（30～55℃），单级压缩机的最大压缩比则取决于压缩机的类型。

因此，应用活塞式或螺杆式压缩机时，为了获得 -40℃以下的低温，就得采用多级压缩或复叠式制冷机。

两级蒸汽压缩式制冷循环有各种形式，这里主要介绍一次节流中间完全冷却两级压缩制冷循环。

2. 一次节流中间完全冷却两级压缩制冷循环

一次节流中间完全冷却两级压缩制冷循环原理如图 10—7 所示。

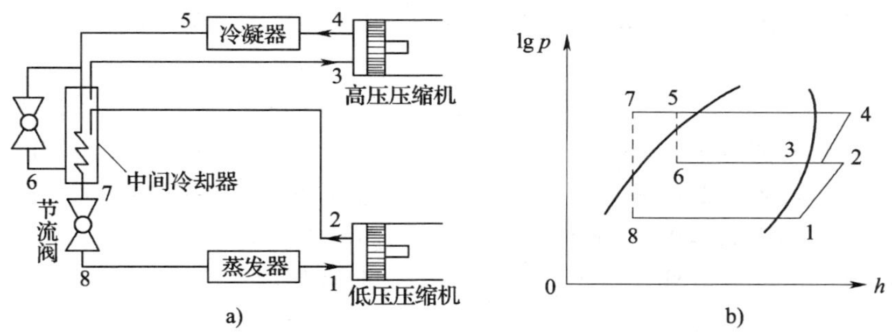

图 10—7　一次节流中间完全冷却两级压缩制冷循环原理图和 lg$p$—h 图

a）系统原理图　b）lg$p$—h 图

其制冷循环过程如下。

在蒸发器中产生的低压蒸汽，首先在低压压缩机中，由蒸发压力 p_0 压缩到中间压力 p_m，进入中间冷却器，在其中被液体制冷剂蒸发冷却到与中间压力相对应的饱和温度 t_m，再进入高压压缩机进一步压缩到冷凝压力 p_k，然后进入冷凝器被冷凝成液体。

由冷凝器出来的液体分为两路：一路流经中间冷却器内盘管，在管内因盘管外液体的蒸发而得到冷却（过冷），再经节流阀节流到蒸发压力 p_0，在蒸发器中蒸发，制取冷量；另一路经节流阀节流到中间压力 p_m，进入中间冷却器，节流后的液体在中间冷却器内蒸发，冷却低压压缩机的排气和盘管内的高压液体，节流后产生的部分蒸汽和液体蒸发产生的蒸汽随同低压压缩机的排气一同进入高压压缩机中，压缩到冷凝压力后排入冷凝器。循环就这样周而复始地进行。

进入蒸发器的这一部分高压液体在节流前先在盘管内进一步冷却，可以使节流过程产生的无效蒸汽量（即干度）减少，从而使单位制冷量增大。

从循环的工作过程可以看出，与单级压缩制冷循环比较，它不仅增加了一台压缩机，而且还增加了中间冷却器和一只节流阀，且高压级的制冷剂流量因加上了在中间冷却器内产生的蒸汽而大于低压级的制冷剂流量。

三、复叠式制冷循环

1. 采用复叠式制冷循环的原因

采用两级或多级制冷循环可以获得较低的蒸发温度，虽然可以解决压缩比过大的问题，但是由于工作物质物理性能给制冷系统带来许多问题，如果要求获得更低的蒸发温度（-130～-80℃），则更为困难。

（1）过低的蒸发温度已达制冷剂的凝固温度，从而使其失去流动循环制冷的作用。例如，氨的凝固温度为-77.7℃，当要求蒸发温度小于-77.7℃时，就开始凝固。

（2）R22 在-80℃时，其蒸发压力已低于 0.01 MPa。当压缩机吸气时，过低的蒸发压力可能无法克服吸气阀片的弹簧力，使压缩机失去正常吸气的功能。并且低蒸发温度相对应的蒸发压力也很低，过低的蒸发压力使得空气非常容易渗入系统，破坏系统的制冷循环。

（3）过低的蒸发压力使蒸汽比体积增大，导致制冷剂的流量减小，系统制冷量随之大为下降。为了获得所需冷量，必须加大汽缸容积，使得压缩机体积庞大且功耗增加。

虽然可以采用具有较低凝固温度的制冷剂，但在蒸发压力提高的同时，冷凝压力也同时提高，以至于冷凝压力接近工作物质的临界压力而不能冷凝液化。

低温制冷剂的冷凝温度要求较低，但用一般的水冷和空气冷已无法凝结成液体，必须用一种人工冷源来冷凝低温制冷剂，从而出现了同时采用两种制冷剂的制冷系统。为克服多级压缩制冷循环无法解决的困难，就出现了复叠式制冷循环。

复叠式制冷循环是用两种或两种以上不同的制冷剂，分别组成两个或两个以上相互独立的单级（或两级）压缩制冷循环，并把它们组合成一个系统。这样的复叠制冷循环系统可获得-130～-60℃的低温。

2. 复叠式制冷循环

复叠式制冷机可以具有各种不同的具体形式，下面以二元复叠式单级压缩制冷系统为例，说明其组成及工作过程。

二元复叠式单级压缩制冷系统原理如图 10—8 所示。它由两个单独的制冷系统组成，分别称为高温级及低温级部分。高温级部分使用中温制冷剂，低温级部分使用低温制冷剂。高温级部分系统中制冷剂的蒸发是用于使低温级部分系统中制冷剂冷凝，用一个冷凝蒸发器将两部分连接起来，它既是高温级部分的蒸发器，又是低温级部分的冷凝器。低温级部

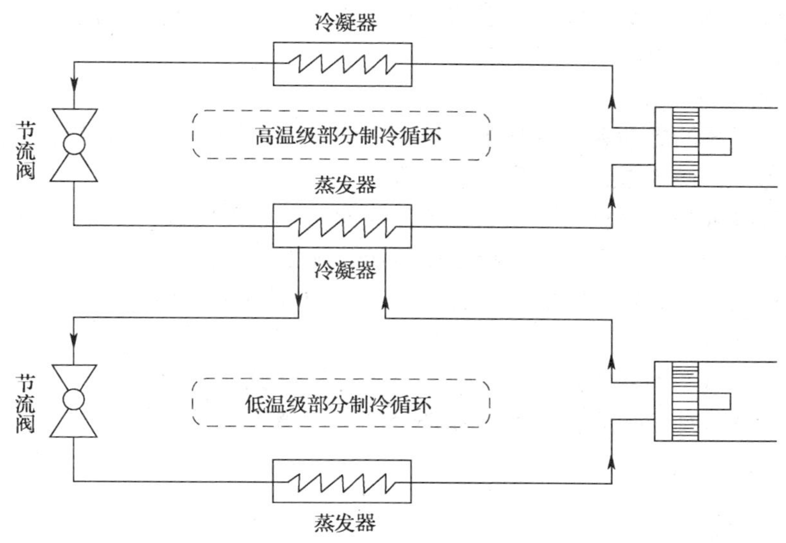

图 10—8　二元复叠式制冷循环系统原理

分的制冷剂在蒸发器内向被冷却对象吸取热量（即制取冷量），并将此热量传给高温级部分制冷剂，然后再由高温级部分制冷剂将热量传给冷却介质（水或空气）。其余各部分与前述的单级或两级压缩式制冷系统相同。

3. 复叠式制冷循环的热力计算

复叠式制冷循环原理如图 10—8 所示。图中上半部为高温级部分循环，下半部为低温级部分循环。

复叠式制冷循环的热力计算是对两个独立部分分别进行计算。可按照前面已讨论过的单级蒸汽压缩制冷循环进行热力计算。

复叠式制冷机不仅可以用不同的制冷剂，还可以用不同的制冷方法。例如，低温级部分用蒸汽压缩式制冷，而高温级部分用吸收式制冷。

4. 实际使用中的几个问题

（1）中间温度的确定

复叠式制冷循环中，中间温度的确定应遵循制冷系数最大或各个压缩机压力比大致相等的原则。前者对能量利用最经济，后者对压缩机汽缸工作容积的利用率较高（即输气系数较大）。由于中间温度在一定范围内变动时对制冷系数影响并不大，故按各级压力比大致相等的原则来确定中间温度更为合理。

（2）冷凝蒸发器传热温差的确定

冷凝蒸发器传热温差的大小不仅影响到传热面积和冷量损耗，而且也影响到整个制冷机的容量和经济性，一般温差为 5 ~ 10℃，温差选得大，冷凝蒸发器的面积可小些，但会使压力比增加，循环经济性降低。

制冷剂的温度越低，传热温差引起的不可逆损失越大，故蒸发器的传热温差因蒸发温度很低而应取较小值，最好不大于5℃。

(3) 启动和运行

复叠式制冷系统的启动和运行与单级压缩系统有所不同，为了保证低温级部分压缩机能正常启动和运行，两个压缩机是分别启动的。

首先是高温级部分压缩机启动，工作一段时间后，中间温度降到足以使低温级部分的冷凝压力降到 16×10^5 Pa 以下时，再启动低温级部分压缩机。

当然，在低温级部分压缩机的回气管上装有压力控制阀控制膨胀器时，高、低温级部分压缩机也可以同时启动。

压缩机运行时有两种方式：一种是高温级部分压缩机连续运转，低温级部分压缩机间歇运转；另一种是系统运行后，当低温级部分的蒸发器达到预定低温时，高、低温级部分压缩机同时停车。

四、蒸汽压缩式制冷系统的主要部件

蒸汽压缩式制冷系统的主要部件有制冷压缩机、冷凝器、蒸发器和节流元件。

1. 制冷压缩机

制冷压缩机是制冷系统的动力部件，其作用是压缩和输送制冷剂蒸汽，使制冷剂能在制冷系统内不断流动，实现制冷循环的目的。

制冷压缩机根据其工作原理可以分为容积型和速度型两大类，常用的制冷压缩机有活塞式制冷压缩机、螺杆式制冷压缩机、离心式制冷压缩机、转子式制冷压缩机和涡旋式制冷压缩机等。如图 10—9 所示为常见的几种制冷压缩机。

2. 冷凝器

冷凝器是一种换热器，它是制冷系统的散热部件，作用是使压缩机排出的高温高压制冷剂过热蒸汽向外界冷却介质散热而变成液体，以便制冷剂液体经节流减压后供蒸发器再次使用，实现循环蒸发制冷的目的。

冷凝器按冷却介质和冷却方式分可分为水冷式、空冷式和蒸发式三种。

(1) 水冷式

水冷式冷凝器是用水作为冷却介质，吸收制冷剂蒸汽的热量使其液化。常用的水冷式冷凝器有管壳式、套管式、沉浸式。如图 10—10 所示为卧式管壳式冷凝器。

(2) 空冷式

空气冷却式冷凝器（空冷式）也称风冷式冷凝器。在这种冷凝器中，制冷剂冷却和凝结放出的热量被空气带走。空气冷却式冷凝器主要用于小型氟利昂制冷装置，家用冰箱和空调器的冷凝器均属于风冷式冷凝器。如图 10—11 所示为空气冷却式冷凝器。

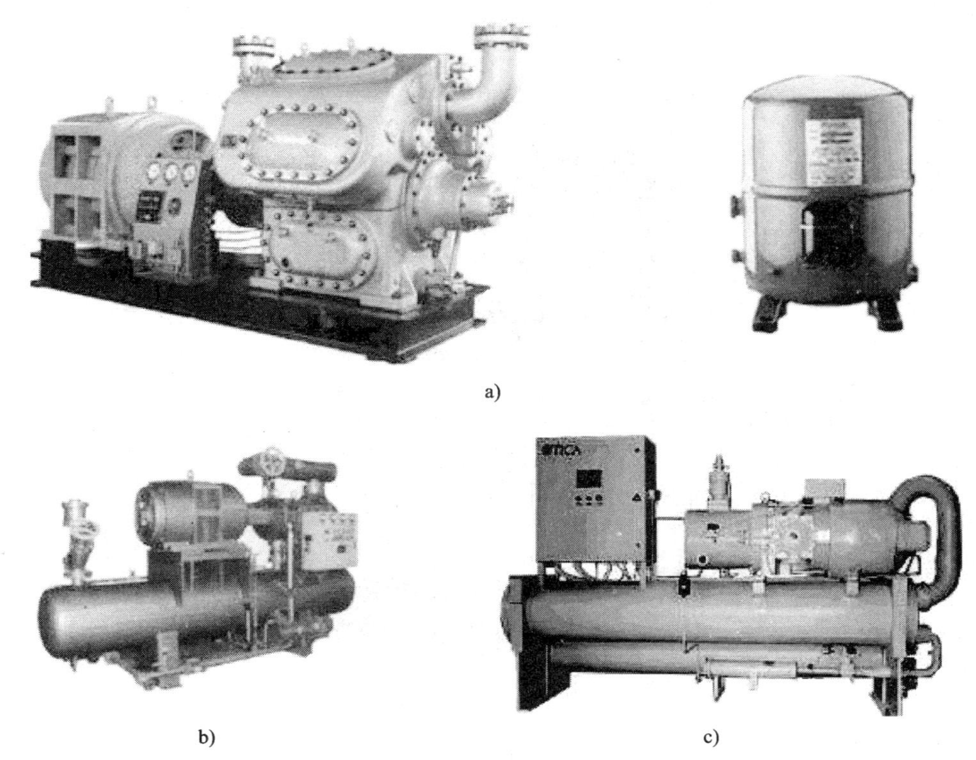

a)

b)　　c)

图 10—9　制冷压缩机

a）活塞式压缩机　b）螺杆式压缩机　c）离心式压缩机

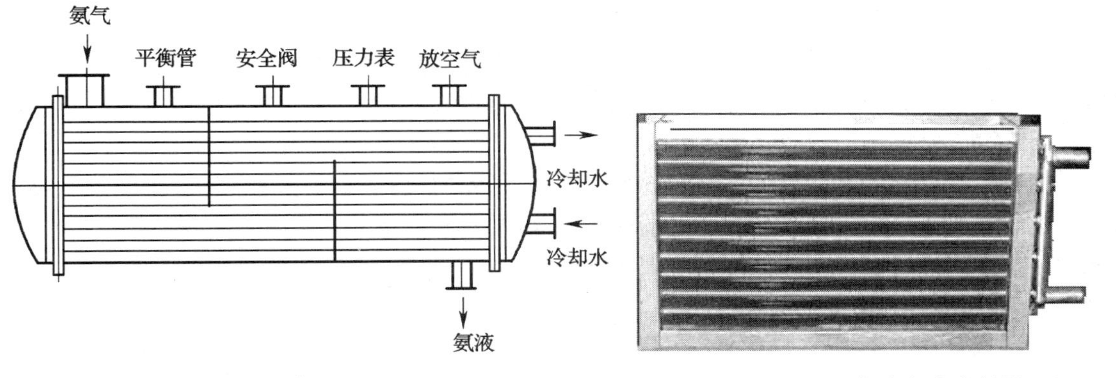

图 10—10　卧式管壳式冷凝器

图 10—11　空气冷却式冷凝器

（2）蒸发式

蒸发式冷凝器的结构如图 10—12 所示，其冷却介质是水和空气，但主要靠一部分冷却水蒸发来吸热。水池中的冷却水由水泵送至喷水管，经喷嘴喷淋在冷凝管的外表面，使冷凝管外表面附有一薄层水膜，一部分水吸收了制冷剂蒸汽热量而蒸发成水蒸气，经过挡水板被风机排出。一部分水膜吸热后聚积成水滴落至水池，在滴入水池过程中，由于排风作用，水滴与空气换热，使水滴得到冷却。

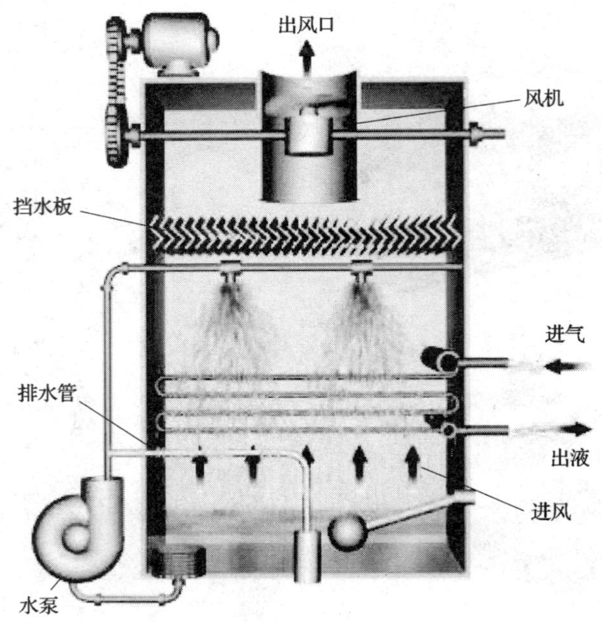

图 10—12　蒸发式冷凝器结构

挡水板的作用是阻挡空气流中的细小水滴，使其滴回水池，以减少冷却水的消耗。但由于冷却水的蒸发，冷却水总是要经常补充的，当水池的水位过低时，水池内的浮球阀就自动打开以补充冷却水。

3. 蒸发器

蒸发器是制冷系统的吸热部件，它吸收被冷却物的热量使被冷却物降温，从而达到制冷的目的。而蒸发器内的制冷剂吸收热量后，由湿蒸汽变成干饱和蒸汽，完成蒸发吸热的工作过程。

蒸发器的吸热对象通常是气体或液体，由于气体的放热能力比液体差，所以蒸发器的结构有很大的差异，冷却气体的蒸发器要在换热面积和气体流量方面保证其有足够的换热能力。根据被冷却介质的不同，蒸发器分为两大类：一类是冷却液体（水或盐水）的蒸发器；另一类是冷却空气的蒸发器。

在蒸发器中，载冷剂的液面与大气相通的称为开式蒸发器（例如，立管式蒸发器），载冷剂的液面不与大气相通的称为闭式蒸发器（例如，壳管式蒸发器）。如图 10—13 所示为蒸发器的结构。

4. 节流元件

节流元件的节流工作原理是制冷工作物质流过阀门时流动截面突然收缩，流体流速加快，压力下降，压力下降的大小取决于流动截面收缩的比例。

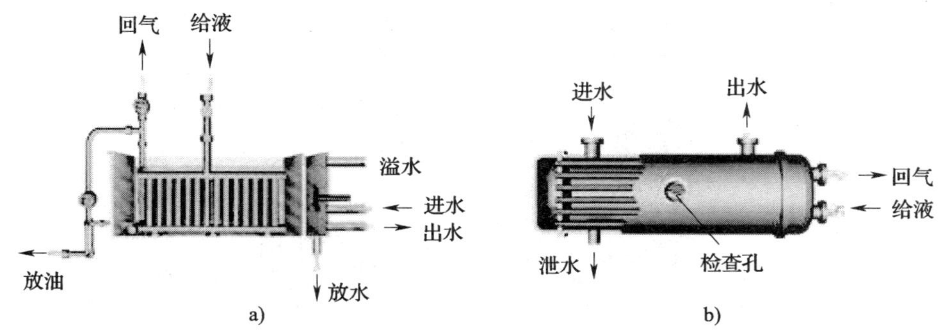

图 10—13 蒸发器

a）立管式蒸发器 b）壳管式蒸发器

（1）节流元件的作用

1）节流降压。常温高压的制冷剂液体流过节流阀，变成低温低压的制冷剂液体并产生闪发蒸汽，进而实现向外界吸热的目的。

2）调节流量。节流阀通过感温包感受蒸发器出口处制冷剂过热度的变化来控制阀的开度，调节进入蒸发器的制冷剂流量，使其流量与蒸发器的热负荷相匹配。

3）控制过热度。节流元件具有控制蒸发器出口制冷剂过热度的功能，既能保持蒸发器传热面积的充分利用，又能防止吸气带液损坏压缩机的事故发生。

4）控制蒸发液位。带液位控制的节流元件具有控制蒸发器液位的功能，既能保持蒸发器传热面积的充分利用，又能防止吸气带液降低吸气过热度。

若节流机构向蒸发器的供液量与蒸发负荷相比过大，部分液态制冷剂一起进入压缩机，将会引起湿压缩或冲缸事故。相反若供液量与蒸发器负荷相比太少，则蒸发器部分传热面积未能充分发挥其效能，甚至会造成蒸发压力降低，而且使制冷系统的制冷量降低，制冷系数减小，制冷装置能耗增大。节流机构流量的调节对制冷装置节能降耗起着非常重要的作用。

常用的节流元件有手动节流阀、热力膨胀阀、浮球调节阀、电动式电子膨胀阀。另外，在小型氟利昂制冷装置中还使用毛细管作为节流元件。

（2）手动节流阀

手动节流阀是最老式的节流阀，其外形与普通截止阀相似，如图 10—14 所示。它由阀体、阀芯、阀杆、填料压盖、上盖、手轮和螺栓等零件组成。与截止阀不同之处在于其阀芯为针形或具有 V 形缺口的锥体，而且阀杆采用细牙螺纹。

当旋转手轮时，可使阀门的开启度缓慢地增大或减小，以保证良好的调节性能。手动节流阀开启的大小，需要操作人员频繁地调节，以适应负荷的变化。通常开启度为 1/8 ~ 1/4 圈，一般不超过一圈，开启度过大就起不到节流膨胀的作用。这种节流阀现在已被自动节流元件取代，只有氨制冷系统或试验装置中还在使用。

（3）热力膨胀阀

热力膨胀阀普遍使用于氟利昂制冷系统中。它能根据蒸发器出口制冷剂蒸汽过热度的大小自动调节阀门的开度，达到调节制冷剂供液量的目的，使制冷剂的流量与蒸发器负荷相匹配。

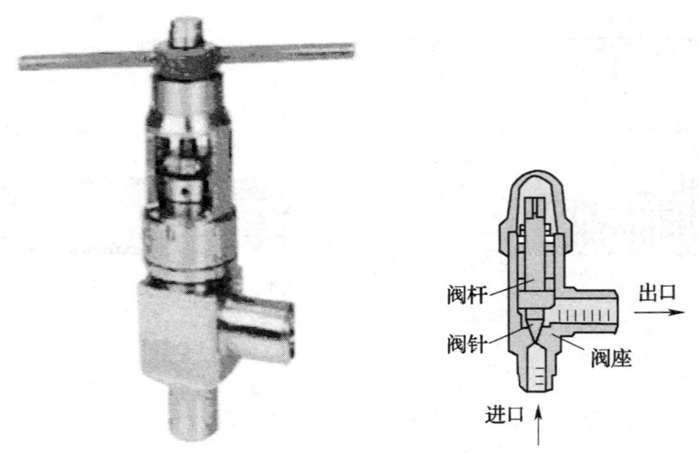

图 10—14　手动节流阀

热力膨胀阀适用于没有自由液面的蒸发器，有内平衡式和外平衡式之分。内平衡式的膜片下方作用着蒸发器的进口压力。外平衡式与内平衡式的主要区别在于多了一根平衡管，使蒸发器出口位置的气体压力可以引至热力膨胀阀的膜片下，即它的膜片下方作用着蒸发器的出口压力。外平衡式热力膨胀阀用于蒸发器管路较长、管内流动阻力较大及带有分液器的场合。热力膨胀阀如图 10—15 所示。热力膨胀阀的工作原理如图 10—16 所示。

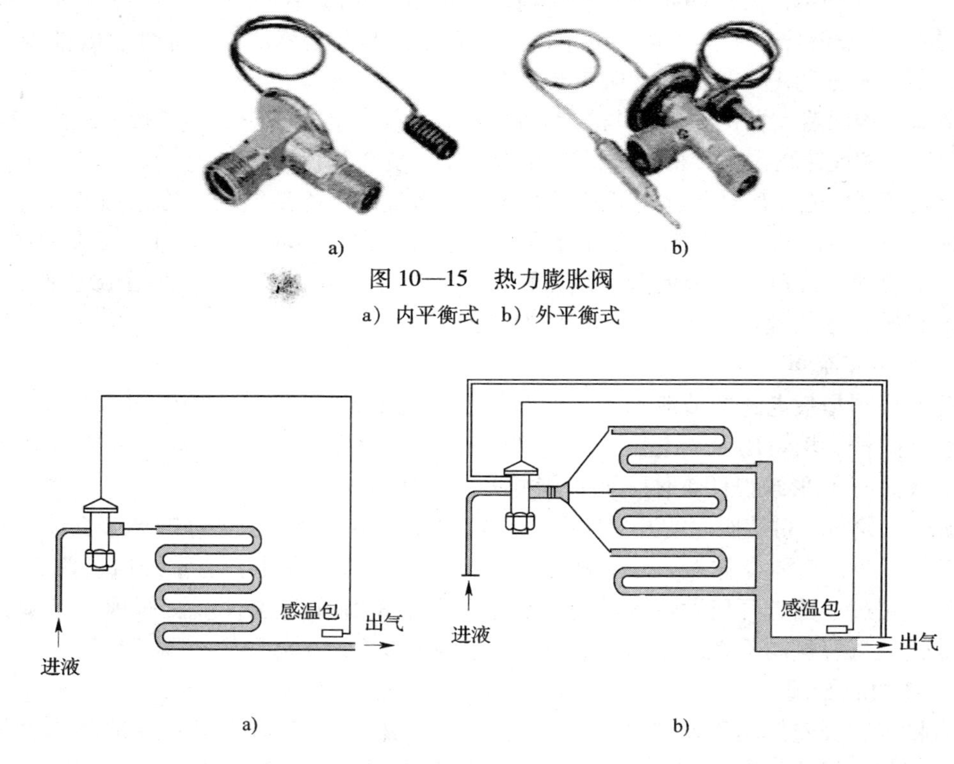

图 10—15　热力膨胀阀

a）内平衡式　b）外平衡式

图 10—16　热力膨胀阀的工作原理

a）内平衡式　b）外平衡式

(4) 浮球节流阀

浮球节流阀（或称浮球调节阀）用于具有自由液面的蒸发器（如卧式壳管式蒸发器等）的供液量的自动调节。通过浮球调节阀的调节作用，在这些设备中可以保持大致恒定的液面。同时浮球调节阀还能起节流降压的作用。浮球调节阀广泛使用于氨制冷装置中。浮球调节阀按照其流通方式的不同，可分为直通式和非直通式两种，如图10—17所示。

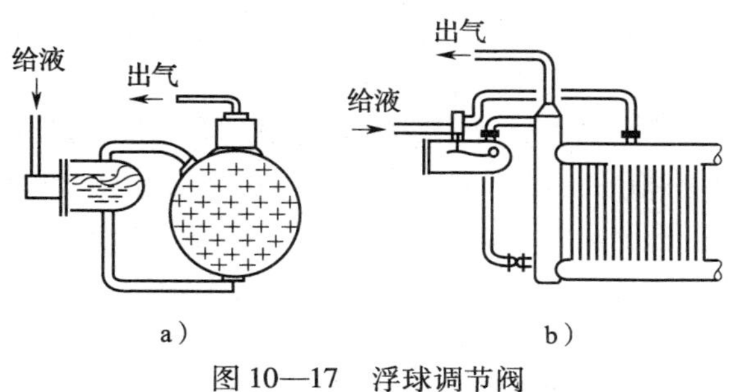

图10—17 浮球调节阀

a）直通式 b）非直通式

在直通式浮球调节阀中，流体经节流后，先进入浮球阀的壳体内，再经液体连接管进入蒸发器中。而在非直通式浮球调节阀中，流体经节流后，是由出液阀引出，并另用一根单独的管子送入蒸发器中。

(5) 电动式电子膨胀阀

电动式电子膨胀阀是将压力（温度或液位）信号变成电信号，进而实行自动调节的一种膨胀阀，如图10—18所示。电动式电子膨胀阀可以自动实现制冷系统吸气过热度和液位的控制，从而达到节能的目的。

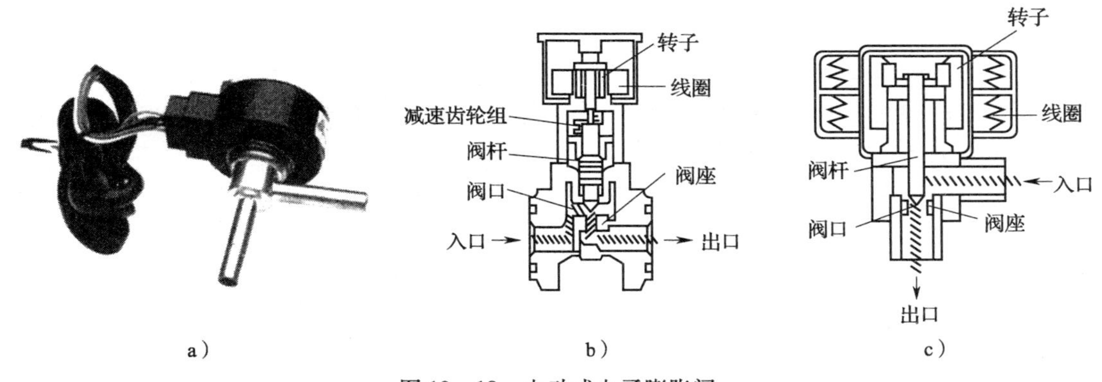

图10—18 电动式电子膨胀阀

a）电子膨胀阀 b）减速型电子膨胀阀 c）直动型电子膨胀阀

1）吸气过热度控制。吸气过热度控制系统由电子膨胀阀、压力传感器、温度传感器、控制器组成。

工作时，压力传感器将蒸发器出口压力、温度传感器将压缩机吸气过热度传给控制器，控制器将信号处理后输出指令作用于电子膨胀主阀的步进电动机，将阀开到需要的位置，以保持蒸发器需要的供液量。

电子膨胀阀的步进电动机是根据蒸发器出口压力的变化、压缩机吸气过热度变化实时输出变化的动力，这个实时输出变化的动力能及时克服各种工况和各种负荷情况下主膨胀阀变化的弹簧力，使阀的开度满足蒸发器供液量的需求，进而蒸发器的供液量能实时与蒸发负荷相匹配，即电子膨胀阀可通过控制器人为设定，有效地控制过热度。

另外，电子膨胀阀从全闭到全开状态用时仅需几秒，反应和动作速度快，开闭特性和速度均可人为设定；电子膨胀阀可在10% ~100%的范围内进行精确调节，且调节范围可根据不同产品的特性进行设定。

电子膨胀阀吸气过热度控制一般应用在吸气过热度5℃左右的制冷装置。

2）液位控制。液位控制系统由电子膨胀阀、液位传感器、液位控制器组成。

当蒸发器内的液面上下变化时，蒸发器内的液位传感器将液位变动的比例关系用4 ~20 mA信号传给液位控制器，液位控制器将信号处理后，随后输出指令作用于电子膨胀主阀的步进电动机，使其开度增大、减小，以保持制冷剂液位在限定的范围内。

电子膨胀阀液位控制一般应用在吸气过热度低于2℃的制冷装置。

电子膨胀阀在过热度控制、液位控制和流量调节方面均优于传统的节流机构，而且反应速度更快，调节范围更广，节能效果更加显著，有广阔的应用前景。

复习思考题

1. 画图表示单级蒸汽压缩式制冷的工作原理，并简述其过程。
2. 什么是压缩式制冷系统的四大部件？
3. 压缩式制冷循环的假想条件是什么？并进行讨论。
4. 压缩式制冷热力计算一般计算哪几项？
5. 实际运行工况对制冷循环有哪些影响？并进行讨论。
6. 采用二级压缩制冷和复叠式压缩制冷的原因是什么？并进行讨论。
7. 二级压缩制冷和复叠式压缩制冷的循环过程怎样进行？并进行讨论。
8. 压缩式制冷有哪些主要部件？各自的作用是什么？
9. 常用的节流元件有哪些？并简述各自的作用、结构和工作过程。

第三节　吸收式制冷

学习目标

1. 掌握吸收式制冷工作物质对的基本概念。
2. 掌握吸收式制冷机的基本组成和制冷循环过程。
3. 熟悉单、双效溴化锂吸收式制冷循环流程。

思考：热量从低温环境传递到高温环境需要消耗外界能量，热能也是能量的一种形式，那么，利用热能是否可以制冷？

吸收式制冷也是相变制冷的一种。其最大特点之一就是可以直接利用热能作为补偿，它可用0.3～0.8 MPa的低压蒸汽，也可用温度80～120℃的热水，甚至可以直接利用工业生产中的废气、废热及余热作为补偿热源，随着地热和太阳能的开发利用，它将具有更为广泛的前途。

吸收式制冷还具有耗电量少、以水作为制冷剂时安全性较高、变负荷容易、调节范围广、运行时无噪声和振动、结构简单、运行管理方便等优点。但以水作为制冷剂的制冷系统只能应用于0℃以上的制冷系统。

吸收式制冷近十几年来发展非常迅速。目前被广泛应用的有氨—水吸收式和溴化钾—水溶液吸收式制冷。本节主要介绍溴化钾—水溶液吸收式制冷系统。

一、吸收式制冷循环的工作物质对

吸收式制冷机的工作物质除了制冷剂以外，还需要有吸收剂。制冷剂和吸收剂两者组成工作物质对，制冷剂用于制冷，吸收剂用于吸收产生制冷效果后形成的制冷剂蒸汽。

吸收式制冷机的工作物质对通常用二元溶液（两种互相不起化学作用的物质组成的均匀混合物），二元溶液由沸点不同的两种物质组成，其中沸点低的物质在温度较低时容易被沸点高的物质吸收，而在温度较高时，沸点低的物质又容易汽化（或称挥发）而从溶液中分离出来。

在吸收式制冷循环中，以低沸点物质作为制冷剂，高沸点物质作为吸收剂，对制冷剂的要求与压缩式制冷机相同。

1. 对吸收剂的要求

在吸收式制冷系统中，充当吸收剂的物质应具有以下特性。

（1）在相同的压力下，其沸点比制冷剂高，且差值越大越好。

（2）有强烈地吸收制冷剂的能力，即具有吸收比它温度低的制冷剂蒸汽的能力。

（3）无臭，无毒，不燃烧，不爆炸，安全可靠。

（4）价格低廉，容易获得。

（5）对普通金属材料的腐蚀性小。

2. 常用制冷剂—吸收剂工作物质

吸收式制冷系统以两种沸点相差很大的物质组成的二元溶液作为工作物质。目前采用最多的工作物质对为氨—水溶液和溴化锂—水溶液。

在氨—水溶液中，氨是制冷剂，水是吸收剂。它的制冷温度在－30～10℃范围内，多用作工业生产过程的冷源。

在溴化锂—水溶液中，水是制冷剂，溴化锂是吸收剂。其制冷温度只能在0℃以上，一般不低于5℃，可用于制取空调用冷水或工业用冷却水。

二、溴化锂—水溶液的性质

1. 水

水是很容易获得的物质，其性质特点无需再述。由于在一般情况下，水在0℃时就结冰，因而大大限制了它的使用。

2. 溴化锂

（1）溴和锂分别属于碱和卤族元素，故溴化锂（LiBr）的性质与食盐（NaCl）相似，属于盐类，有咸味，呈无色粒状晶体，熔点为549℃。

（2）沸点很高，在1个大气压下沸点为1 265℃，故在常温或一般高温下可以认为是不挥发的。

（3）极易溶解于水。

（4）性质稳定，在大气中不变质、不分解。

（5）它是由92.01%的溴和7.99%的锂组成，相对分子质量为86.856，密度为3.464 kg/L（25℃时）。

3. 溴化锂水溶液

（1）无色液体，有咸味，无毒，加入铬酸锂后溶液呈淡黄色。

（2）溴化锂在水中的溶解度随温度的降低而降低。

（3）水蒸气压力很小，它比同温度下纯水的饱和蒸汽压力小得多，故有强烈的吸湿性。

（4）密度比水大，并随溶液的浓度和温度而变化。

（5）比热容较小。比热容小意味着发生过程中加给溶液的热量比较少，如果加上水的蒸发潜热比较大这一特点，它将使机组具有较高的热力系数。

（6）黏度较大。

（7）表面张力较大。

（8）对黑色金属和紫铜等普通材料有强烈的腐蚀性，有空气存在时情况更为严重，因腐蚀而产生的不凝性气体对装置的制冷量影响极大。

三、吸收式制冷系统的工作循环

只要是利用液态制冷剂蒸发吸收载冷剂热量完成制冷任务的，无论什么形式的制冷系统，都不可能离开冷凝器和蒸发器。冷凝器的作用就是把制冷过程中产生的气态制冷剂冷凝成液体，进入节流装置和蒸发器中。蒸发器的作用是将节流降压后的液态制冷剂汽化，吸取载冷剂的热负荷，使载冷剂温度降低，达到制冷的目的。

在吸收式制冷系统中，发生器和吸收器两个热交换装置所起的作用，相当于蒸汽压缩式制冷系统中的压缩机的作用，因此，常把溴冷机吸收器和发生器及其附属设备所组成的系统称为热压缩机。发生器的作用是使制冷剂（水）从二元溶液中汽化，变为制冷剂蒸汽；而吸收器的作用则是把制冷剂蒸汽重新输送回二元溶液中去。两热交换装置之间的二元溶液的输送是依靠溶液泵来完成的。

吸收式制冷系统基本组成如图 10—19 所示。它由发生器、吸收器、蒸发器、冷凝器以及溶液泵、节流阀等组成。蒸发器和吸收器在系统的低压侧，而发生器和冷凝器在系统的高压侧。其中制冷剂循环是从冷凝器通过制冷剂节流阀到蒸发器，再经吸收器到发生器后回到冷凝器；而吸收剂循环是从吸收器经溶液泵到发生器，再经节流阀返回吸收器。

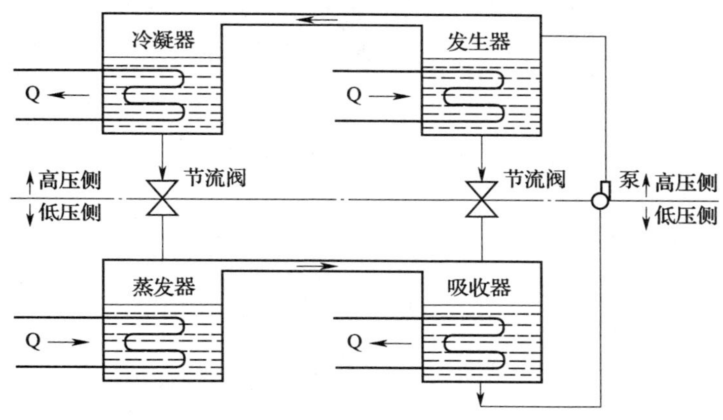

图 10—19 吸收式制冷系统的基本循环

根据图 10—19，简单的吸收式制冷机系统的基本工作过程如下。

来自冷凝器的高压气态制冷剂在冷凝器中向冷却水释放热量，凝结成为液态制冷剂，经节流阀进入蒸发器。在蒸发器中液态制冷剂又被汽化为低压制冷剂蒸汽，同时吸收载冷剂的热量产生制冷效应。为了维持制冷剂在蒸发器内的低压状态，使液态制冷剂连续蒸发吸收热量，设置了吸收器。吸收器内的液态吸收剂吸收来自蒸发器所产生的低压制冷剂蒸汽，从而形成了制冷剂—吸收剂组成的二元溶液，经溶液泵升压后进入发生器。

二元溶液在发生器内，被通过管簇内部的低品位热能加热很容易沸腾，因为发生器内的压力不高，其中沸点低的制冷剂（水）汽化形成气态制冷剂，又与吸收剂（溴化锂溶液）相分离。气态制冷剂进入冷凝器中被冷却水吸收热量而液化，进入蒸发器完成制冷剂循环。

分离出制冷剂的吸收剂，依靠与吸收器之间的压力差和重力作用返回吸收器，再次进入吸收低压气态制冷剂的循环，完成全部溶液循环。

由于吸收式制冷是以热源为主要动力的，加之吸收过程要释放出大量的吸收热，故吸收式制冷机的排热量较大，约为蒸汽压缩式制冷机的两倍。因此，溴化锂本身的排热量一般约为该机制冷量的 2.4 倍，所以制冷所需要的冷却水量比较大，当冷却水温高达 37 ~ 38℃时，溴化锂制冷机仍能运行，这也是溴化锂制冷机的一大特点。

溴化锂吸收制冷机有单效型（一个发生器）和双效型（两个发生器）两种。

1. 单效型溴化锂吸收式制冷机的制冷循环

单效型溴化锂吸收式制冷机的工作原理可用图10—20来说明。系统中设置有四个主要设备：发生器、冷凝器、蒸发器和吸收器。为了提高热能的利用程度，系统中还设有溶液热交换器。设有屏蔽泵（发生器泵、吸收器泵和蒸发器泵）以及相应的连接管道及阀门等。

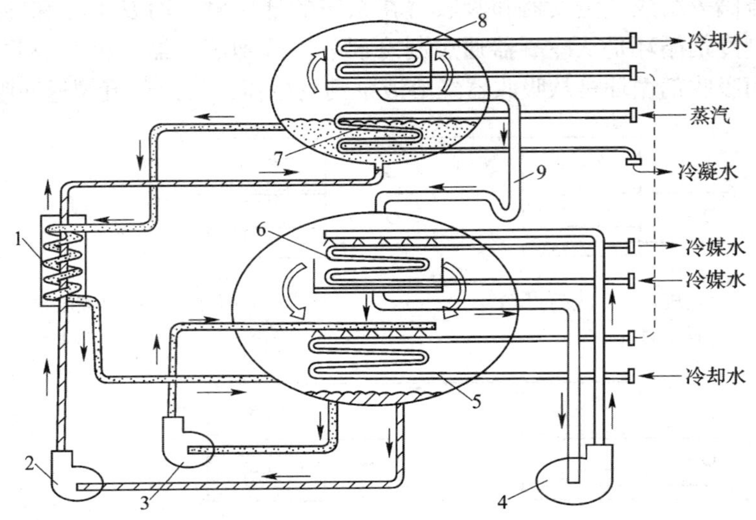

图10—20　单效型溴化锂吸收式制冷设备流程

1—溶液热交换器　2—发生器泵　3—吸收器泵　4—蒸发器泵　5—吸收器　6—蒸发器　7—发生器　8—冷凝器　9—U形管

(1) 发生过程

在溴化锂吸收式制冷机正常工作时，发生器与冷凝器的压力较高，通常将它们设在一个密封的筒体内，称为高压筒。蒸发器和吸收器的压力较低，密封于另一个筒体内，称为低压筒。两筒之间通过节流装置及溶液管道连接在一起。在发生器中，浓度较低的溴化锂溶液被加热介质加热，温度升高，并在一定的压力下沸腾，使溶液内的水分释放出来，形成制冷剂蒸汽，溶液则被浓缩。在发生器中进行的这一过程称为发生过程。这一过程中有热量的交换与物质的转移。

(2) 冷凝过程

由发生器中产生的制冷剂蒸汽进入冷凝器，被冷凝器中通过的冷却水冷却而凝结成制冷剂水，这一过程称为冷凝过程。该过程中的冷凝压力与冷却水的温度有关。

(3) 强化蒸发过程

制冷剂水通过节流装置（U形管或其他节流装置）节流后进入蒸发器。由于蒸发器内压力很低，制冷剂水在吸收了蒸发器管内冷媒水的热量后蒸发，形成制冷剂蒸汽，而冷媒水由于失去热量，温度降低，即达到了制冷的目的。为强化蒸发过程，用蒸发器泵使制冷剂水进行循环。

(4) 吸收过程

为使蒸发器中制冷剂水的蒸发过程连续进行，蒸发过程中形成的制冷剂蒸汽必须及时被吸收，这就得依靠吸收器中进行的吸收过程。发生器中浓缩后的浓溶液进入吸收器，受到吸收器中冷却水的冷却，使其温度降低。这种浓度高、温度低的溶液具有强烈吸收制冷剂蒸汽的能力，用它将蒸发过程中产生的制冷剂蒸汽及时吸收掉，从而形成稀溶液。这样，一方面使蒸发过程可持续地进行，使冷量不断输出；另一方面也就保证了发生器中连续不断地对稀溶液的要求。吸收器中所进行的过程，伴随有热量的交换与质量的转移。为了强化这一过程，也设有吸收器泵，使溶液进行循环。

吸收器中所得到的稀溶液，再由发生器泵送往发生器中，这样，制冷机就完成了一个制冷循环。

另外，在制冷机系统中，还设有一个溶液热交换器。其作用在于回收热量，减少损失。从循环过程可知，从发生器出来的浓溶液温度较高，为了在吸收器中吸收制冷剂蒸汽，还要把它再冷却，使之温度降低。由吸收器送往发生器的稀溶液温度较低，在发生器中必须首先加热，才能达到发生制冷剂蒸汽的温度。因此，让发生器出来的浓溶液与吸收器出来的稀溶液在热交换器中进行热量交换，不仅可以减少吸收器中冷却水带走的热量，还可以减少发生器的加热量，使机组的热效率得以提高。

2. 双效型溴化锂吸收式制冷机的制冷循环

双效型溴化锂吸收式制冷机是在机组中设置两个发生器，一个称为高压发生器，另一个称为低压发生器。在高压发生器中，采用压力较高的蒸汽（一般为0.6～0.8 MPa）来加热。高压发生器中产生的高温制冷剂水蒸气用于加热低压发生器，使低压发生器中的溴化锂溶液又一次产生制冷剂水蒸气，故双效型溴化锂制冷机又称两级发生式溴化锂制冷机。这样，不仅有效地利用了制冷剂水的汽化潜热，同时又减少了冷凝器的热负荷，使机组的经济性得到提高。

双效型溴化锂吸收式制冷机组由于有两个发生器、两个溶液热交换器，故其循环形式较单效型溴化锂制冷机复杂。根据稀溶液进入高、低压发生器的方式，常见的有串联流程和并联流程两种基本循环形式。稀溶液流出吸收器后分为两路，分别进入高、低压发生器的称为并联流程；稀溶液流出吸收器后先、后进入高、低压发生器的称为串联流程。

如图10—21所示的双效型溴化锂制冷机中，吸收器中的稀溶液，由发生器泵分两路输送至高温热交换器和低温热交换器。进入高温热交换器的稀溶液，被从高压发生器流出的高温浓溶液加热升温后，进入高压发生器。而进入低温热交换器的稀溶液，被从低压发生器流出的浓溶液加热升温后，再经冷凝水回热器继续升温，然后进入低压发生器。

进入高压发生器的稀溶液被工作蒸汽加热，溶液沸腾，产生高温制冷剂蒸汽，将其导入低压发生器，加热低压发生器中的稀溶液后，经节流装置进入冷凝器，被冷却凝结为冷却水。

进入低压发生器的稀溶液被高压发生器产生出的高温制冷剂蒸汽所加热，产生低温制冷剂蒸汽直接进入冷凝器，也被冷却凝结为冷却水。高、低压发生器产生的冷却水汇合于冷凝器集水盘中，混合后导入蒸发器中。

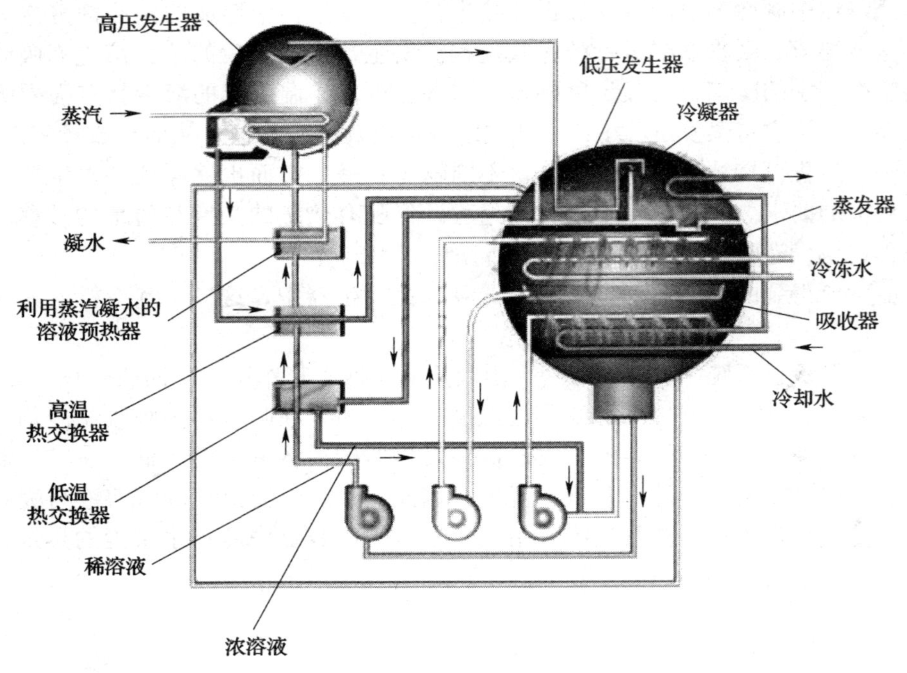

图 10—21　双效型溴化锂吸收式制冷机原理

加热高压发生器中稀溶液的工作蒸汽的凝结水，经凝结水回热器进入凝结水管路。而高压发生器中的稀溶液因被加热蒸发出了制冷剂蒸汽，使浓度升高成浓溶液，又经高温热交换器导入吸收器。

低压发生器中的稀溶液被加热升温放出制冷剂蒸汽也成为浓溶液，再经低温热交换器进入吸收器。浓溶液与吸收器中原有溶液混合成中间浓度溶液，由吸收器泵吸取混合溶液，输送至喷淋系统，喷洒在吸收器管簇外表面，吸收来自蒸发器蒸发出来的制冷剂蒸汽，再次变为稀溶液进入下一个循环。吸收过程所产生的吸收热被冷却水带到制冷系统外，完成溴化锂溶液从稀溶液到浓溶液，再回到稀溶液的溶液循环过程，即热压缩循环过程。

高、低压发生器所产生的制冷剂蒸汽凝结在冷凝器管簇外表面上，被流经管簇里面的冷却水吸收凝结过程产生的凝结热，带到制冷系统外。凝结后的冷却水汇集起来经节流装置，喷洒在蒸发器管簇外表面上，因蒸发器内压力低，部分制冷剂水蒸发吸收冷媒水的热量，产生部分制冷效应。尚未蒸发的大部分制冷剂水，由蒸发器泵喷淋在蒸发器管簇外表面，吸收通过管簇内流经的冷媒水热量，蒸发成制冷剂蒸汽，进入吸收器。

冷媒水的热量被吸收使水温降低，从而达到制冷目的，完成制冷循环。吸收器中喷淋中间浓度的混合溶液吸收制冷剂蒸汽，使蒸发器处于低压状态，溶液吸收制冷剂蒸汽后，靠热压缩系统再产生制冷剂蒸汽，保证了制冷过程周而复始的循环。

复习思考题

1. 什么是吸收式制冷循环的工作物质对？常用的工作物质对有哪些？
2. 常用的工作物质对有哪些特性？
3. 吸收式制冷系统由哪些部件组成？怎样循环制冷？
4. 单效型溴化锂吸收式制冷系统怎样循环工作？
5. 双效型溴化锂吸收式制冷系统怎样循环工作？

第四节 喷射式制冷

学习目标

掌握喷射式制冷系统的基本组成和工作过程。

思考：消耗热能可以采用吸收式制冷循环进行制冷，消耗热量还有其他制冷方式吗？

喷射式制冷也是靠消耗热能制取冷量的一种方式。其设备结构简单，无转动部件，一次投资低，设备运行可靠性高，使用寿命长，高低压蒸汽均可使用。一般不需要备用设备，运行费用低。蒸汽喷射制冷机操作简便，维修工作量小，管理人员和管理费用都比较少。用水作为制冷工作物质，没有污染，环保效果好。

由于蒸汽喷射器的加工精度要求较高，蒸汽喷射式制冷循环的工作蒸汽消耗量较大，需要大量的冷却水，制冷循环效率较低。这一切都限制了蒸汽喷射式制冷的实际应用。所以应用日渐减少，有被溴化锂吸收式制冷机取代的趋势。

一、蒸汽喷射式制冷系统工作过程

蒸汽喷射式制冷系统如图 10—22 所示。它由蒸发器、冷凝器和蒸汽喷射器等主要设备组成。工作蒸汽的压力要求稳定在 0. 5 MPa，并需要大量的冷却水。

根据图 10—22，蒸汽喷射式制冷系统工作过程如下。

由锅炉供给压力较高的水蒸气（称为工作蒸汽）。工作蒸汽进入喷嘴后，膨胀并以高速流动（流速可达 1 000 m/s 以上），于是在喷嘴出口处造成很低的压力，这就为蒸发器中水在低温下汽化创造了条件。由于水汽化时需从未汽化的水中吸收潜热，因而使未汽化的水温度降低，达到制冷的目的。

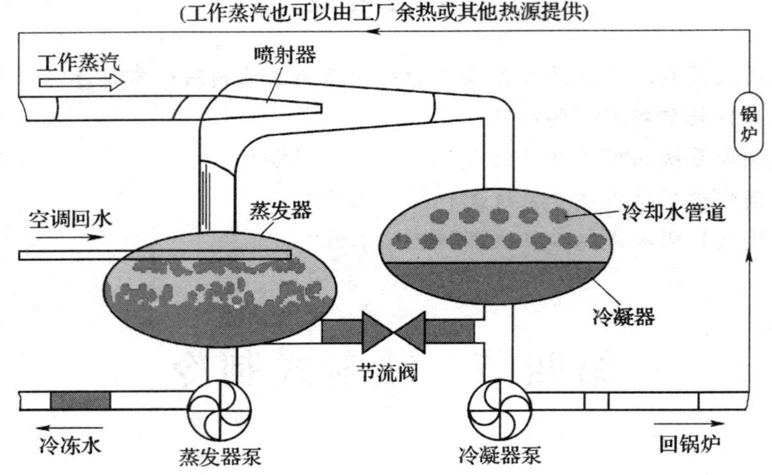

图 10—22　蒸汽喷射式制冷系统

蒸发器中产生的冷却水蒸气与工作蒸汽在喷嘴出口处混合，一起进入扩压器；在扩压器中由于流速降低而压力升高，到冷凝器时被外部冷却水冷却变为液态水。液态水再由冷凝器引出，分为两路：一路经过节流阀降压后送回蒸发器，继续蒸发制冷；另一路用泵提高压力送回锅炉，重新加热产生工作蒸汽。

蒸汽喷射式制冷机除采用水作为工作介质外，还可以用其他制冷剂作为工作介质，比如用低沸点的氟利昂制冷剂，可以获得更低的制冷温度。另外，将蒸汽喷射式制冷系统中的喷射器与压缩机组合使用，喷射器作为压缩机入口前的增压器，这样可以用单级压缩制冷机制取更低的温度。

二、蒸汽喷射器

蒸汽喷射器是蒸汽喷射式制冷系统中用于抽真空的重要设备，如图 10—23 所示。

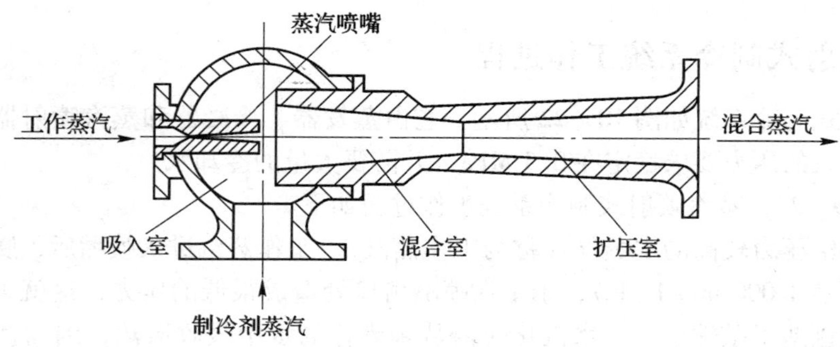

图 10—23　蒸汽喷射器构造

复习思考题

1. 蒸汽喷射式制冷系统怎样进行工作循环?
2. 结合前面的知识，简述蒸汽喷射器的工作过程。

第五节 热电制冷

学习目标

1. 掌握热电制冷的基本概念。
2. 熟悉半导体式制冷循环的工作原理。
3. 熟悉热电制冷的特点及其应用。

思考：蒸汽压缩式制冷、吸收式制冷和喷射式制冷的共同特点都是需要工作物质（制冷剂）参与制冷，那么，不需要工作物质（制冷剂）是否也可以制冷?

热电制冷是一种利用温差效应来实现制冷的方式。热电效应是指由电流引起的可逆热效应和由温差引起的电效应。目前大多利用特种半导体材料的热电效应制成制冷元件，所以热电制冷又称半导体制冷。

热电效应包括帕尔贴效应、汤姆逊效应和赛贝克效应等。半导体制冷主要应用帕尔贴效应。

一、帕尔贴效应

如图10—24所示，当有电流通过由两种不同材料组成的回路时，在两种材料的接触处，会产生吸热或放热的现象，这种现象称为帕尔贴效应。所放（吸）的热量与通过接触面的电流强度成正比，若用 Q_{12} 表示电流 I 由材料1流向材料2时在该接触面处单位时间所吸收的热量，则有

$$Q_{12} = \rho_{12} \cdot I$$

式中，ρ_{12} 称为帕尔贴系数，它与组成回路的两种材料的性质有关，一般情况下它是温度的函数。上式对正、反向电流均成立。如电流反向，即电流由材料2流向材料1，Q_{12} 为负号，因此，帕尔贴效应是可逆热效应。

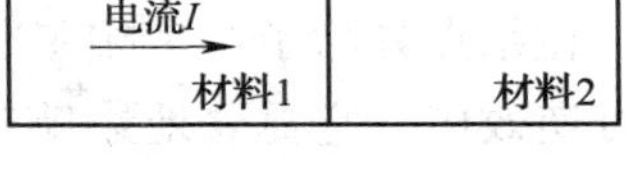

图10—24 帕尔贴效应

产生热电效应的原因是，不同材料中的传导电荷具有

不同的能量，当两种不同材料组成回路，传导电荷通过接触处从一边材料转移到另一边材料时，其能量会发生变化。传导电荷能量的变化只能取自于材料本身的内能，并使得接触界面处的温度上升或下降，从而产生放热或吸热的现象。

任何导电材料均可以发生帕尔贴效应。但是金属材料的帕尔贴效应很弱，在制冷和制热上没有多大实用价值。随着半导体技术的发展，热电制冷才进入实用的阶段，这是因为半导体材料的帕尔贴效应较为显著。

二、半导体式制冷循环的工作原理

把一块N型半导体和一块P型半导体用铜片焊接起来，组成一对电偶，然后接通直流电流，如图10—25所示。

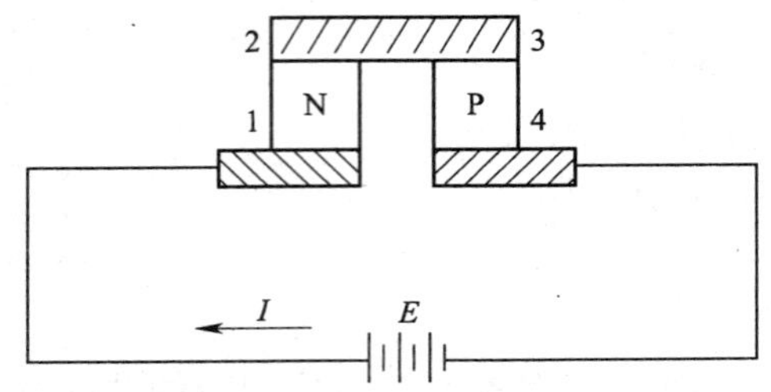

图10—25　半导体制冷元件制冷原理

当直流电流从N型半导体流向P型半导体时，在2、3端的接头处产生吸热现象，此端称为冷端；在1、4端的接头处产生放热现象，此端称为热端。如果将电流反向，则冷、热端互换。

从微观上分析，P型半导体的传导电荷是空穴（带正电荷），当它与金属接触时，假定电流从金属方向流入半导体，因为空穴在金属中的能量低于在P型半导体中的能量，所以空穴要吸收一定能量才能从金属通过接触面进入半导体。这部分能量是来自界面附近材料中原子的热能，由于金属具有良好的传热性能，结果使结点3处的金属片被冷却下来而产生吸热现象。

而在N型半导体与金属接触端，N型半导体的传导电荷是电子（带负电荷）中的能量。当电流从N型半导体流向金属时，电子是从金属往N型半导体方向运动的，类似以上分析，结点2处也产生吸热现象。同理分析，可知结点1、4处是放出能量，使得金属片温度升高。

如果在热端予以散热，使其保持在一定的温度T_H，则冷端的温度就会降到一定值T_C，产生冷量。这就是半导体制冷的原理。

在结点处除了产生帕尔贴效应外，电流通过还会引起焦耳热效应，焦耳热效应是一个不可逆效应。它显著地影响热电制冷元件的工作。焦耳热只有一半传给热电元件的冷端，造成冷却效应降低。

三、热电制冷的特点及其应用

1. 热电制冷的特点

(1) 结构简单

整个制冷器由热电堆和导线连接而成，没有任何机械运动部件，因而无噪声，无摩擦，可靠性高，使用寿命长，而且维修方便。

(2) 体积小

特别在小体积、小负荷的用冷场合，使用热电制冷有其独到的好处。

(3) 启动快、控制灵活

只要接通电源即可迅速制冷。冷却速度和制冷温度都可以通过调节工作电流简单而方便地实现。

(4) 操作具有可逆性

既可以用来制冷，又可以改变电流方向用于制热，因而可以用于制作高于室温到低于室温范围内的恒温器。

(5) 效率低，耗电多

由于缺少更好的半导体材料，因而限制了其发展。另外，半导体电堆的元件价格很高。

在大容量情况下，热电制冷的效率不及蒸汽压缩式制冷，且价格昂贵。但是蒸汽压缩式制冷机的效率随容量的减小而下降，而热电制冷的效率与容量大小无关，且压缩机也不可能做得过于小。而热电制冷可以小到仅由一对基本电偶组成。在制冷量小时，热电制冷的效率高于压缩式制冷。

2. 热电制冷的应用

热电制冷已广泛地应用在医疗、电子仪器、军事、工业、家用制冷设备等方面。但由于受材料性能的限制等原因，使其应用受到一定限制。

复习思考题

1. 什么是热电制冷？
2. 什么是帕尔贴效应？
3. 半导体式制冷循环的工作原理是什么？
4. 热电制冷有哪些特点？